LOS SISTEMAS
ELECTRICOS
EN AVIACION

E. H. J. Pallett

Los sistemas eléctricos en aviación

1979

PARANINFO S.A.

MADRID

Traducido por:
Daniel Santano y León

Título original inglés:
AIRCRAFT ELECTRICAL SYSTEMS

IMPRESO EN ESPAÑA
PRINTED IN SPAIN

ISBN: 0 273 36159 7 (edición inglesa)
ISBN: 84-283-1002-5 (edición española)

Depósito Legal: M. 41.601-1979

PARANINFO S.A. Magallanes, 25 - MADRID (15) (3-2729)

GREFOL, S. A. Pol. II, La Fuensanta. Móstoles (Madrid)

Prefacio

Los aumentos de tamaño y velocidad, así como los cambios de forma y exigencias funcionales de los aviones han sido posibles como consecuencia del desarrollo y la investigación técnicos, y los progresos conseguidos no se aplican sólo a los componentes estructurales visibles, sino incluso a los sistemas y servicios que no se ven, pero que les permiten funcionar como una máquina integrada.

Un sistema que se encuentra a la cabeza en la progresión a que antes aludimos es el correspondiente a la energía eléctrica, que implica en realidad varios métodos de generación, distribución, control, protección y utilización. Estos métodos constituyen en sí el entramado del sistema eléctrico de la aeronave y su orden sigue un patrón adecuado, en el que se pueden basar los estudios de principios y aplicaciones. El material de este libro sigue por eso ese mismo patrón.

En los primeros tiempos de lo que se llamaba familiarmente "la electricidad de la aviación" había una cierta desconfianza acerca del equipo. Aunque se aceptaba que la electricidad era necesaria para el funcionamiento del equipo "inhalámbrico", unas cuantas luces y el sistema de encendido del motor, eran muchos los partidarios de que si otros sistemas no pudiesen funcionar por aire, aceite hidráulico, cables, uniones mecánicas o gasolina, es que eran completamente innecesarios. Una gran mayoría de aquellos eran mecánicos e ingenieros de tierra, como entonces se les llamaba, y es indudable que, cuando la "electriquería" empezó a demostrar su valor como medio de accionamiento de sistemas, resultó divertido dejar todo el trabajo correspondiente a aquel ente extraño –el electricista–, que hablaba una jerga casi incomprensible y que por medio de esquemas llenos de líneas y símbolos misteriosos parecía ser el más idóneo para habérselas con todo aquello.

Con el continuo progreso de los diversos tipos de aviones, las fuentes de energía eléctrica han variado también, desde la simple batería y el generador accionado por el viento, hasta los más complejos sistemas múltiples de generación de c.a. De modo similar, la aplicación de las fuentes de alimentación también ha variado y, junto con los desarrollos habidos en la electrónica, se ha difundido por zonas correspondientes a otros sistemas, hasta el punto de realizar no sólo una función de control, sino –como sucede muchas veces en la realidad– el accionamiento completo de un sistema. Como resultado de todo ello, el trabajo del electricista ha adquirido una gran importancia, a la vez que se ha ido haciendo cada vez más especializado, en tanto que otros especialistas de conservación han encontrado, y siguen encontrando, necesario aumentar sus conocimientos acerca del tema. En realidad, les interesa hacerlo así, si quieren llevar a cabo bien sus tareas. Y esto llega hasta los pilotos, que han de tener los conocimientos técnicos necesarios para su labor y adecuados a los aparatos que piloten.

Los principios fundamentales de la electricidad se describen en muchos libros de texto. Por eso, al preparar esta obra no se ha intentado suplantar su labor educativa o docente. De todos modos, se ha creído conveniente revisar siquiera sea brevemente ciertos principios importantes de los capítulos de generación y conversión de alimentaciones, con el fin de poder entrar mejor en el tema y –al menos, así lo esperamos– explicar más claramente cómo se aplican a los sistemas descritos. Para conservar la naturaleza introductora del libro y, lo que tal vez sea más importante, mantenerlo dentro de unos ciertos límites en cuanto a tamaño, se comprende que no hemos podido incluir todos los tipos de sistemas que se usan en los aviones. Pero, al hacer comparaciones se ha encontrado que las aplicaciones tienen bastante en común en muchos casos, y por eso los ejemplos elegidos finalmente pueden consederarse suficientemente representativos para dar una base útil que pueda servir para ulteriores estudios más especializados.

Los detalles expuestos abarcan las secciones correspondientes de los diversos programas establecidos para los exámenes técnicos de conservación y pilotos por organizaciones oficiales, escuelas de adiestramiento y sociedades profesionales de Inglaterra. Por eso es de esperar que, en relación con ellos, este libro pueda constituir una valiosa fuente de referencia.

Al final de cada capítulo se da un cuestionario, y el autor hace constar aquí su agradecimiento a la Society of Licensed Aircraft Engineers and Technologists por haberle permitido reproducir pregundas escogidas en los exámenes por ella efectuados.

También han prestado su valiosa ayuda varias organizaciones, que han proporcionado datos técnicos o concedido permiso para reproducir muchas de las ilustraciones, y a continuación se da una lista de ellas:

Amphenol Ltd.
Auto Diesels Braby Ltd.
Aviquipo of Britain Ltd.
Belling & Lee Ltd.
B.I.C.C.
British Aircraft Corporation (Operating) Ltd.
Britten-Norman Ltd.
Cannon Electric (G.B.) Ltd.
Davall.
Dowty Electrics Ltd.
Graviner (Colnbrook) Ltd.
Hawker Siddeley Aviation Ltd.
Honeywell Ltd.
International Rectifier Co. (G.B.) Ltd.
Lucas Aerospace Ltd.
Newton Brothers (Derby) Ltd.
Normalair-Garrett Ltd.
Plessey Co., Ltd.
SAFT (United Kingdom) Ltd.
Sangamo Weston Ltd.
Shell Aviation News.
Smiths Industries Ltd.
Standard Telephones & Cables Ltd.
Thorn Bendix.
Varley Dry Accumulators Ltd.

Por último, hemos de agradecer al editor el haber esperado pacientemente la terminación de las secciones del manuscrito, así como por haber aceptado una cierta cantidad de cambios de tema.

Copthorne
Sussex

E.P.

Indice

Páginas

Capítulo 1

Fuentes de alimentación. Generadores de corriente continua

INTRODUCCION

La energía para la actuación de la mayor parte del equipo eléctrico de un avión la suministra un generador, que puede ser del tipo de corriente continua (c.c.) o corriente alterna (c.a.). En este capítulo vamos a tratar los generadores que sirven como fuente de alimentación primaria de corriente continua para la instalación eléctrica de un avión, y antes de entrar a fondo en detalles de construcción y funcionamiento de algunas máquinas típicas se hará una revisión de los principios fundamentales de la generación de corriente.

Principios fundamentales

Un generador es una máquina que convierte la energía mecánica en eléctrica a través del proceso de inducción electromagnética. En ambos tipos de generador de c.c. y c.a. la tensión inducida es alterna; la mayor diferencia entre ellos radica en el método mediante el cual la energía eléctrica es recogida y aplicada al circuito externo conectado al generador.

La fig. 1.1 (a) muestra un generador en su forma más elemental: un lazo sencillo de hilo, "AB", dispuesto para poder girar entre los polos de un imán. Los extremos del hilo se recogen para formar un circuito a través de unos anillos deslizantes, unas escobillas y una carga exterior conectada a éstas. Cuando el plano del lazo AB se encuentra formando ángulo recto con el campo magnético (posición 1, fig. 1.1 (b)), en el lazo no se induce ninguna tensión. A medida que el lazo gira, recorriendo el ángulo de 90°, los hilos cortan las líneas de fuerza del campo magnético, hasta llegar a la posición 2, donde la tensión decrece en la proporción en que las líneas de fuerza cortadas disminuyen. En la posición 3 la tensión inducida es cero. Si la rotación continúa, el número de líneas cortadas se incrementa gradualmente, hasta los 270° (posición 4), donde se alcanza otra vez un valor máximo; pero como el corte se realiza en dirección opuesta, hay también una inversión en el sentido de la tensión inducida. Conforme sigue la rotación, el número de líneas cortadas disminuye y la tensión inducida reduce su valor a cero cuando el lazo vuelve a la posición 1. La trayectoria de la tensión inducida durante el ciclo completo produce la curva alternativa o sinusoidal de la fig. 1.1 (b).

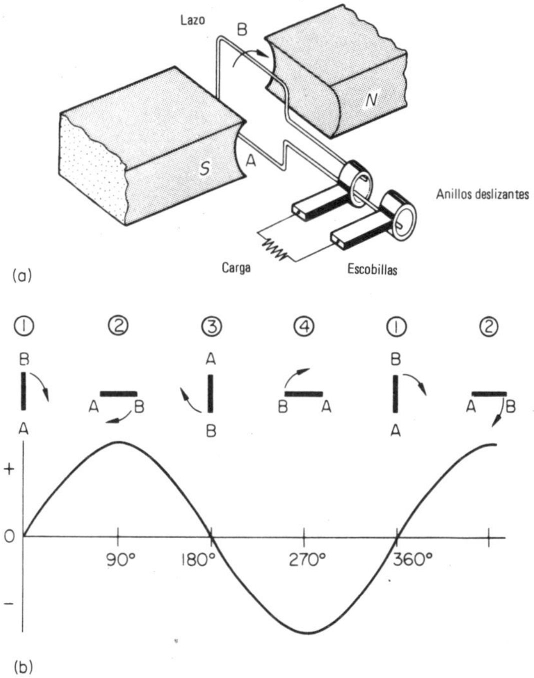

Fig. 1.1

(a) Generador elemental
(b) Tensión inducida

Para convertir la corriente alterna (c.a.) producida en unidireccional o corriente continua (c.c.) es necesario remplazar los anillos deslizantes por un dispositivo colector similar a un conmutador. Esto está reflejado en la fig. 1.2 (a), y como podrá observarse consta de dos segmentos aislados entre sí y conectados a los extremos del lazo. Las escobillas están colocadas de modo que cada segmento se desplace haciendo contacto con una

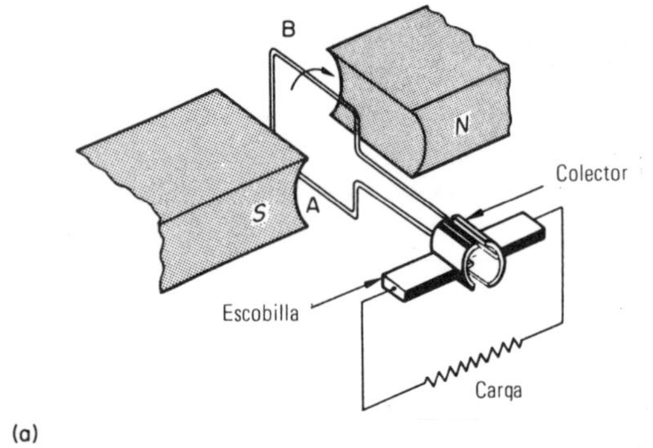

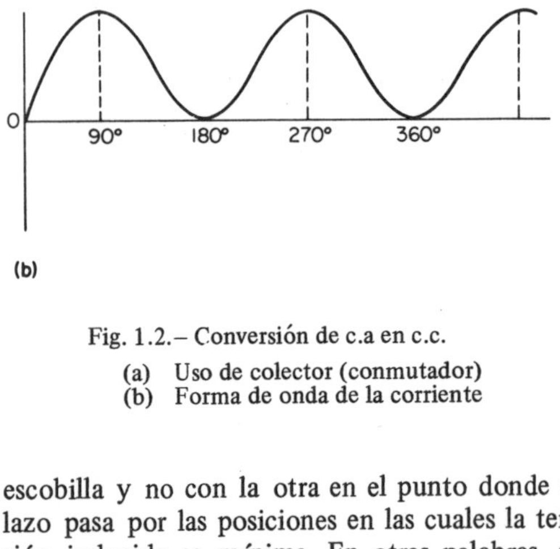

Fig. 1.2.– Conversión de c.a en c.c.

(a) Uso de colector (conmutador)
(b) Forma de onda de la corriente

escobilla y no con la otra en el punto donde el lazo pasa por las posiciones en las cuales la tensión inducida es mínima. En otras palabras, se produce una corriente pulsatoria que crece hacia su valor máximo en una sola dirección, como muestra la fig. 1.2 (b). A fin de alisar las pulsaciones, y para obtener una salida más constante, se añaden más lazos (espiras) y segmentos del conmutador, conectados en una posición de valor máximo; de esta forma, la salida pulsatoria queda reducida a una suave ondulación, como se indica en la fig. 1.3.

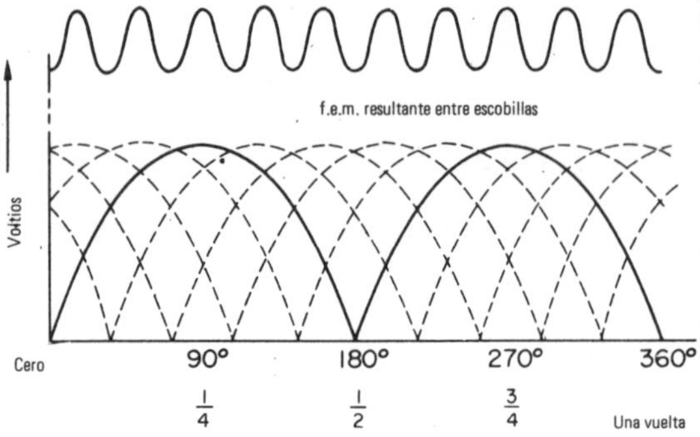

Fig. 1.3.– Efecto de la salida utilizando varias bobinas (arrollamientos).

Clases de generadores

Los generadores se clasifican de acuerdo con el método con el que se excitan sus circuitos magnéticos. Los tres tipos siguientes son los más normales:

(1) Generadores de imán permanente.

(2) Generadores con excitación exterior, en los cuales sus electroimanes están excitados por una corriente obtenida de una fuente exterior de corriente continua (c.c.).

(3) Generadores autoexcitados, cuyos electroimanes se excitan con una corriente producida por las propias máquinas. Estos se clasifican además por la forma en la cual están conectados el devanado fijo, el campo electromagnético y el devanado del inducido.

En los sistemas de alimentación de corriente continua (c.c.), en aviación, se emplean los generadores autoexcitados en derivación; por consiguiente, los siguientes detalles sólo se refieren a este tipo.

Disposición del devanado fijo

La fig. 1.4 muestra la colocación de los devanados fijos de una máquina básica tetrapolar apropiada para su uso como generador autoexcitado. La parte fija del circuito del estator consta de cuatro escobillas, dos puentes que conectan juntas las escobillas de la misma polaridad y los cables de unión de los puentes de las escobillas con los terminales señalados A y A'. Las cuatro bobinas de campo son de alta resistencia y conec-

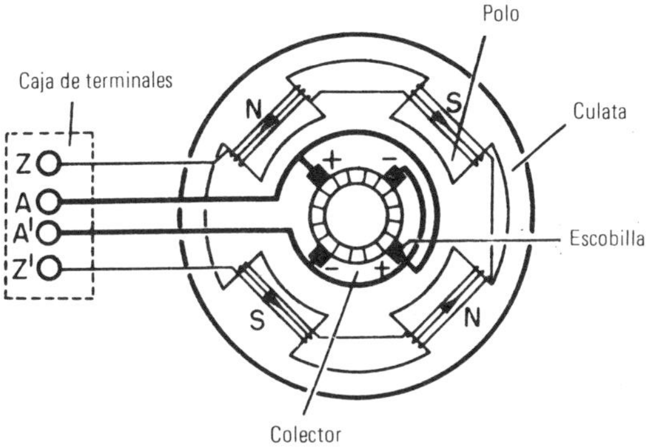

Fig. 1.4.– Distribución del arrollamiento fijo

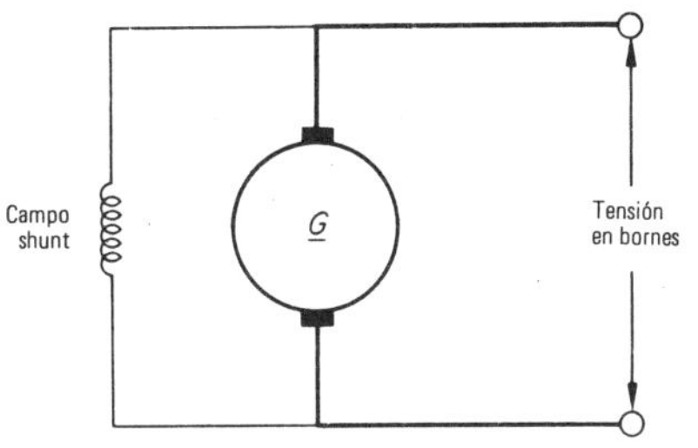

Fig. 1.5.– Conexión del devanado de campo shunt o en derivación

tadas en serie para formar el devanado de campo. Están excitadas y conectadas de modo que puedan producir alternativamente polaridades Norte y Sur. Los extremos de los devanados se conectan a los terminales Z y Z'.

Características de un generador

Las características de un generador que relacionan la tensión, la corriente del circuito exterior conectando al generador y la corriente de carga se pueden resumir en dos: Característica *externa*, o relación entre *tensión en bornes y corriente de carga*, y característica *interna*, que relaciona la *fuerza electromagnética instantánea* (f.e.m.) generada en los devanados del inducido y la *corriente de carga.*

Estas relaciones se dan generalmente en forma de gráficos, con una curva para una velocidad determinada del generador.

Generadores autoexcitados en derivación

Los generadores conectados en derivación son uno de los tres tipos de la clase de máquinas autoexcitadas, y como ya dijimos se usan en los sistemas de alimentación de corriente continua en aviación. El término "conectado en derivación" proviene de que el devanado de campo de alta resistencia va conectado en paralelo con el inducido, como se muestra en la fig. 1.5. La corriente del inducido se divide en dos ramas: una, formada por el devanado de campo, y otra, por el circuito exterior. Si el devanado de campo es de alta resistencia, la mayor parte de la corriente pasa por el circuito externo y se evita dentro del generador un consumo innecesario de energía eléctrica.

Característica y principio de funcionamiento

Cuando se hace girar el inducido (rotor) los conductores cortan el débil campo magnético existente, que es debido al magnetismo remanente del sistema electromagnético. Una f.e.m. pequeña es inducida en el rotor y aplicada al devanado de campo, creando una corriente que circula por él y haciendo crecer así el flujo magnético. Al seguir este fenómeno causa un incremento progresivo de la f.e.m. inducida y de la corriente de campo, hasta que la f.e.m. inducida y la tensión en bornes alcanzan el valor máximo permanente en circuito abierto.

La curva característica de este tipo de generador está representada en la fig. 1.6 y en ella puede observarse que la tensión en bornes tiende a caer al crecer la corriente de carga. Esto es debido a la caída de tensión (IR) en el inducido y también a una disminución del flujo principal, causada por reacción del inducido. La caída de tensión entre bornes reduce la corriente de campo, con lo que el flujo principal disminuye y, por consiguiente, se produce una nueva caída de tensión en bornes.

Si se continúa el proceso de incremento de carga, después de haber alcanzado la condición de trabajo a plena carga, la tensión entre terminales caerá en un incremento proporcional, hasta que no pueda mantenerse ya la corriente de carga, y entonces ambos bajarán a cero. Con excitación reducida, la característica externa de un genera-

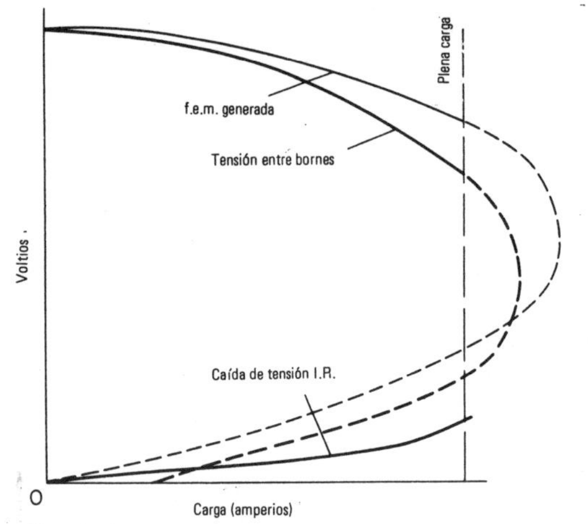

Fig. 1.6.– Curva característica de un generador autoexcitado en derivación.

dor conectado en derivación cae mucho más rápidamente. Por lo tanto, el punto en el cual ocurre el descenso brusco de tensión se alcanzará con una pequeña corriente de carga. En la práctica la corriente de campo se ajusta para mantener una tensión constante en todas las condiciones de carga, mediante un regulador de tensión, cuyo funcionamiento será descrito más adelante.

Algunas veces un generador puede perder su magnetismo remanente, o alcanzar una polarización incorrecta a causa de un calentamiento, una sacudida o una corriente momentánea en dirección equivocada. Esto puede corregirse por una corriente instantánea que atraviese el campo desde el terminal positivo al terminal negativo; este procedimiento es conocido como "imantación del campo".

Construcción de un generador

Un generador típico conectado en derivación, autoexcitado, de cuatro polos, que se emplea en un tipo corriente de turbopropulsores en transporte de aviación civil, está representado en la fig. 1.7. Está preparado para una salida de 9 kilovatios (KW) con una corriente continua de 300 amperios (A) en un régimen de velocidad entre 4.500 y 8.500 r.p.m. En su forma básica, sigue el diseño habitual adoptado y consta de cinco ensambles principales, a saber: la culata (estator), el rotor, dos cubiertas exteriores y las escobillas.

LA CULATA (ESTATOR)

El estator constituye la parte principal del generador y está preparado para alojar el sistema electromagnético, formado por cuatro devanados de campo y cuatro polos. También está acondicionado para realizar la fijación de la cubierta exterior. Los devanados están formados por bobinas de los amperios-vuelta requeridos, arrolladas y conectadas en serie, de modo que al montarlos en las piezas polares, la polaridad del campo producido en los polos por la corriente de las bobinas sea alternativamente Norte y Sur (ver fig. 1.4). Los devanados de campo están apropiadamente aislados y alojados en las piezas polares, las cuales van fijadas a la culata. Las caras de los polos están expuestas a las variaciones del campo magnético causado por la rotación del inducido (rotor), que produce una elevación de la f.e.m. inducida que origina unas corrientes parásitas (corrientes de Foucault) en torno a los polos, la cual crea un calentamiento local y una pérdida de energía. Para minimizar estos efectos los polos son de construcción laminada; las láminas delgadas de hierro dulce están oxidadas, para aislar y ofrecer gran resistencia eléctrica a la f.e.m. inducida.

INTERPOLOS Y DEVANADOS DE COMPENSACION

Durante el funcionamiento en carga, la corriente que pasa por el devanado del inducido de un generador crea un campo magnético que se superpone al campo principal producido por la corriente del devanado de campo. Como las líneas de fuerza no pueden cruzarse, el campo del inducido distorsiona el principal en la medida en que varía con la carga; a tal efecto de distorsión se le denomina reacción del inducido. Si no se corrige la reacción del inducido produce dos efectos indeseables: (1) causa una variación en el eje Neutro Magnético, que es el que pasa por dos puntos en los cuales no se induce ninguna f.e.m. en una bobina, haciendo aparecer un chisporroteo en el conmutador, y (2) debilita el campo principal, causando una reducción de la f.e.m. generada.

Para disminuir estos efectos puede alterarse la posición de las escobillas variando las condiciones

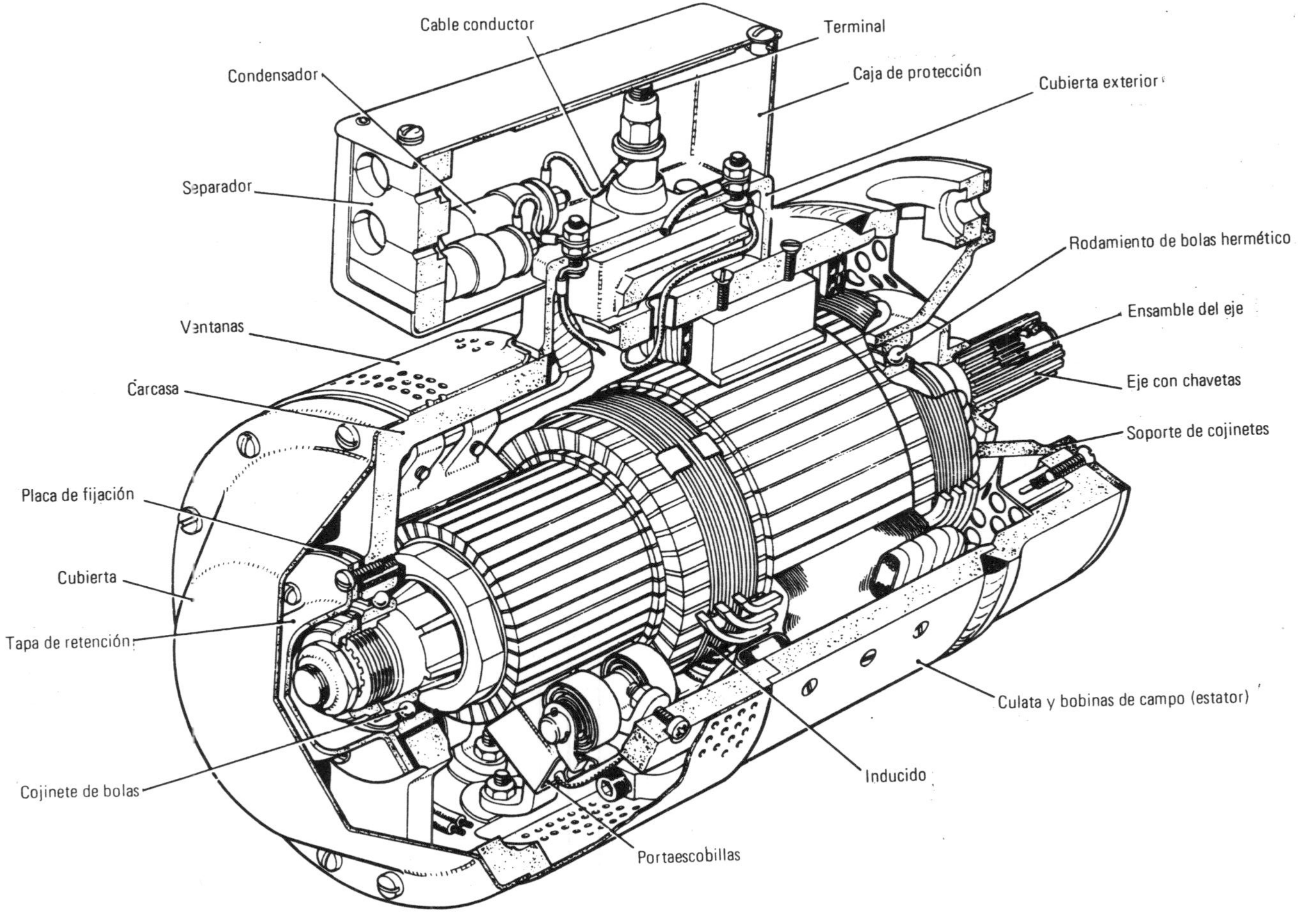

Fig. 1.7.– Vista en sección de un generador.

de carga, pero un método más eficaz consiste en dotar al sistema electromagnético de unos devanados adicionales, que se conocen como interpolos y devanados de compensación. Los devanados de los interpolos están arrollados en caras de polos auxiliares, localizados a mitad de camino entre los principales, y van conectados en serie con el arrollamiento del inducido. Los devanados son tales que un interpolo tiene la misma polaridad que el polo principal siguiente en el sentido de la rotación, y como los flujos son opuestos a la dirección del flujo del inducido, pueden neutralizarlo en todas las cargas, si los arrollamientos tienen el número requerido de vueltas.

A fin de alcanzar una mayor corrección en la reacción del inducido, los efectos producidos por los interpolos deben ser suplementados, ya que ellos solos no pueden eliminar por completo la distorsión ocasionada en las caras de los polos principales. Los devanados de compensación van, por tanto, conectados en serie con los interpolos y el arrollamiento del inducido, y localizados en ranuras de la base de las caras de los polos principales. De esta forma, las caras de las bobinas permanecen paralelas con las caras del inducido. Los amperios-vuelta del devanado son iguales a los correspondientes del devanado del inducido, mientras que su flujo es opuesto a la dirección del flujo del inducido.

INTERPOLOS AUXILIARES

La eficacia de los interpolos para minimizar la reactancia del inducido está limitada por la velocidad del rotor y su aplicación como componentes individuales de un sistema de devanado de campo está limitada, por consiguiente, a generadores que funcionen en un estrecho margen, en el régimen de velocidad; por ejemplo, el régimen del generador ilustrado en la fig. 1.7. En el caso de generadores que deban funcionar en un amplio margen, por ejemplo, de 2.850 a 10.000 r.p.m., el uso de los interpolos sólo produciría un efecto local en el chisporroteo del inducido, conforme la velocidad del generador se va reduciendo del máximo al mínimo. Para contrarrestar esto, y con una carga dada en el generador, es necesario reducir la fuerza magnetomotriz (f.m.m.) de los interpolos. El efecto deseado puede obtenerse arrollando devanados auxiliares sobre el de los interpolos y conectándolos en serie, con el devanado de campo del generador en derivación, en un camino tal que cuando cada bobina sea excitada por la corriente del circuito de campo en derivación, produzca una f.m.m. de polaridad opuesta a la creada por la bobina del interpolo en la misma base de la pieza polar. Se debe mantener un equilibrio exacto entre las f.e.m. de la reactancia y de la conmutación en todo el régimen de trabajo de la velocidad del generador, para obtener una conmutación sin chispas.

ENSAMBLE DEL INDUCIDO (ROTOR)

El ensamble del inducido comprende el núcleo principal (que puede ser macizo o hueco) y el devanado principal, el conmutador y los cojinetes; el ensamble completo está estática y dinámicamente equilibrado. En el generador que se ilustra, el núcleo es hueco e internamente acoplado con las chavetas de un eje motor que pasa a través de todo el núcleo del inducido.

Los devanados del inducido están constituidos individualmente por un número idéntico de bobinas, encajadas en ranuras de los extremos de las láminas de acero que forman el núcleo del inducido. Las bobinas son de pletina de cobre, y como seguridad contra el desplazamiento originado por la fuerza centrífuga, unos alambres de acero (en algunos casos, tiras) abrazan toda la circunferencia exterior del inducido. Los extremos de cada bobina se llevan al conmutador, donde se sueldan con plata a los segmentos separados. El final de una bobina se conecta en el mismo segmento con el principio de otra. De esta forma, el devanado completo forma un circuito cerrado. Los arrollamientos van siempre impregnados en vacío con barniz de silicona, para mantener una buena resistencia de aislamiento en todas las condiciones.

En la mayor parte de los generados empleados en aviación, el colector es de pequeño diámetro, para minimizar la fuerza centrífuga, y está construido con estrechos y largos segmentos de cobre, que corresponden en número al de las bobinas de campo (el de la figura es uno típico de 51 bobinas). Las superficies de los segmentos están barridas por escobillas, las cuales son estrechas y montadas a pares (normalmente, cuatro pares) para asegurar el barrido en la zona de contacto, lo cual es una condición esencial para realizar una conmutación efectiva.

Los inducidos de todos los generados de aviación están apoyados en cojinetes de alta calidad, de bolas, rodillos o combinación de estos dos tipos. En un generador sencillo en el que se utilice esta combinación se encontrará que invariablemente el cojinete de bolas estará situado en el extremo del eje motor del inducido, y el de rodillos en el extremo del colector. Esta disposición permite la expansión lateral del núcleo del rotor, como consecuencia de las elevaciones de temperatura del generador, sin exponer los cojinetes al riesgo de rotura. Los cojinetes están lubricados con grasa de alto punto de fusión o con aceite lubricante, y pueden ser del tipo hermético o no. Los cojinetes herméticos lubricados con grasa van preparados de fábrica y no requieren un nuevo engrase durante toda su vida. Los cojinetes no herméticos lubricados con grasa se montan con suficiente cantidad de lubricante hasta el final del primer ciclo de servicio del generador. En general, el lubricante para cojinetes lubrificados por aceite se introduce en su interior a través de un fieltro impregnado de aceite. El sellado está hecho de forma que pueda prevenir un escape de aceite al interior del generador.

ENSAMBLE DE LAS CUBIERTAS EXTERIORES

Estas cubiertas tapan, una, el estator y, la otra, el recinto de los cojinetes del núcleo del rotor. La cubierta exterior está preparada para alojar el dispositivo de amortiguación, la caja de engranajes y el colector; también está preparada para el montaje del portaescobillas, y en la mayoría de los casos posee un conducto de aire para la refrigeración. La inspección y el cambio de escobillas se realiza moviendo la tapa que cubre la ventana existente en la cubierta del colector.

ESCOBILLAS

El conjunto del montaje de las escobillas abarca a éstas y el portaescobillas, para mantenerlas en la posición apropiada y también situarlas en el ángulo correcto respecto a la línea neutra magnética.

Las escobillas utilizadas en los generadores para aviación son del tipo electrografítico, construidas con grafito artificial. El grafito se produce partiendo de diversas variedades de carbones naturales, moliéndolos en polvo fino, mezclándolos y consolidando la mezcla en la forma deseada mediante la aplicación de una presión mecánica, seguida de una exposición a altas temperaturas en horno eléctrico. Estas escobillas poseen como propiedades la dureza del carbón y la lubricación del grafito. En suma, son resistentes al chisporroteo, ocasionan muy poco desgaste en el colector y su conductividad térmica las protege de las sobrecargas.

Como primer principio para realizar una conmutación efectiva ha de cumplirse que se mantenga la zona de contacto de la escobilla con el colector. Esto se puede conseguir montando varios pares de escobillas en los portaescobillas; en el generador ilustrado en la fig. 1.7 se emplean cuatro pares. Los portaescobillas tienen forma de cajas abiertas en su extremo, con las superficies interiores mecanizadas para ajustar la escobilla, dándole un pequeño juego que le proporciona un deslizamiento suave sin inclinación ni agarrotamiento.

El contacto entre escobillas y colector se mantiene por la presión ejercida por los extremos de los muelles ajustables, anclados en los portaescobillas. Estos quedan afectados perjudicialmente por la corriente que pasa por ellos. Por eso es usual fijar un separador o rodillo aislante en el extremo del muelle que se apoya en la parte superior de la escobilla.

Los portaescobillas van sujetos con pernos a un collar soporte (normalmente llamado puente de escobillas), el cual está sujeto a la cubierta del colector o, como en el caso del generador ilustrado, unido directamente a la cubierta exterior. Para conseguir la mejor conmutación posible, el collar soporte o la cubierta exterior, según convenga, deben poder ser girados unos grados para alterar la posición de las escobillas en relación con la línea neutra magnética. Cada generador está provisto de unas marcas para indicar la posición normal de funcionamiento.

Cuando hay cuatro o más portaescobillas, están localizados y diametralmente opuestos, y sus escobillas son alternativamente positivas y negativas; las que son de idéntica polaridad se conectan juntas a través de uniones de hilo flexible.

Las escobillas van provistas de cable de conexión de cobre flexible trenzado y moldeado dentro de la propia escobilla en la fabricación. Los extremos libres del cable de unión llevan soldados terminales del tipo de pala o herradura, los cuales se unen a los bornes principales del generador a través de los portaescobillas y sus conexiones.

BLOQUES DE TERMINALES

Los cables del conjunto de las escobillas y de los devanados de campo van conectados a un bloque de bornes montado en la cubierta del colector o, en algunos generadores, en el conjunto de la culata (estator) (ver fig. 1.7). El bloque de bornes está protegido por una especie de caja en la cubierta exterior. La salida de cables del sistema de distribución se realiza a través de anillos de goma. El giro del rotor está especificado en una dirección, normalmente en sentido levógiro. Se ha previsto un contacto móvil entre dos de los terminales, el cual puede conectarse en una de las posiciones, en el caso de que haya que invertir el sentido de giro del generador.

SUPRESION DEL CHISPORROTEO

El chisporroteo de las escobillas de un generador, por débil que sea, se traduce en propagación de ondas electromagnéticas que interfieren la recepción de las señales de radio. La interferencia originada en los generadores puede eliminarse con bastante eficacia apantallándolos. La pantalla envuelve el generador en una malla metálica continua y la salida de los cables de conexión se protege con un tubo o conducto para prevenir la radiación directa. Para impedir que la interferencia pueda ser conducida a lo largo del sistema de distribución, la salida de los conductores terminan en filtros o unidades supresoras. Estas constan de bobinas de autoinducción y condensadores de valores apropiados, construidas en cajas metálicas, instaladas lo más cerca posible del generador. Las unidades supresoras independientes son más bien incómodas y bastante pesadas; por eso, en la práctica, en el diseño de los tipos corrientes de generadores se incorporan sistemas de supresión interna. Estos no suelen contener bobinas de autoinducción, pero sí condensadores en la proporción adecuada (ver fig. 1.7), que se conectan entre terminales y masa del generador. El uso de los sistemas de supresión interna de chispas elimina la necesidad de apantallar la salida de los cables de alimentación, logrando de esta forma un considerable ahorro en el peso total de la instalación de un generador.

DESGASTE DE LAS ESCOBILLAS

El carbón del cual están hechas las escobillas electrografíticas es extremadamente poroso y algunos de estos poros son tan finos que el carbón presenta una gran tendencia a absorber y retener otras sustancias en su estructura. La humedad es una de ellas. Se sabe desde hace tiempo que la humedad atmosférica tiene un importante papel en el funcionamiento del contacto de una escobilla, aportando un grado sustancial de lubricación. La humedad se fija en las inevitables irregularidades de las caras de contacto de las escobillas y forma una película exterior en el colector. Con esta película es con la que las escobillas hacen contacto. La importancia de esta humedad sólo se comprendió cuando los aviones empezaron a volar a grandes alturas y apareció un desgaste muy rápido en las escobillas. Las investigaciones realizadas en torno a este problema demostraron que la dificultad principal residía en la extremada sequedad de la atmósfera, lo que producía tres efectos secundarios: (1) fricción entre las escobillas y el colector, ya que la película de lubricación no podía formarse; (2) la resistencia de contacto llegaba a ser despreciable, originando una elevación del chisporroteo reactivo y acelerando el desgaste de la escobilla; (3) las cargas de electricidad estática debidas a la fricción producían una rotura molecular de las escobillas.

Estos efectos han sido eliminados en gran parte utilizando escobillas que tienen un aditivo químico como medio de remplazar la función que la humedad atmosférica desempeña en la formación de la película superficial. En general se emplean dos tipos distintos: las escobillas de un tipo forman una película semilubricante de resistencia constante en el colector, mientras que las del otro son escobillas autolubricantes que no forman película.

La composición de las escobillas que forman película incluye elementos químicos como flúor y bario para construir progresivamente una película semilubricante de resistencia constante en la superficie del colector. Las escobillas de este tipo no se desgastan normalmente en alturas hasta 18.000 metros, con tal que los generadores en los que están fijadas hayan sido previamente "rodados" durante algunas horas para permitir la formación de la película protectora. Esta película una vez formada es de color muy oscuro y puede a veces dar la impresión de suciedad en el colector. Las escobillas del tipo que no forman película contienen un ingrediente tal como bisulfuro de molibdeno, el cual se encuentra a veces en vetas que recorren longitudinalmente las escobillas. Como éstas son autolubricantes no es necesario que los generadores equipados con ellas sean "rodados" previamente durante unas horas antes de entrar en servicio. Sin embargo, estas escobillas poseen el inconveniente de una vida más corta, ya que tienen un desgaste superior en relación con las que forman película.

Acoplo generador-motor

El rotor (inducido) del generador se acopla a su máquina motriz, el motor del avión, a través de un eje de transmisión que forma parte de una caja de engranajes accesoria. El factor multiplicador de la transmisión depende de la salida deseada del generador y de las condiciones de carga del sistema eléctrico del avión; por eso este factor es variable.

Los ejes de acoplo son metálicos y huecos, con estrías o chavetas (macho o hembra) en uno o en los dos extremos. Las chavetas macho, con sus correspondientes acoplos en el eje del inducido, sirven para transmitir el par resultante de la caja de transmisión. Uno de los requisitos que deben ser satisfechos por el eje de acoplo es que debe interrumpir con efectividad la transmisión cuando se cale el inducido. Este requisito puede cumplirse diseñando el eje de transmisión de modo que en una sección su diámetro sea menor que en las restantes. De esta forma, se le dota de una zona débil, en la cual el eje de transmisión se rompe bajo el efecto de un par excesivo.

Los ejes de transmisión son normalmente cortos y rígidos, pero en algunas ocasiones también pueden especificarse ejes de acoplamiento largos, con un extremo machihembrado en el eje del inducido. Esta fijación permite al eje absorber muchas de las vibraciones mecánicas que de otra forma pasarían al generador procedentes de la caja de transmisión.

El método de acoplar un generador a la máquina motriz o a una caja de transmisión varía, pero en general se utiliza el montaje por plato o el embridaje por anillos. En el primer método, la cubierta exterior del extremo de arrastre del generador está normalmente ampliada a un diámetro mayor que el del estator, formando así un borde sobresaliente. Agujeros hechos en los platos están dispuestos para recibir los pernos localizados en el dispositivo de acoplamiento de la máquina motriz o en la caja de transmisión, y el generador finalmente es fijado con tuercas, arandelas de seguridad, etc. Otra forma del montaje por plato está basada en la cubierta exterior de un generador, que tiene dos diámetros. El mayor no es superior al del estator y termina en el dispositivo de acoplamiento, mientras que el inferior contiene un canal o ranura, entre el estator y el diámetro mayor de la cubierta exterior, dentro de la cual entra el montaje de los pernos. Otra variación de esta forma de montaje es la empleada en el generador de la fig. 1.7.

En el método de embridar por anillos, la cubierta exterior del generador tiene una prolongación con un entrante en la cara de montaje de la unidad de transmisión. Cuando la prolongación del generador está completamente acoplada con el entrante, un borde de la cubierta termina en un cuerpo macho dispuesto en la cara de montaje de la unidad de transmisión. Los dos platos quedan entonces unidos a través de unos anillos colocados en ellos y cerrados mediante un tornillo de presión. Normalmente se incorpora una fijación de espiga para localizar el acoplamiento del generador a la unidad de transmisión y absorber el par de reacción cuando el generador se encuentra en funcionamiento.

Refrigeración de los generadores

La salida máxima de un generador, sin considerar la potencia mecánica aplicada al eje de entrada, se puede determinar por la facilidad con que pueda ser disipado el calor (a consecuencia de la histéresis, efecto térmico de la corriente en los arrollamientos, etc.). En generadores de gran tamaño y de una salida relativamente pequeña, el proceso natural de radiación térmica de la superficie de la carcasa puede proporcionarle suficiente refrigeración, pero tal refrigeración "natural" es insuficiente en los generadores de pequeño tamaño y salida relativamente alta utilizados como fuentes de alimentación en aviación, y debe, por tanto, ser suplementada con una refrigeración forzada.

El método más comúnmente aceptado de refrigeración es el que aprovecha el efecto dinámico de la presión del aire resultante del torbellino de la hélice o de la corriente de aire debida al movimiento del avión. Un sistema típico de refrigeración es el representado de forma elemental en la fig. 1.8. El aire es lanzado a gran velocidad a la entrada de los orificios y es guiado a través de

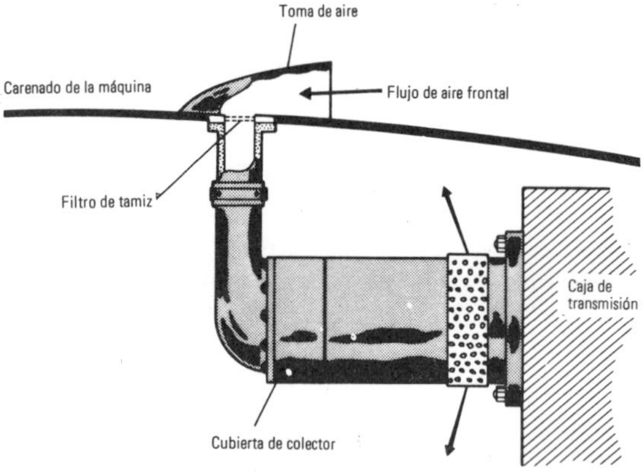

Fig. 1.8.– Sistema típico de refrigeración.

conductos de aleación ligera a una entrada colectora situada en la cubierta del colector del generador. El aire choca contra el recinto de las escobillas y del colector, para enfriar estas zonas de elevada temperatura, atraviesa toda la longitud de la máquina y escapa por los orificios de una banda envolvente, en el extremo de la caja de transmisión. A fin de suplementar la corriente de aire de refrigeración y también para proporcionar cierta ventilación cuando el avión está en tierra, algunos tipos de generadores poseen un ventilador fijado en el acoplo del eje del inducido con la caja de transmisión.

Regulación de tensión

El funcionamiento eficaz del equipo eléctrico de un avión que requiere corriente continua depende de fundamentalmente de que la tensión del generador en las barras colectoras de distribución se mantenga constante con todas las condiciones de carga y variación de velocidad, dentro de los límites de un régimen determinado. Es necesario, por tanto, proporcionar un dispositivo que regule la tensión de salida del generador en un valor determinado y dentro de un margen de tolerancia.

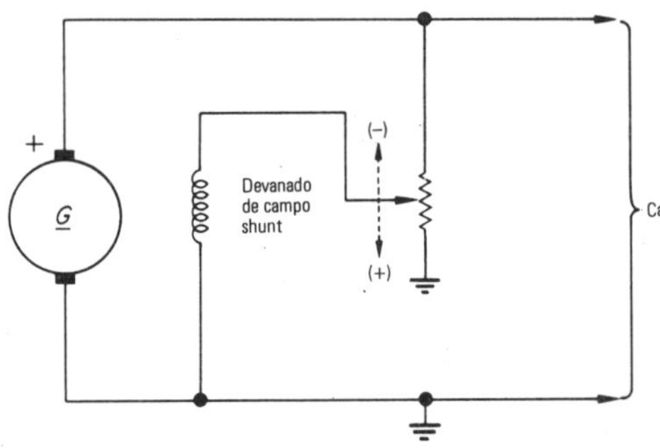

Fig. 1.9.– Control de la corriente de un circuito de campo.

Hay un número de factores que, por separado o combinados, afectan a la tensión de salida de un generador de corriente continua, y de éstos el que puede ser más convenientemente controlado es la corriente del circuito de campo, que a su vez regula la densidad de flujo. Este control se puede efectuar incorporando una resistencia variable en serie con el devanado de campo, como se muestra en la fig. 1.9. Ajustando el cursor variaría la resistencia del devanado de campo, y la corriente de campo también variaría junto con la tensión de salida, alcanzando el valor requerido. La aplicación de la resistencia variable en la forma indicada es, sin embargo, limitada, ya que es esencial incorporar un dispositivo regulador que pueda responder automáticamente a los cambios de carga y velocidad, y también que realice los ajustes necesarios en la corriente de campo del generador. Dos de los métodos de regulación normalmente empleados son el del contacto vibratorio y otro basado en la característica presión/resistencia del carbón, especialmente el método de resistencia de placas de carbón. En algunos casos la regulación puede estar basada en los principios de los circuitos de semiconductores, pero como este método suele estar asociado con ciertos sistemas de generación de corriente alterna, su funcionamiento se recogerá en el capítulo 3.

muchas vueltas de hilo fino y está conectado en serie con el devanado del regulador de corriente y en paralelo con el generador. El devanado serie está compuesto por pocas espiras de hilo grueso y va conectado en serie con el devanado shunt de campo del generador cuando los contactos de ambos reguladores están cerrados, esto es, en la

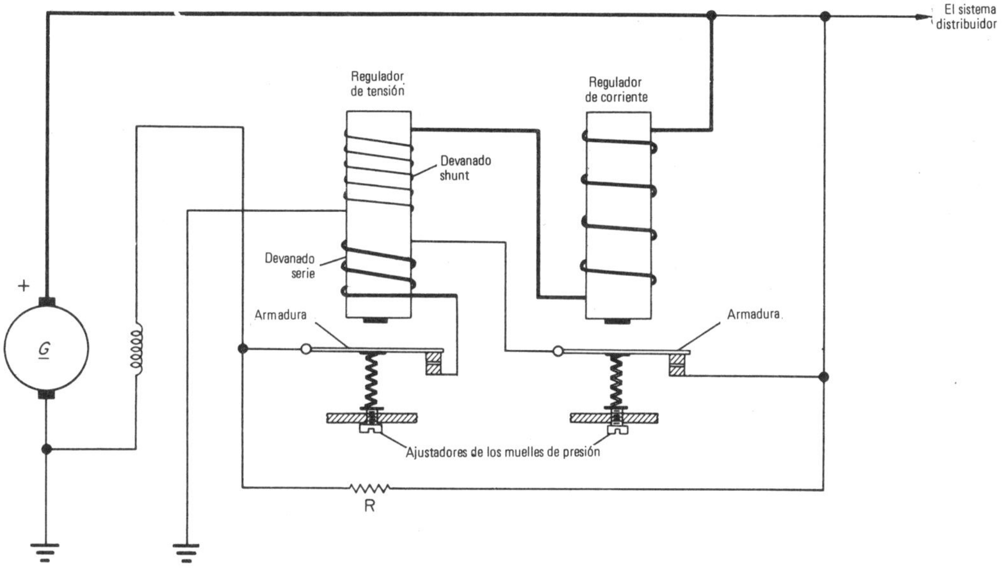

Fig. 1.10.– Regulador de contacto oscilante.

Regulador de contacto vibratorio. Estos reguladores se utilizan en aviación en varios tipos de pequeños generadores con una salida de c.c. relativamente pequeña. Un circuito típico para la regulación de tensión e intensidad de un sistema generador simple está representado básicamente en la fig. 1.10. Aunque los devanados de las bobinas de cada regulador están interconectadas, la distribución del circuito es tal que el regulador de tensión y el de corriente no pueden actuar al mismo tiempo. Una tercera unidad, llamada relé interruptor de corriente inversa, también forma parte de algunos tipos de regulador, y puesto que tiene una función de protección de circuito, la descripción de su construcción y funcionamiento será expuesta en el capítulo 9.

Regulador de tensión. Esta unidad consta de dos devanados arrollados en un núcleo común. El devanado en derivación (shunt) se compone de condición estática del sistema del generador. El conjunto de contactos consta de un contacto fijo y uno móvil asegurado por una armadura basculante. El movimiento de ésta y, por tanto, el punto en el cual el contacto se abre y cierra está controlado por un muelle que ha sido ajustado para una tensión determinada, fijada previamente.

Cuando el generador empieza a funcionar, los contactos de ambos reguladores permanecen cerrados, por lo que una alimentación positiva puede recorrer el devanado de campo shunt del generador, para proporcionar la excitación necesaria a fin de elevar la salida del generador. Al mismo tiempo, pasa corriente por el devanado shunt del regulador de tensión y, en unión con el devanado serie, hace crecer el campo electromagnético del regulador. Tan pronto como la tensión de salida del generador alcanza el valor fijado previamente en el regulador, el campo empieza a fortalecerse lo suficiente como para vencer la presión del muelle de la armadura, con lo que los contactos se abren. En esta posición de equilibrio, el circuito del devanado serie queda abierto, causando una caída brusca del campo. A la vez, la alimentación de campo del generador pasa a través de la resistencia R, que reduce la corriente de excitación y, por tanto, la tensión de salida del generador. La reducción de la salida, a su vez, disminuye la fuerza magnética del devanado shunt del regulador, de modo que la presión del muelle cierra otra vez los contactos para establecer la tensión de salida a su valor fijado y originando de esta forma la repetición del funcionamiento del ciclo precedente. La frecuencia de funcionamiento depende de la carga eléctrica suministrada por el generador; se puede considerar valor típico el comprendido entre 50 y 200 veces por segundo.

En reguladores indicados para utilizar en sistemas con doble generador, hay una tercera bobina arrollada en el núcleo electromagnético para efectuar conexiones en paralelo y que va conectada para separar los relés en paralelo.

Regulador de corriente. Limita la corriente de salida del generador por el mismo procedimiento que el regulador de tensión influye en la tensión de salida, esto es, controlando la corriente de excitación de campo del generador. Su construcción difiere únicamente en que tiene un devanado sencillo de pocas espiras de hilo grueso.

Cuando la carga eléctrica exigida es grande, el valor de la tensión de salida del generador no puede incrementarse lo suficiente para hacer que el regulador de tensión abra sus contactos. Como consecuencia, la salida continuará incrementándose hasta alcanzar la corriente máxima fijada, cuyo valor ha sido determinado previamente en el regulador de corriente. Una vez logrado este valor, la corriente que pasa por el devanado del regulador establece un campo magnético lo suficientemente potente como para atraer la armadura y así abrir los contactos. De esta forma, el regulador de corriente es quien introduce la resistencia R en el circuito de campo shunt del generador para reducir la salida de éste. Cuando esta salida ha disminuido en un valor determinado, la fuerza del campo producido por el devanado del regulador es vencida por la presión del muelle, cerrándose los contactos y repitiéndose de nuevo el ciclo con una frecuencia similar a la del regulador de tensión.

Regulador por resistencia de placas de carbón. El carbón tiene una superficie granular y la resistencia de contacto entre dos placas de carbón puestas en contacto depende no solamente de la zona real de contacto, sino de la presión con que se junten las dos caras. Por tanto, si se coloca un número determinado de discos de carbón en forma de pila y se conectan en serie con el campo en derivación (shunt) de un generador (ver fig. 1.11), la resistencia del circuito de campo puede alterarse incrementando o disminuyendo la presión aplicada a los extremos de la pila de placas, regulando de esta forma la tensión de salida del generador. Como este método elimina los contactos vibratorios, se aplica a generadores de elevada salida de corriente que requieren mayor corriente de excitación de campo. La regulación necesaria de la presión o compresión de la pila de placas, variando las condiciones de carga y velocidad del generador, se efectúa por medio de una armadura electromagnética controlada por muelle, que funciona de una forma similar a la expuesta en el regulador de contacto vibratorio.

En condiciones estáticas del sistema generador, las placas de carbón están completamente comprimidas, y puesto que no hay atracción magnética en la armadura, la resistencia en el circuito de campo shunt del generador es mínima y el entrehierro entre la armadura del regulador y el núcleo electromagnético es máximo. Conforme el regulador empieza a funcionar, la tensión de salida cada vez mayor se aplica a la bobina del regulador y el campo resultante ejerce una mayor atracción en la armadura. Durante las etapas de recorrido inicial, la combinación de la baja tensión aplicada a la bobina del regulador y el entrehierro máximo entre armadura y núcleo origina una débil fuerza de atracción sobre la armadura. Esta fuerza es mucho menor que la del muelle de control, por lo que la armadura mantiene su posición original y persiste la condición de presión máxima en las placas de carbón; la resistencia del circuito de campo shunt se conserva así en su valor mínimo durante el arranque, para permitir a la tensión de salida del generador elevarse lo más rápidamente posi-

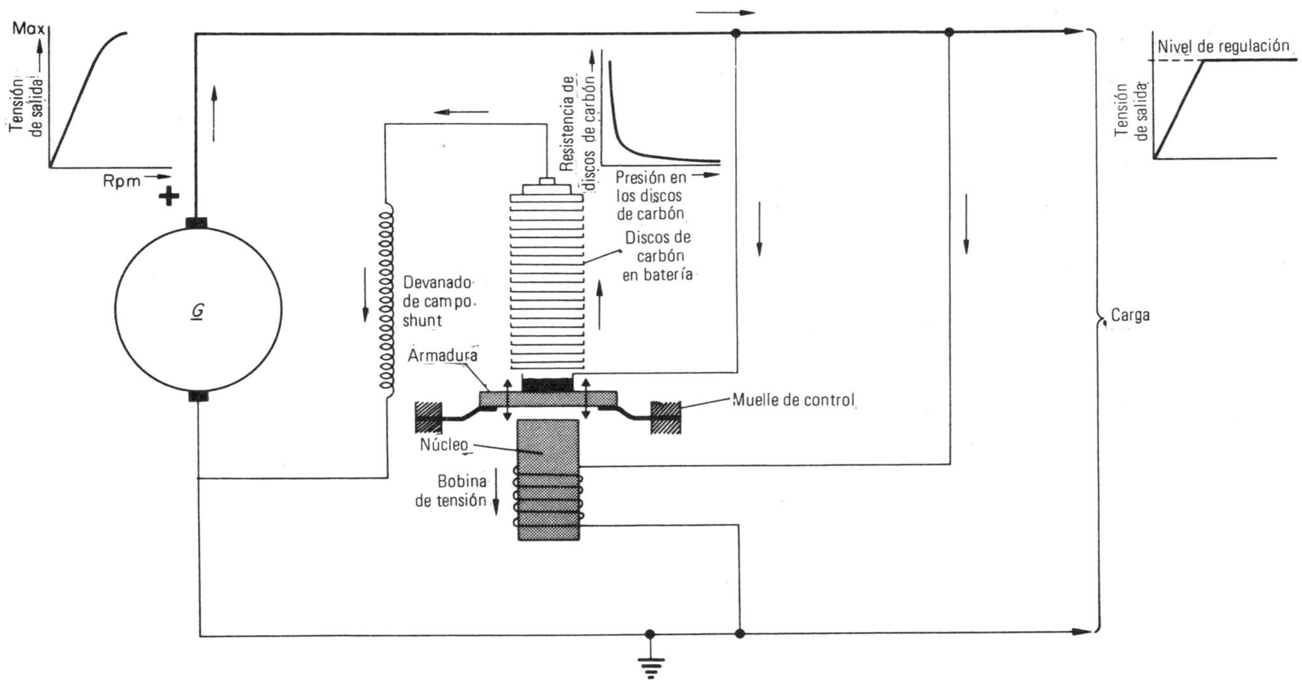

Fig. 1.11.– Regulación de tensión por discos de carbón en batería.

ble. Esta condición continúa inalterable hasta que la tensión ha alcanzado el valor previamente determinado, y en el cual se mantiene el equilibrio entre la fuerza magnética y la fuerza del muelle de control. La armadura queda libre para desplazarse hacia el núcleo electromagnético si la fuerza de atracción magnética crece como consecuencia de aumentar la velocidad del generador dentro del régimen normal. En estas circunstancias se reduce más aún la presión de las placas, con lo que queda más separación entre ellas, incrementándose por tanto la resistencia y frenando la elevación de la tensión de salida del generador; también aumenta la carga del muelle que mantiene la armadura alejada del núcleo. De este modo se establece una condición de equilibrio con la armadura en una nueva posición, pero con la tensión de salida inmóvil en el valor regulado.

Una reducción de la velocidad del generador, dentro del régimen efectivo de velocidad, produce una disminución de la tensión de salida del generador, rompiendo el equilibrio en la armadura del generador, de tal forma que la fuerza del muelle de control es superior, por lo que la armadura se aleja del núcleo electromagnético. La pila de placas de carbón queda comprimida por este movimiento y se reduce por consiguiente la resistencia del circuito shunt de campo del generador. Con ello se incrementa la tensión de salida, hasta que de nuevo se regula esa salida para conseguir un estado de equilibrio. Cuando la reducción progresiva de la velocidad del generador origina una condición de compresión máxima de las placas, se pierde el control de la tensión de salida del generador, ya que cualquier reducción de la velocidad de éste por debajo del límite inferior del régimen efectivo de velocidad produce una disminución proporcional de la tensión de salida.

Cuando un generador ha sido puesto en funcionamiento y acoplado a su sistema de distribución, la conexión de los servicios de consumo originará unas cargas que alterarán el equilibrio de la armadura del regulador. En realidad, el efecto es el mismo que si se hubiese reducido la velocidad del generador y automáticamente el regulador realiza la acción correctora apropiada hasta que la tensión de salida se estabiliza en su valor crítico. A la inversa, una disminución perceptible de la carga, suponiendo constante la velocidad del generador y que la armadura del regulador está en equilibrio, originará en el regulador el mismo comportamiento que en el caso de producirse un incremento de la velocidad del generador.

Construcción. La unidad de placas de carbón en batería está alojada en un tubo cerámico que, a su vez, está encerrado dentro de una caja sólida, o más generalmente, una caja o cubierta con aletas de disipación para eliminar el calor generado por las placas. El número, diámetro, espesor de los discos o placas que forman el conjunto varía de acuerdo con el papel específico del regulador. El contacto en cada extremo de la pila se hace por medio de unos postizos de carbón, o en algunos tipos de regulador por contactos de plata dentro de los postizos de carbón. La presión inicial en la pila se realiza por un tor-

Fig. 1.12.– Unidad sencilla típica de un regulador.

1. tornillo de fijación de la armadura
2. caja magnética
3. aletas de disipación
4. bloques terminales
5. chasis

nillo de presión que actúa a través de la batería en la armadura y en la placa del muelle de control, que está sujeto por una arandela bimetálica. Esta arandela compensa los efectos de temperatura en la resistencia del arrollamiento de tensión y algunas características de expansión del regulador, manteniendo así constante la compresión en la pila.

El conjunto electromagnético comprende una culata cilíndrica en la que está alojado el arrollamiento de tensión, una tapa final desmontable y un núcleo ajustable electromagnético. Asimismo, un dispositivo inmovilizador, generalmente un tornillo, retiene el núcleo en una posición determinada previamente.

Según el diseño del sistema generador, los reguladores de tensión pueden ser del tipo de "unidad sencilla" mostrado en la fig. 1.12, que funciona completamente con interruptores separadores de corriente inversa, relé sensor diferencial y relés en paralelo, o pueden estar integrados con estos componentes para formar unidades especiales de control o paneles.

Repartidor de carga o acoplamiento en paralelo

En sistema de varios generadores es necesario que éstos funcionen en paralelo, y a fin de conseguir que se repartan por igual las cargas del sistema, sus tensiones de salida deben ser lo más idénticas posible en todas las condiciones de funcionamiento.

Como ya hemos explicado, los generadores están provistos de un regulador de tensión que ejerce un control independiente sobre la de salida, pero como pueden originarse variaciones en la salida y en las cargas eléctricas, es esencial dotarlos de circuitos adicionales reguladores de tensión que tengan la función de mantener en equilibrio las salidas y los repartos de carga. El método más comúnmente adoptados para este propósito es el que emplea "un circuito ecualizador de carga" para controlar la salida del generador a través de los reguladores de tensión. Este principio, aplicado a un sistema de doble generador, se ilustra en su forma más simplificada en la fig. 1.13 (a). Los generadores están conectados entre sí a través de sus polos negativos por medio de unas ramas "repartidoras de carga" que contienen bobinas compensadoras (C_e), formando parte cada bobina de los circuitos individuales electromagnéticos reguladores de tensión. Las resistencias R_1 y R_2 representan las de las ramas negativas (devanados de los interpolos) de los generadores, y en equilibrio, en condiciones de reparto de carga, la caída de tensión en cada rama será la misma, esto es: $V_1 = I_1 R_1$ y $V_2 = I_2 R_2$. De esta forma la caída de tensión resultante será cero y no habrá corriente por las bobinas compensadoras.

Supongamos ahora que el generador nº 1 tiende a tomar mayor cantidad de carga que el nº 2. En esta situación la caída de tensión V_1 será mayor que V_2, y la diferencia de potencial en la rama negativa del generador nº 1 será inferior. Como consecuencia, circulará una corriente I_e por las bobinas compensadoras, que están conectadas de tal forma que el efecto de I_e es elevar la tensión de salida del generador nº 2 y reducir la del nº 1, disminuyendo de este modo el desequilibrio en el reparto de la carga.

La fig. 1.13 (b) ilustra este principio en su aplicación a un circuito compensador de un sistema generador que utiliza reguladores de tensión por placas de carbón. Las bobinas compensadoras están arrolladas en los mismos núcleos electromagnéticos que las bobinas de tensión de los reguladores. Así, suponiendo las mismas condiciones de desequilibrio que antes, la corriente I_e circula en una dirección opuesta a la que atraviesa la bobina del regulador de tensión del generador nº 2, pero lo hace en la misma dirección que la corriente de la bobina de tensión del regulador nº 1. El efecto magnético de la bobina de tensión del regulador nº 2 se verá por tanto debilitado a consecuencia de una disminución de la resistencia de las placas de carbón y un incremento de la salida del generador nº 2, facilitándole la toma de más carga. El efecto magnético de la bobina de tensión del regulador nº 1 queda por otra parte fortalecido, aumentando con ello la resistencia de las placas de carbón, lo que causa una disminución de la salida del generador nº 1 y la pérdida de algo de su carga. Las variaciones de la calida de cada generador continúan hasta que se restablece la condición de equilibrio en el reparto de la carga, con lo que el bucle del circuito compensador deja de transportar corriente.

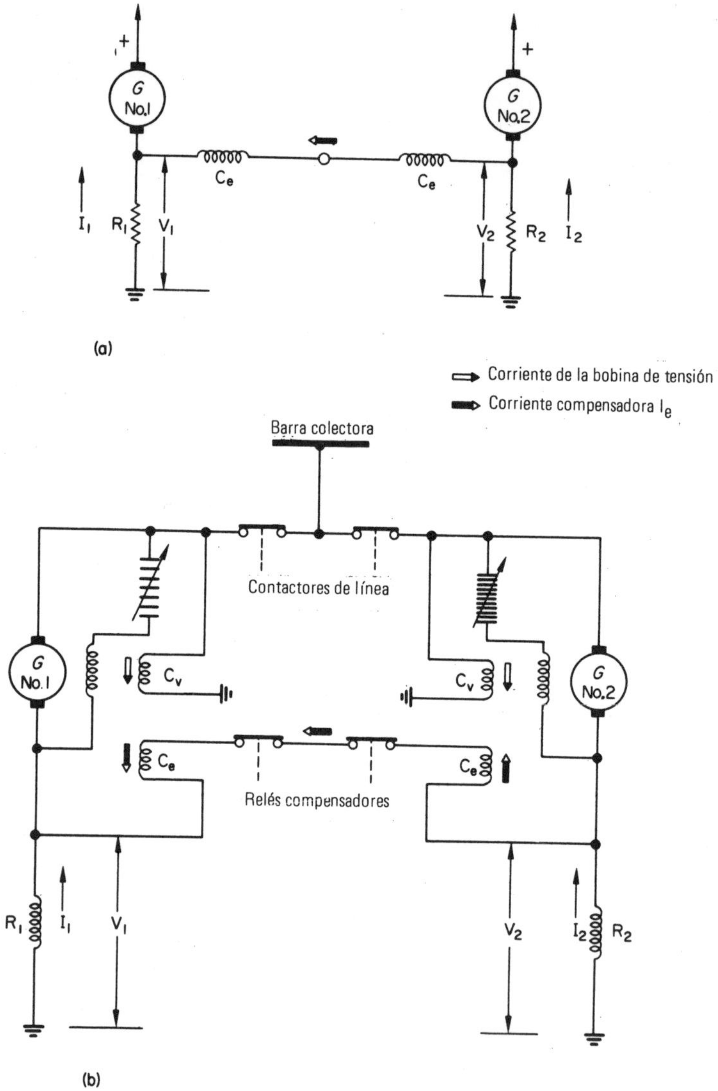

Fig. 1.13.– Principio de la compensación de carga

Cuestionario

1. Describir cómo se produce la corriente continua en un generador.
2. Describir cómo están clasificados los generadores, haciendo mención de los tres tipos más corrientes y de los empleados en los sistemas de aviación.
3. (a) Describir brevemente la reacción del inducido y los efectos que tiene en el funcionamiento del generador.
   (b) ¿Cómo se corrige la reacción del inducido en los generadores utilizados en aviación?
4. ¿Qué significa el chisporroteo de reactancia?

Exponer cómo se neutraliza.

5. En relación con las escobillas del generador, establecer:
   (a) Los materiales de los cuales están hechas.
   (b) ¿Por qué se utilizan varios pares de escobillas?
6. Describir brevemente las causas del desgaste de las escobillas en las condiciones de vuelo a gran altitud, y los métodos adoptados para corregir el desgaste.
7. ¿Cuál de los factores que afectan a la tensión de salida de un generador es el que se controla normalmente?
8. Con la ayuda del esquema, describir el principio fundamental del método de las placas de carbón en pila para regular la tensión.
9. Describir el funcionamiento del regulador de tensión del tipo de contacto vibratorio.
10. ¿Qué complementos deben añadirse a los circuitos de regulación de tensión de un sistema multigenerador?
11. ¿Qué se entiende por "chisporroteo de campo" de un generador?
12. ¿Qué tipos de cojinetes se emplean normalmente en los generadores para aviación?
13. Con la ayuda del esquema, describir cómo puede obtenerse el funcionamiento en paralelo de los generadores.
14. Describir medios de "refrigeración" en los generadores para aviación.

Capítulo 2

Fuentes de alimentación - Baterías

En casi todos los sistemas eléctricos de aviación una batería tiene las siguientes funciones principales:

(1) Ayudar a mantener la tensión del sistema de corriente continua en condiciones de fluctuación. La puesta en marcha de grandes accesorios actuados por corriente continua, tales como inversores y bombas, requiere una elevada corriente de entrada, que disminuiría momentáneamente la tensión en la distribución, a menos que se utilizase una batería que asumiese una parte de la carga. Una condición similar existe cuando se produce un cortocircuito de un circuito protegido contra las grandes cargas por un limitador de corriente. Esta función se aplica posiblemente en menor grado en aviación, donde el sistema eléctrico es predominantemente de corriente alterna, pero el principio básico sigue siendo válido.

(2) Como fuente de alimentación para grandes cargas de corta duración, cuando no es asequible un generador o fuente de alimentación de tierra, por ejemplo, arranque interno de una máquina.

(3) En condiciones de emergencia es apropiada una batería para suministrar cantidades limitadas de energía. En tales condiciones, la batería podría ser la única fuente de energía permanente para hacer funcionar los instrumentos esenciales de vuelo, equipo de comunicación por radio, etc., mientras lo permitiese su capacidad.

Una batería es un dispositivo que convierte la energía química en eléctrica y está constituida por un número de células tales que, según la utilización de la batería, pueden ser de tipo primario o secundario. Ambos tipos de células o elementos funcionan partiendo del mismo principio fundamental, esto es, el intercambio de electrones debido a la acción química de un electrólito y los electrodos. La diferencia esencial entre ellos reside en la acción que ocurre durante la descarga. En el de tipo primario esta acción destruye los materiales activos de su recinto, limitando de este modo su vida efectiva a una simple operación de descarga, mientras que en los del tipo secundario la acción de descarga convierte los materiales en otros componentes, de modo que puedan ser posteriormente transformados eléctricamente en los compuestos originales. Así, una batería o acumulador de este tipo puede tener una vida en la que se dan numerosas acciones de descarga, seguidas por otras de reconversión, más comúnmente denominadas acciones de carga. Las baterías utilizadas en aviación son del tipo secundario, pudiendo ser de plomo o de níquel-cadmio.

Acumuladores de plomo

Su construcción básica es la de la fig. 2.1. Consta en esencia de un electrodo positivo y otro negativo, cada uno de los cuales está formado a su vez por un grupo de placas o rejillas de una aleación de plomo y antimonio; los espacios entre placas se rellenan con un material activo. Los dos grupos de placas se intercalan, uniéndose las caras correspondientes en un terminal positivo y en otro negativo. Las placas adyacentes están aisladas unas de otras por medio de separadores (no representados) construidos con material de alto poder de aislamiento y adecuados para no entorpecer la circulación del electrólito por la superficie de las placas.

Cada uno de los grupos de placas positivo y negativo están conectados a terminales salientes situados en la parte superior y en lados opuestos de los compartimentos. La resistencia interna de un grupo de placas varía enormemente, según la dis-

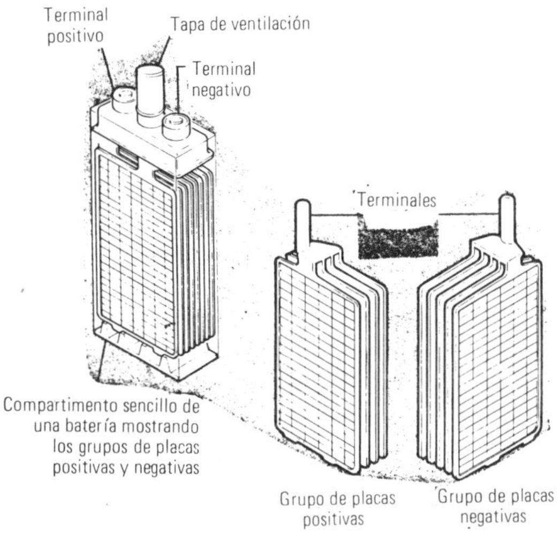

Fig. 2.1.– Batería de plomo del tipo secundario

tancia que exista entre las superficies del electrodo negativo y el positivo; por eso, para obtener una resistencia mínima, la construcción de cada grupo se realiza de modo que la separación entre placas sea lo menor posible. El grupo negativo contiene una placa más que el positivo. Se realiza esta distribución distinta en el número de placas positivas y negativas para no entorpecer la acción electroquímica cuando es aplicada en un solo extremo. El montaje de las placas se realiza en recipientes resistentes a los ácidos.

ACCION QUIMICA

Cada placa positiva de una célula completamente cargada está compuesta de una rejilla construida de una aleación de plomo y antimonio, en la que se deposita bajo presión una pasta de peróxido de plomo (PbO_2). El electrólito consta de dos componentes, ácido sulfúrico (SO_4H_2) y agua, que se mezclan en una proporción tal que la densidad relativa se encuentra generalmente alrededor de 1,25 a 1,27.

Durante la descarga de la célula, esto es, cuando se establece un circuito externo entre las placas positivas y negativas, los electrones son transferidos a través del circuito, desde la placa de plomo a la de peróxido de plomo, formándose como consecuencia de la acción química sulfato de plomo (SO_4Pb) en ambas placas. Al mismo tiempo, también se originan moléculas de agua, debilitando así el electrólito. En la práctica, la batería se considera que está descargada cuando ambas placas están cubiertas de sulfato de plomo y el electrólito ha quedado muy debilitado.

La batería puede recargarse conectando las placas positiva y negativa, respectivamente, a los terminales positivo y negativo de una fuente de corriente continua de tensión ligeramente superior a la de la batería. De esta forma, las reacciones químicas anteriores se producen ahora en sentido inverso: el sulfato de plomo de la placa positiva se convierte en peróxido de plomo, la placa negativa se transforma en plomo esponjoso y el electrólito recupera su densidad relativa original.

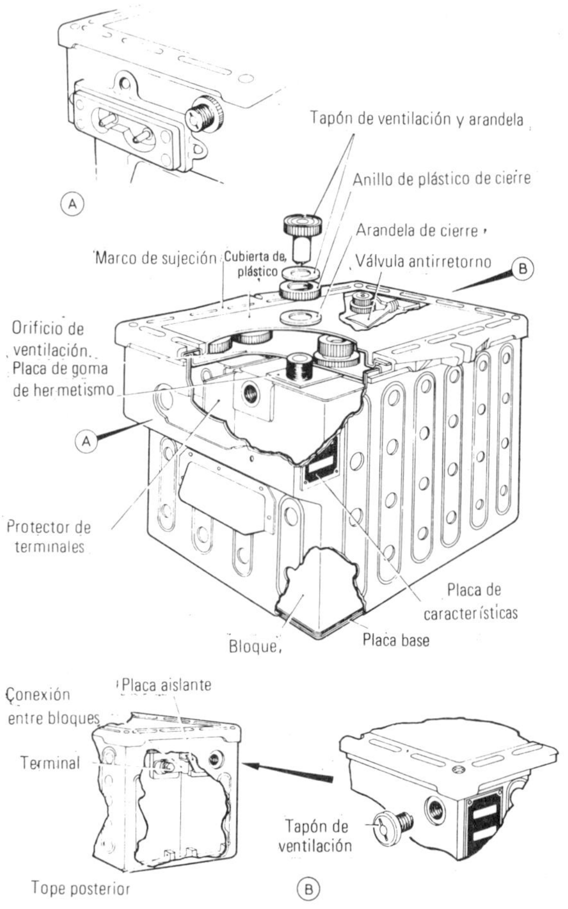

Fig. 2.2.– Batería de plomo (tipo de electrólito libre).

ACUMULADORES TIPICOS DE PLOMO

Se puede encontrar dos tipos de baterías de uso general; en uno el electrólito está libre, mientras que en el otro está completamente absorbido dentro de las placas y los separadores. Un ejemplo del primer tipo de batería está ilustrado en la fig. 2.2. La unidad tiene una salida de 24 voltios, compuesta por dos bloques de 12 voltios, moldeados en material plástico de alta resistencia al impacto y alojados en un recipiente de aluminio resistente a los ácidos. Las uniones de conexión entre los dos bloques son herméticas y por consiguiente están aisladas para evitar el contacto con el recipiente. Una cubierta de plástico va fijada a los extremos superiores del recipiente y se hermetiza en el tapón de respiración por medio de arandelas de goma y de plástico. La carcasa forma en la base una cámara para la ventilación de vapores del ácido. Una tapa de plástico combinada con una aleación de aluminio contra ácidos encierra completamente la cámara. Estas cámaras están preparadas para acoplar mediante unas conexiones los conductos de los sistemas de ventilación del compartimento de las baterías.

La batería de la fig. 2.3 utiliza una forma más especializada en la construcción del recipiente que la descrita antes. Las placas, materiales activos y separadores se ensamblan juntos y comprimidos formando un bloque sólido. El material activo es una tierra de infusorios (diatomeas o trípoli), muy poroso y absorbente. De esta forma, al añadir electrólito, en vez de permanecer libre como en los tipos clásicos de baterías, es completamente absorbido por el material activo. Esto tiene un gran número de ventajas; la actividad electroquímica que mejorada notablemente, no se descompone el material activo y, por consiguiente, se eliminan los cortocircuitos internos originados por los sedimentos del ácido, la resistencia interna es inferior y posee una relación capacidad/peso mayor que la batería normal de capacidad comparable.

Los recipientes están constituidos por dos unidades de 12 V en compartimentos monobloc, construidos de poliestireno resistente al choque y éstos, a su vez, van alojados en un recipiente exterior de poliéster con fibra de vidrio, que también contiene los terminales exteriores. Finalmente, una cubierta del mismo material va fija a la caja por cuatro tornillos.

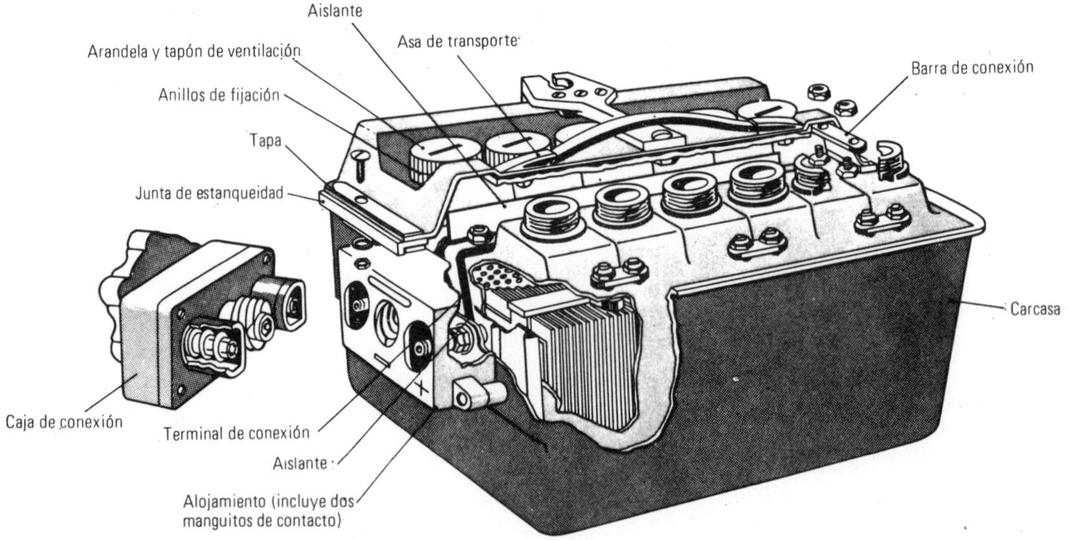

Fig. 2.3.– Batería de plomo (tipo de electrólito absorbido).

Batería de níquel-cadmio (tipo secundario)

En este tipo las placas positivas son de hidróxido de níquel, $Ni(OH)_2$, las negativas son de hidróxido de cadmio, $Cd(OH)_2$, y el electrólito es una solución de agua destilada e hidróxido de potasio (KOH), con una densidad relativa entre 1,24 y 1,30.

Las baterías constituidas con estas placas tienen ciertas ventajas sobre las de plomo, la principal de las cuales es la propiedad de mantener relativamente constante la tensión aunque sufran grandes descargas, tales como en el arranque de máquinas o del equipo auxiliar.

Las placas suelen construirse mediante un proceso de aglutinación o sinterizado y los materiales activos son impregnados en las placas por deposición química. Este tipo de construcción permite emplear el máximo de material activo en la acción electroquímica. Después de su impregnación con los materiales activos, las placas se estampan en las dimensiones requeridas y se forman grupos de placas negativas y positivas, intercaladas y conectadas a los bornes de forma similar a la realizada en el tipo de acumulador de plomo. El aislamiento se consigue por medio de un separador en forma de banda continua entre las placas. El conjunto completo de placas se monta en un recipiente hermético de plástico.

ACCION QUIMICA

Durante la carga, las placas negativas pierden oxígeno y se convierten en cadmio metálico. Las placas positivas son sometidas a un mayor estado de oxidación por medio de la corriente de carga hasta que ambos materiales quedan completamente transformados; esto es, se extrae todo el oxígeno de las placas negativas y sólo queda el cadmio; las placas positivas recogen el oxígeno para formar óxido de níquel. El elemento desprende gas hacia el final del proceso y durante la sobrecarga; el gas se ha originado por la descomposición del agua del electrólito, dando hidrógeno en las placas negativas y oxígeno en las positivas. Una ligera cantidad de gases es necesaria para cargar completamente el elemento y por tanto se pierde una pequeña cantidad de agua.

La reacción química inversa tiene lugar durante la descarga: las placas negativas reciben gradualmente el oxígeno que van perdiendo las positivas. Como consecuencia de este intercambio no se producen gases en una descarga normal. En este sentido, la energía química de las placas se convierte en eléctrica, y el electrólito es absorbido por las placas hasta un punto en que no es visible desde la parte superior del recipiente. El electrólito no desempeña un papel activo

Tabla 2.1.

REACCIONES QUIMICAS DE LAS BATERIAS

Tipo de batería	*Estado de carga*	*Placa positiva*	*Placa negativa*	*Electrolito*
Plomo	cargada	PbO_2 bióxido de plomo	Pb plomo	SO_4H_2 ácido sulfúrico concentrado
	descargada	$PbSO_4$ sulfato de plomo	$PbSO_4$ sulfato de plomo	SO_4H_2 ácido sulfúrico debilitado
Níquel-cadmio	cargada	NiO_2 y Ni_2O_3 óxidos de níquel	cd cadmio	KOH hidróxido de potasio no afectado por la carga
	descargada	$Ni(OH)_2$ hidróxido de níquel	$Cd(OH)_2$ hidróxido de cadmio	

en la reacción química: se utiliza únicamente como conductor del flujo de corriente.

La reacción química de una batería de níquel-cadmio se resume en la tabla 2.1 y puede compararse con la que tiene lugar en una batería o acumulador de plomo.

BATERIA TIPICA DE NIQUEL-CADMIO

La construcción de una batería típica usada corrientemente está representada en la fig. 2.4. Todos los elementos van unidos en un montaje rígido en la caja. Un espacio existente por encima de los elementos proporciona una cámara de ventilación que está completamente cerrada por una tapa fija en una posición determinada por un par de grilletas al compartimento de la batería del avión. Los vapores de ácido son expulsados fuera de la cámara a través de unos respiraderos existentes en la carcasa de la batería y los tubos del sistema de ventilación del compartimento de baterías.

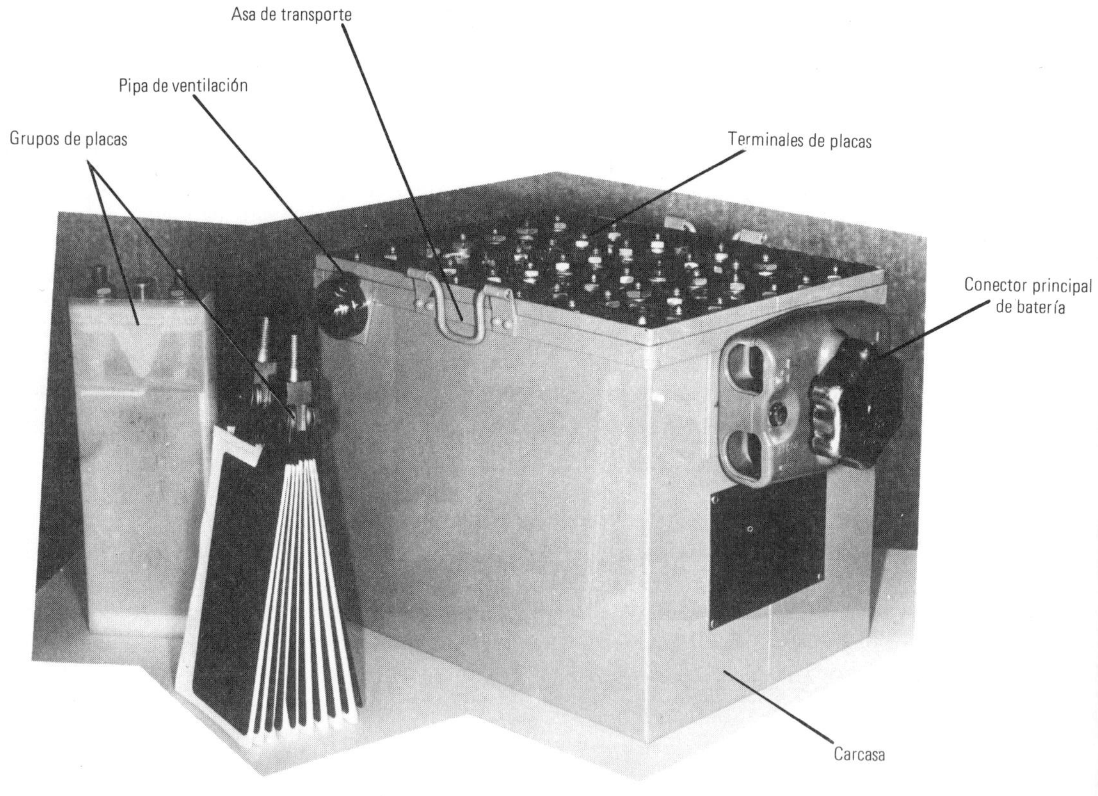

Fig. 2.4.– Batería de níquel-cadmio.

Capacidad de las baterías

La capacidad de una batería, o cantidad total de energía disponible, depende de las dimensiones y del número de placas. También está más estrictamente relacionada con el material que se disponga para la acción química.

El grado de capacidad se mide en amperios-hora y se basa en la corriente máxima, en amperios, que debería proporcionar, en un período de tiempo determinado, hasta ser descargada a un valor mínimo permisible de la tensión. La capacidad de una batería se determina por el producto de la intensidad de descarga, en amperios, por el tiempo, en horas, que dura esa descarga. Por consiguiente, una batería cuya intensidad de descarga sea 7 A con un tiempo de descarga de 5 horas se dice que tiene una capacidad de 35 amperios-hora. La fig. 2.5 muestra algunos valores típicos de descarga en baterías de plomo y níquel-cadmio.

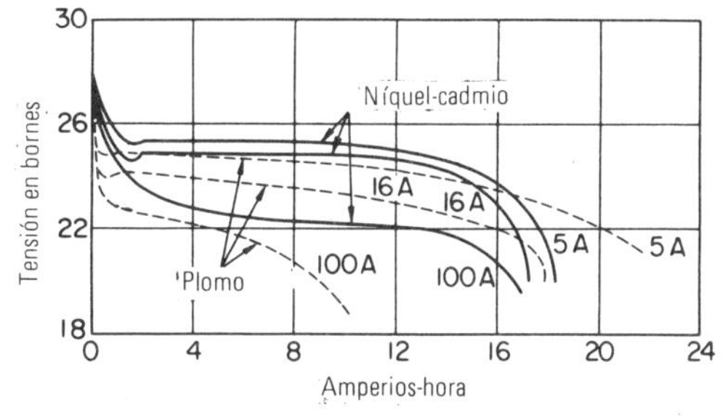

Fig. 2.5.– Valores de la descarga típica de baterías de plomo y níquel-cadmio.

ESTADO DE CARGA

Todas las baterías contienen ciertas indicaciones de su estado de carga, y éstas son de ayuda práctica para mantener las condiciones de funcionamiento.

Cuando una batería de plomo se encuentra en la condición de plena carga, cada elemento muestra tres indicaciones distintas: la tensión entre bornes alcanza un valor máximo y permanece estacionario; la densidad relativa del electrólito cesa de elevarse y se mantiene constante; las placas desprenden gas libremente. La densidad relativa es la única guía eficaz para determinar la condición eléctrica de una batería que no esté completamente cargada ni completamente descargada. Si la densidad relativa se encuentra en el centro de los valores normales máximo y mínimo, se puede decir que la célula se halla aproximadamente a mitad de su descarga.

En las baterías que no contengan el electrólito libre no se pueden realizar pruebas para determinar el valor de la densidad relativa: el estado de carga únicamente se puede conocer mediante indicaciones de tensión.

Como ya hemos explicado, el electrólito de una batería de níquel-cadmio no reacciona químicamente con las placas como lo hace el de una batería de plomo. Como consecuencia, las placas no se deterioran ni modifican apreciablemente la densidad relativa del electrólito. Por eso no se puede determinar el estado de la carga examinando la densidad relativa. Tampoco se puede hallar el estado de carga por medio de los valores de tensión, ya que en su característica principal la tensión permanece constante en la mayor parte del ciclo de descarga. Cuando una batería está completamente cargada, el electrólito se encuentra en su nivel máximo.

La formación de cristales blancos de carbonato potásico en una batería de níquel-cadmio puesta en servicio e instalada en una aeronave puede indicar que la batería ha sido sobrecargada. Los cristales se forman como consecuencia de la reacción del vapor de electrólito desprendido con el bióxido de carbono.

DESBORDAMIENTO TERMICO

Las baterías pueden trabajar a su capacidad nominal cuando las condiciones de temperatura y de carga están dentro de los valores especificados. En el caso de que se excedan estos valores, se puede producir el efecto de "desbordamiento térmico", condición que origina desprendimiento violento de gases, ebullición de electrólito y finalmente fusión o ablandamiento de las placas o de la carcasa, con el consiguiente riesgo para la estructura de la aeronave y peligro del sistema eléctrico.

Puesto que las baterías tienen una capacidad térmica pequeña, el calor debe ser disipado y esto se consigue disminuyendo la resistencia interna efectiva. Por esto, cuando una batería sea sometida a una carga de tensión constante, absorberá una corriente de carga muy alta y se producirá el efecto de desbordamiento térmico originando incrementos continuos de corrientes y temperaturas.

En algunas aeronaves, particularmente las que emplean baterías de níquel-cadmio, hay dispositivos sensores térmicos localizados dentro de las baterías para detectar las altas temperaturas y prevenir de esta forma su sobrecarga, desconectándola inmediatamente de la fuente de carga cuando la temperatura alcanza un valor determinado.

COLOCACION DE LAS BATERIAS EN UNA AERONAVE

Dependiendo del tipo de aeronave y de los requisitos de energía para el funcionamiento de los servicios esenciales en condiciones de emergencia, se deberá instalar una o varias baterías. Cuando se emplean varias se conectan normalmente en paralelo, aunque en algunos tipos de aviones también se usa la conexión en serie, por ejemplo, dos baterías de 14 V en serie. En otros casos, la instalación va provista de un conmutador para seleccionar uno u otro tipo de conexión.

Las baterías están instaladas en compartimentos individuales especialmente localizados y apropiados para una adecuada disipación del calor, ventilación de gases y protección del fuselaje del avión contra elementos corrosivos. Al mismo tiempo, las baterías deberían estar localizadas lo más cerca posible físicamente del sistema de distribución "busbar", a fin de evitar conductores de gran longitud y por consiguiente de alta resistencia. Las baterías se hallan normalmente montadas y ancladas en una base fija a la estructura del avión. La base forma una concavidad para recoger cualquier cantidad de ácido que pueda escaparse de la batería. Estas plataformas o bases pueden ser de cualquier material resistente a los ácidos, no absorbente y razonablemente resistente al impacto.

Muchos plásticos reforzados pueden resultar apropiados, pero se desecharán por completo las bases de metal. En donde no se han podido evitar las bases de metal, éstas han sido tratadas con pintura anticorrosiva o, en algunos casos, protegidas con cloruro de polivinilo (p.v.c.). La estructura alrededor y bajo la batería también se trata para evitar el ataque corrosivo de los vapores de ácidos. Las baterías están fijadas y ancladas a su estructura con un máximo de seguridad para prevenir su desprendimiento en caso de un aterrizaje forzoso, minimizando así el riesgo de incendio. Dos instalaciones típicas de baterías están ilustradas en la fig. 2.6.

Los respiraderos de las baterías y de los recintos de baterías pueden ser de varias formas, puesto que dependen principalmente de la instalación requerida para un tipo particular de aeronave.

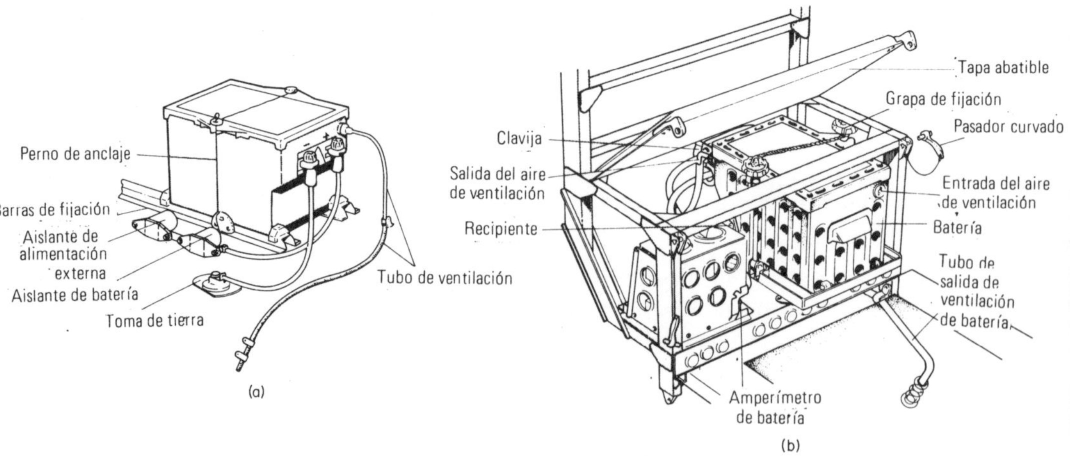

Fig. 2.6.– Instalación típica de una batería.

Normalmente se utilizan tubos o conductos de goma u otros materiales no corrosivos como líneas de ventilación que desembocan en la cubierta del fuselaje, de modo que el flujo de aire que llega a estos orificios lanza el aire a través de los conductos por la acción del efecto Venturi. En algunos casos se insertan filtros o colectores de ácidos en los conductos en forma de botellas de polietileno para filtrar el ácido que pudiera ser lanzado a la cubierta del avión.

En la instalación representada en la fig. 2.6 (b) los vapores y gases generados por la batería son extraídos como consecuencia de la diferencia de presión existente entre el exterior y el interior del avión. Durante el vuelo normal el aire procedente de la cabina del sistema de presurización penetra en la cámara de ventilación de la batería y continúa hacia la cara exterior del avión. En tierra, cuando no existe diferencia de presión, una válvula antirretorno colocada en la entrada de aire impide el escape de vapores y gases dentro de la aeronave. Estas instalaciones típicas de ventilación se ilustran esquemáticamente en la fig. 2.7.

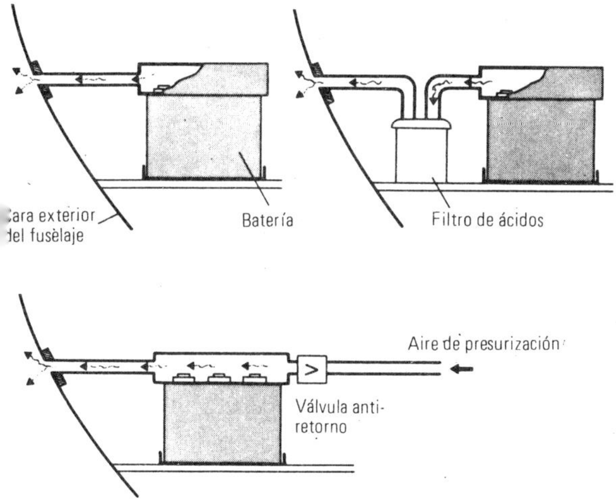

Fig.2.7.– Situación de los elementos de ventilación en la batería.

CONEXIONES DE LA BATERIA

El método de conectar las baterías a sus respectivos sistemas de distribución depende enormemente del tipo de batería empleada y del sistema eléctrico de la aeronave. En algunos casos, normalmente en los tipos de aviones más pequeños, los cables de conexión terminan en una lengüeta en forma de horquilla para conectarse a los bornes apropiados de la batería. Sin embargo, el método más comúnmente empleado es el del tipo de conector macho y hembra representado en la fig. 2.8, que proporciona una mejor conexión y además protege los bornes de la batería y los extremos de los cables.

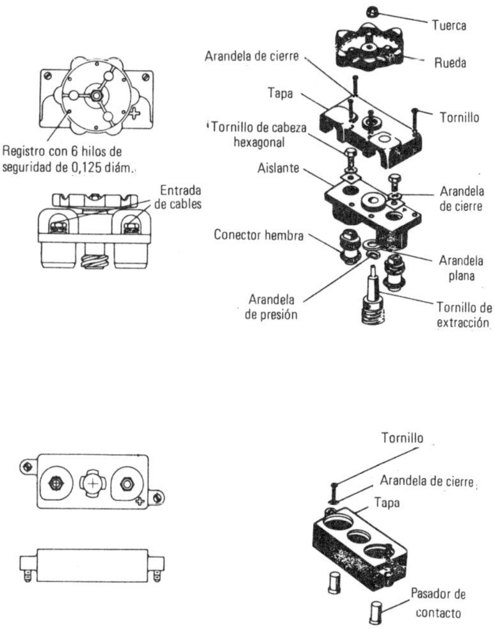

Fig. 2.8.– Conector de batería.

La parte hembra consta de un alojamiento de plástico incorporado como parte integral de la batería y dos clavijas hembras protegidas con una porción roscada para un tornillo de avance de gran paso. El conector macho consta de una carcasa de plástico con dos terminales en alojamiento, accionados por muelle, para conectar los cables de la batería, y de la mitad macho correspondiente al tornillo de acoplamiento, que se acciona a mano. Las dos mitades, una vez que han sido aprisionadas, se colocan en posición mediante el tornillo de acoplamiento, que después actúa como cierre. Moviendo el tornillo a mano en sentido inverso se separa el conector suavemente con muy poco esfuerzo. De esta forma se puede mantener alta presión de contacto y baja resistencia en las conexiones.

SISTEMAS TIPICOS DE BATERIAS

La fig. 2.9 muestra la distribución del circuito para un sistema de baterías empleado en un tipo corriente de aeronaves; el circuito sirve como guía general para los métodos que se adopten. Cuatro baterías están conectadas en paralelo a una barra de distribución de batería, que en caso de emergencia hace de fuente de alimentación tos de alarma de incendios, sistemas extintores, sistema de navegación, etc. Las conexiones directas están hechas para asegurar que el suministro de energía por parte de la batería esté disponible en la barra de alimentación en todos los casos.

Las baterías también necesitan ser conectadas para asegurarse que se mantienen en una buena

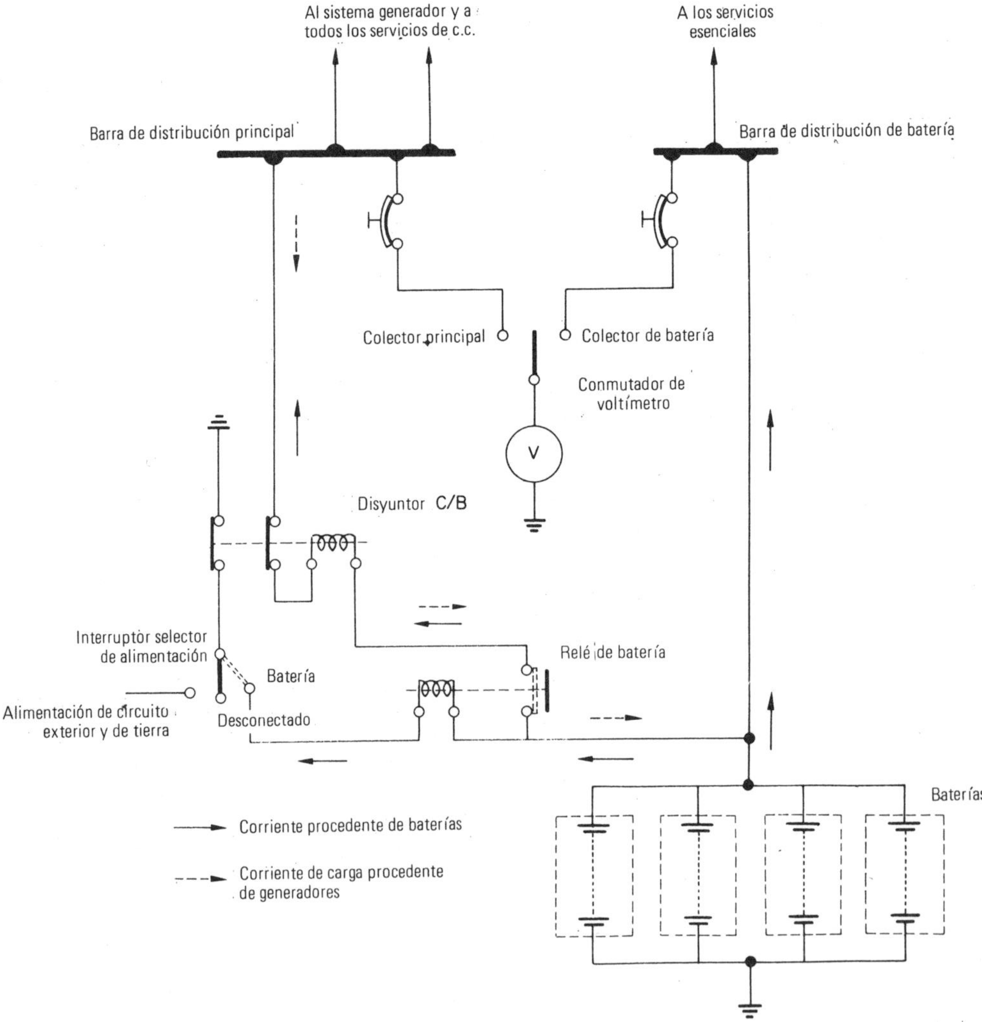

Fig. 2.9.– Circuito de un sistema típico de baterías.

durante un período limitado para los servicios de consumo esenciales, tales como radio, circui- condición de carga. En el ejemplo ilustrado, esto se consigue conectando las baterías a la barra de distribución principal de corriente continua, a través de un relé de batería, un interruptor selector de potencia y un disyuntor de corriente inversa.

En las condiciones de funcionamiento normal del sistema de alimentación de corriente continua, el interruptor selector de potencia está colocado en la posición de "batería" (en algunas aeronaves a ésta se le llama posición de "vuelo") y, como podrá observarse, la corriente circula desde las baterías atravesando la bobina del relé de batería y el interruptor, llegando a tierra a través de los contactos del disyuntor de corriente inversa. La corriente pasa por la bobina del relé activándolo y causando el cierre de los contactos. De esta forma se conectan las baterías a la barra de distribución principal a través de la bobina y los contactos del disyuntor de corriente inversa. Los servicios de corriente continua conectados a la barra de distribución principal están alimentados por los generadores, por lo que las baterías también serán alimentadas con una corriente de carga procedente de esta fuente.

En condiciones de emergencia, por ejemplo, en un fallo del generador o de la barra de distribución principal, las baterías deben quedar aisladas de la barra de distribución principal, ya que su capacidad total no es suficiente para mantener todos los servicios en funcionamiento. El interruptor selector de potencia debe, por tanto, colocarse en la posición "off", desactivando de esta forma el relé de batería. En estas condiciones las baterías alimentan los servicios esenciales durante el período de tiempo calculado previamente en base a la capacidad de la batería y al consumo de corriente de los principales servicios.

El disyuntor de corriente inversa de este sistema es del tipo electromagnético y tiene como finalidad proteger las baterías contra una corriente de sobrecarga procedente de la barra de distribución principal. Si esto sucediese, la corriente invertiría el campo magnético causando la apertura de los contactos que normalmente están cerrados e interrumpiendo así el circuito entre las baterías y la barra de distribución principal y desactivándose también el relé de batería.

En varios tipos de aeronaves de transporte corrientemente en servicio, el sistema de baterías de níquel-cadmio incorpora una unidad separadora para mantener las baterías en un estado de carga, y en unión con elementos sensores de temperatura, la unidad aísla también automáticamente el circuito de carga siempre que exista un sobrecalentamiento de la batería. Los circuitos de tales sistemas varían de acuerdo con los tipos de aviones y realizar un estudio de cada uno de ellos cae fuera de las limitaciones de este libro. Sin embargo, existen ciertas similitudes en las aplicaciones de los principios fundamentales, que se pueden comprender con ayuda de la fig. 2.10. El circuito se basa en el sistema adoptado en el "Douglas DC-10" y está presentado en su forma más simplificada a fin de ilustrar cómo se realiza y cuándo tiene lugar la conmutación de la alimentación de la batería, y también mostrar la función básica de una unidad de carga de a bordo.

En esta aplicación particular, la salida requerida de 28 V se consigue conectando en serie dos baterías de 14 V. De distinto modo que en el sistema representado en la fig. 2.9, las baterías sólo se conectan a la barra de distribución de batería cuando no se dispone de la alimentación normal de corriente continua (en este caso, de unidades transformadoras-rectificadoras). La conexión a la barra de distribución y a la unidad de carga se realiza automáticamente por medio de un relé de "cargador-batería" y de otros relés sensores.

Cuando se dispone de energía procedente del sistema generador principal, la barra de distribución de batería se alimenta a través de una unidad transformadora-rectificadora y, al mismo tiempo, se alimentan también las bobinas de los relés sensores. Con los relés activados, el circuito se corta en los contactos A2-A3, mientras que los circuitos quedan hechos a través de los contactos B1-B2. El interruptor de batería que controla el funcionamiento del relé de carga de batería está cerrado en la posición "Bat" cuando la alimentación eléctrica principal está disponible, y el interruptor de alimentación de emergencia está cerrado en la posición "Off".

El relé de carga de batería es de tipo doble: un relé actúa con corriente alterna y el otro con continua. La bobina del relé de c.a. se alimenta con energía desde una fase de la fuente de alimentación principal trifásica al cargador de batería y, como podrá observarse por el esquema, el relé

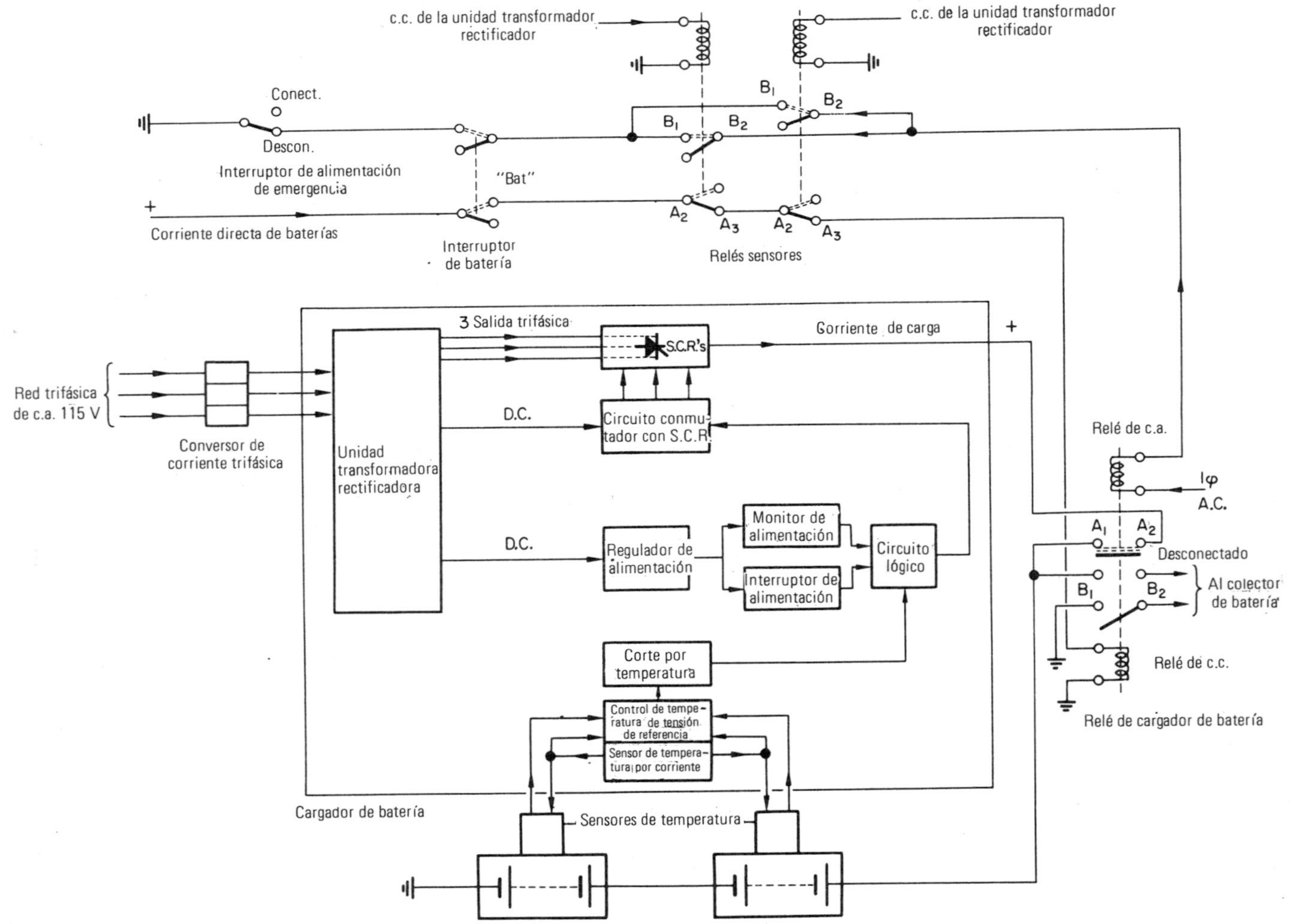

Fig. 2.10.– Carga de batería.

es activado por corriente que se dirige a tierra a través de los contactos B1-B2 de los relés sensores, el interruptor de batería y el interruptor de emergencia. Al estar activado el relé se cierran los contactos A1-A2 en su posición superior, para conectar la salida positiva de c.c. desde el cargador de batería a las baterías, alimentándolas por consiguiente con corriente de carga.

En el caso de producirse un fallo en la alimentación principal, el cargador de batería dejará de funcionar, el relé de carga de c.a. se desactivará hasta el centro de la posición "off", y los dos relés sensores también se desactivarán, abriéndose por consiguiente los contactos B1-B2 y cerrándose los A2-A3. El cierre de éstos permite ahora la alimentación positiva del flujo directo desde la batería a la bobina del relé de batería de c.c., el cual al quedar activado actúa también el relé de c.a., cerrando por tanto los contactos B1-B2 que conectan directamente las baterías a la barra de distribución de batería. La función de los contactos del relé de batería es proporcionar una alimentación desde la barra de distribución (busbar) de batería a los relés de un circuito de emergencia con lámparas de alarma.

La unidad de carga convierte la alimentación principal trifásica de 115/200 V en una salida controlada de c.c. de corriente y tensión constantes, a través de un transformador y un circuito puente rectificador de onda completa construido con rectificadores de silicio y rectificadores controlados de silicio. La corriente de carga está limitada aproximadamente a un valor de 65 A, y a fin de reflejarse en un monitor este valor y la tensión de salida, así como una función de la tensión de temperatura de la batería, los elementos sensores de temperatura localizados dentro de las baterías van conectados a las "puertas" de S.C.R. a través de un circuito de control con referencia de tensión y temperatura, y un circuito lógico. De esta forma, cualquier tendencia hacia una sobrecarga o un sobrecalentamiento es detectada por cada uno de los valores de la corriente del circuito de puerta, originándose en el S.C.R. la desconexión del suministro de la corriente de carga.

Cuestionario

1. Describir la construcción de un acumulador de plomo y las reacciones químicas que tienen lugar durante la carga.
2. Describir la construcción de una batería de níquel-cadmio y las reacciones químicas que ocurren durante la carga.
3. ¿En qué unidad se mide la capacidad de una batería?
   (a) voltios,
   (b) centímetros cúbicos,
   (c) amperior-hora.
4. ¿Qué indicaciones podrían manifestarse en una batería de placas de plomo del tipo de electrólito ligero, y en una batería de níquel-cadmio, que sirviese como guía para determinar su estado de carga?
5. Describir un método típico para la extracción de vapores y gases del compartimento de baterías de un avión.
6. Con la ayuda del esquema describir un método típico para mantener las baterías en una determinada condición de carga cuando están instaladas en una aeronave.
7. ¿Qué se entiende por "desbordamiento térmico?

Capítulo 3

Fuentes de alimentación - Corriente alterna

Antes de estudiar el funcionamiento de algunos sistemas típicos de generación de c.a. de uso normal será preciso recordar los fundamentos del comportamiento de la corriente alterna, y la terminología más comúnmente empleada.

CICLO Y FRECUENCIA

La tensión y la corriente producidas por un generador de un sistema de c.a., crecen desde cero hasta un valor máximo, en una misma polaridad, decreciendo a continuación hasta el valor cero y creciendo después hasta un máximo con polaridad opuesta, volviendo de nuevo a cero. Esta secuencia de crecimiento y descenso constituye una forma de onda senoidal, que se llama *ciclo*. Al número de ciclos efectuados por la corriente en la unidad de tiempo (generalmente un segundo) se le llama *frecuencia* (ver fig. 3.1). La unidad de medida de la frecuencia es el hercio (Hz), que equivale a un ciclo por segundo.

En un generador normal la frecuencia depende de la velocidad de giro del rotor dentro del estator y del número de pares de polos. Dos polos de un rotor deben pasar por un punto dado del estator en cada ciclo; por tanto:

$$\text{Frecuencia (Hz)} = \frac{\text{r.p.m. x n}^{\text{o}}\text{ pares de polos}}{60}$$

Por ejemplo, con un generador de 6 polos funcionando a 8.000 r.p.m.

$$\text{Frecuencia} = \frac{8.000 \text{ x } 3}{60} = 400 \text{ Hz}$$

En los sistemas de frecuencia constante en aviación se ha adoptado como valor normalizado de la frecuencia el de 400 Hz.

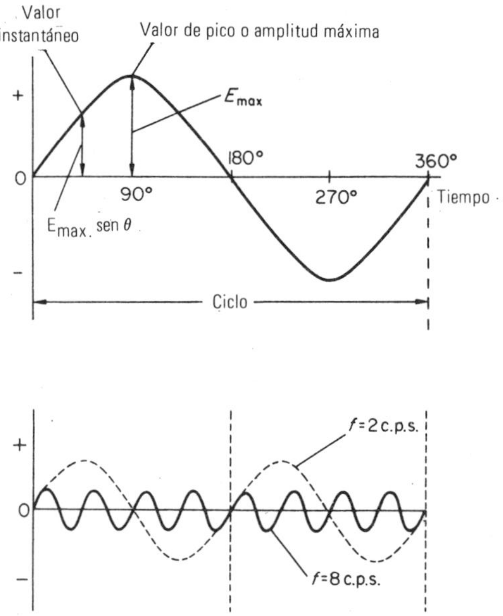

Fig. 3.1.– Ciclo y frecuencia.

VALORES INSTANTANEOS Y DE PICO

En un instante dado, el valor real de una onda alterna puede ser cualquiera entre cero y un máximo, en cada una de las direcciones positiva y negativa; cada uno de estos valores se llama *valor instantáneo*. El *valor de pico* es el instantáneo máximo de una onda alterna en sus direcciones positiva y negativa.

La forma de la onda de una f.e.m. alterna inducida en una bobina de una espira que gira con una velocidad constante en un campo magnético uniforme es tal que, en un punto dado del ciclo, el valor instantáneo de la f.e.m. tiene una relación matemática definida con el de pico. Es decir, cuando una cara de las espiras de la bobina recorre el ángulo θ^o desde la posición cero de la f.e.m. en dirección positiva, el valor instantáneo de la f.e.m. es el producto del pico (E_{max}) por el seno de θ^o. Expresándolo en símbolos:

$$E_{inst} = E_{max} \sin \theta$$

VALOR EFICAZ

El cálculo de potencia, energía, etc., de un circuito de corriente alterna no se puede conseguir de una forma tan precisa como en los de corriente continua, porque los valores de corriente y de tensión están cambiando continuamente en el ciclo. Por esta razón, es esencial conseguir un valor "eficaz" arbitrario, al cual se le denomina valor eficaz (fig. 3.2), que se obtiene tomando un

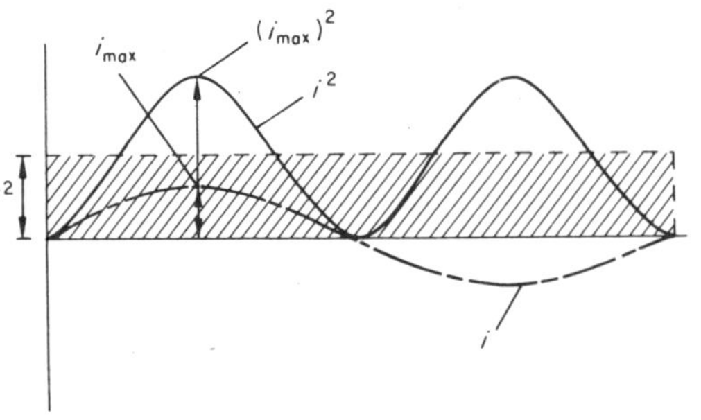

Fig. 3.2.– Valor eficaz (r.m.s) de la corriente alterna.

número de valores instantáneos de tensión o de corriente, según el caso, durante medio ciclo, elevando al cuadrado estos valores y tomando su valor medio, hallando después la raíz cuadrada. Es decir, si se toman 6 valores de corriente I, la media del cuadrado de sus valores es:

$$\frac{I_1^2 + I_2^2 + I_3^2 + I_4^2 + I_5^2 + I_6^2}{6}$$

El valor eficaz será:

$$\sqrt{\frac{I_1^2 + I_2^2 + I_3^2 + I_4^2 + I_5^2 + I_6^2}{6}}$$

El valor eficaz de una corriente alterna está relacionado con la amplitud o valor de pico (llamado también valor máximo), de acuerdo con la forma de onda de la corriente. En una onda senoidal la relación viene dada por:

$$\text{Valor eficaz} = \frac{\text{valor máx.}}{\sqrt{2}} = 0{,}707 \text{ del valor máx.}$$

$$\text{Valor máx.} = \text{valor eficaz} \times \sqrt{2} = 1{,}414 \times \text{valor eficaz}$$

RELACIONES DE FASE

Refiriéndose a sistemas generadores de corriente alterna y circuitos asociados, el término "fase" se usa para indicar el número de corrientes alternas que se producen o transportan simultáneamente por el mismo circuito. También se utiliza para designar el tipo de sistema polifásico, o que produce varias corrientes alternas simples de distinta fase. En aviación, los circuitos y sistemas polifásicos son normalmente trifásicos, en los que las tres corrientes se diferencian en que tienen sus fases desplazadas entre sí 120 grados eléctricos.

La corriente y la tensión de un circuito de corriente alterna tienen la misma frecuencia y sus formas son similares, o sea, si la tensión es senoidal, también la corriente lo es. En algunos circuitos el flujo de corriente está afectado únicamente por la tensión aplicada, de modo que la corriente y la tensión pasan por el valor cero y alcanzan sus valores máximos en la misma dirección simultáneamente; en estas condiciones se dice que están "en fase". Pero en muchos otros la corriente que circula está influenciada por los efectos magnéticos y electrostáticos originados en torno al circuito y, aunque de la misma frecuencia, la tensión y la corriente no pasan por el valor cero en el mismo instante. En estas circunstancias se dice que la tensión y la corriente "no están en fase". La diferencia entre los puntos correspondientes de las ondas se conoce como diferencia de fase o desfase. El término "angulo de desfase" es bastante más usado y es sinónimo de la diferencia de fase cuando esta medida se expresa en ángulos. Las relaciones de fase de las tres formas básicas de circuitos de c.a., es decir, resistiva pura, inductiva y capacitativa, están ilustradas en la fig. 3.3.

En un circuito resistivo puro (fig. 3.3 (a)) la resistencia es constante y no existen efectos magnéticos y electrostáticos; es decir, que la tensión aplicada es el único factor que afecta al flujo de corriente. Se deduce, por tanto, que en un circuito resistivo puro la tensión y la corriente están en fase.

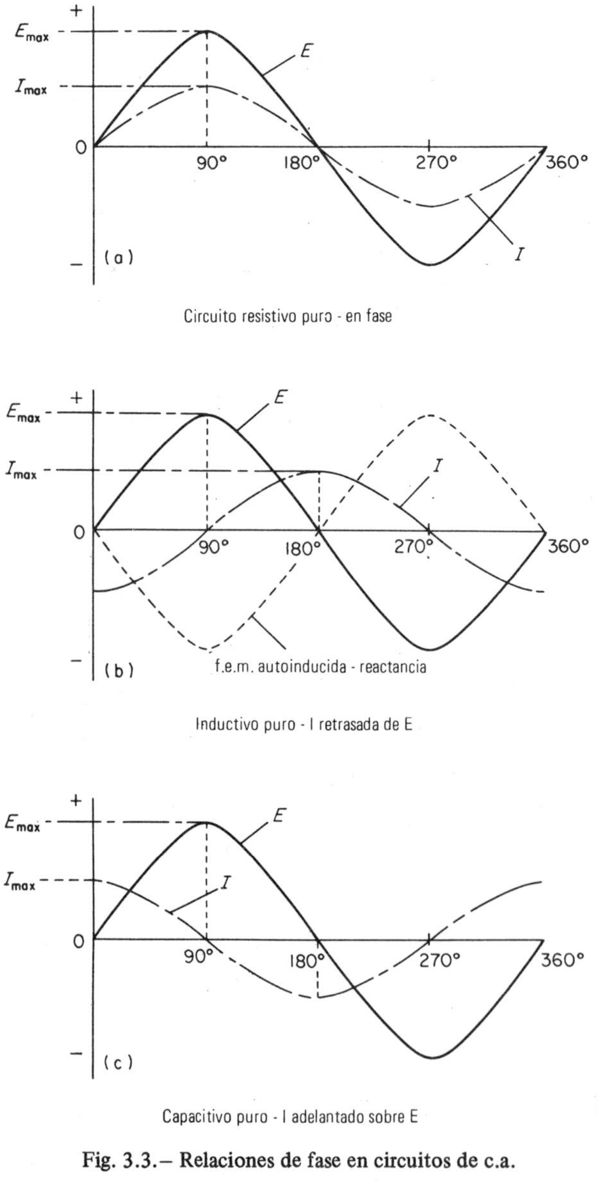

Fig. 3.3.– Relaciones de fase en circuitos de c.a.

En un circuito inductivo puro (aunque normalmente existe alguna resistencia) la tensión y la corriente siempre están desfasadas. De hecho, esto es debido a que los conductores están rodeados por un campo magnético y como ese campo está cambiando continuamente de magnitud y dirección, de acuerdo con la corriente alterna, se crea en el circuito una reactancia o f.e.m. autoinducida, que se opone a los cambios de corriente en el circuito. Como resultado de esta caída y elevación de la corriente, ésta se retarda y, según puede apreciarse en la fig. 3.3 (b), la corriente va desfasada de la tensión en 90°.

La capacidad en un circuito de corriente alterna también se opone al flujo de corriente y causa una diferencia de fase entre la tensión aplicada y la corriente, pero, como puede observarse en la fig. 3.3 (c), el efecto es inverso al producido por la inductancia, es decir, la corriente está avanzada 90° respecto a la tensión.

Cuando la corriente y la tensión aplicada se encuentran desfasadas 90° se dice que están en cuadratura.

Un circuito trifásico es aquél en el que las tres tensiones están producidas por un generador con las bobinas espaciadas en el estator, de tal forma que las tres tensiones generadas sean iguales, pero que alcanzan sus valores de amplitud máxima en distinto tiempo. Por ejemplo, en cada fase de un generador trifásico de 400 Hz se produce un ciclo cada 1/400 segundos. En su rotación, un polo magnético del rotor pasa por una bobina y genera el valor máximo de una tensión; un tercio de ciclo más tarde (1/1.200 segundos), este mismo polo pasa por otra bobina y genera otro valor máximo de tensión. Por tanto, los valores de amplitud generados en las tres bobinas se encuentran siempre desfasados en un tercio de ciclo (120 grados eléctricos), o sea, separados en 1/1.200 segundos.

La interconexión de las bobinas para formar las tres fases de un generador básico y la secuencia de fases están representadas en la fig. 3.4. Los bornes de salida de los generadores están marcados para mostrar el orden de las fases. Estos bornes están conectados a las barras de distribución, que se encuentran identificadas en correspondencia.

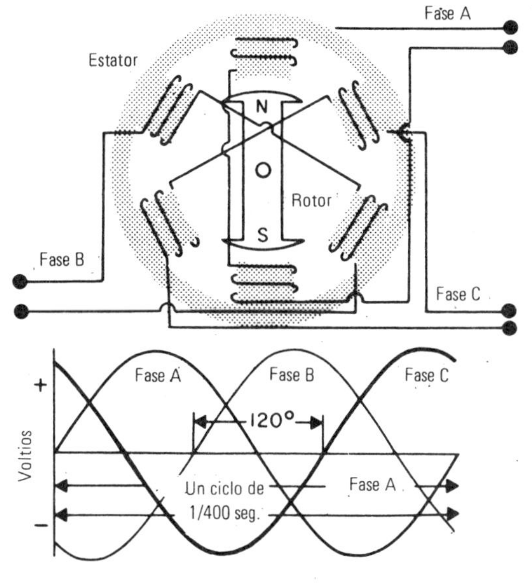

Fig. 3.4.– Sistema trifásico.

INTERCONEXION DE FASES

Cada una de las fases de un generador trifásico puede ser conectada a bornes distintos y usarse para alimentar por separado grupos distintos de servicios de consumo. Sin embargo, esta distribución es raro que se encuentre en la práctica, ya que se requeriría un par de hilos de "línea" para cada fase y traería consigo una pérdida económica de cable. Por consiguiente, las fases están normalmente interconectadas por cualquiera de los dos métodos representados en la fig. 3.5.

La conexión en "estrella" (a) es la utilizada normalmente en los generadores. Un extremo de cada uno de los devanados de fase está conectado a un punto común, denominado punto *neutro*, mientras que los extremos opuestos de los devanados están conectados a los tres hilos de línea. Por tanto, entre cada par de líneas están conectados los devanados de fase. Como los extremos similares de los devanados están unidos, las dos f.e.m. de fase están en oposición y desfasadas, y la tensión entre líneas (E_L) es igual a la de fase (E_f) multiplicada por $\sqrt{3}$. Por ejemplo, si E_f es 120 V, E_L es igual a 120 x 1,732, ó 208 V aproximadamente. En lo que respecta a las corrientes de línea y fase, éstas son iguales entre sí en este tipo de conexión (estrella).

Si sólo se necesitase alimentación de una fase para algunos servicios de consumo, se puede partir de las tres fases del sistema conectado en estrella para elegir dos niveles distintos de tensión. Es decir, conectando una fase al punto neutro o tierra, podemos obtener el suministro en una fase de 120 V, mientras que haciendo la conexión entre dos líneas cualesquiera (fases) se puede obtener alimentación de 208 V.

La fig. 3.5 (b) ilustra el método de conexión en "triángulo". Los devanados se han conectado en serie para formar una malla cerrada en forma de triángulo, de modo que a sus vértices van a conectarse los conductores de línea. Como solamente existe un devanado de fase conectado entre cada dos líneas, se deduce que en el método de conexión en triángulo la tensión de línea (E_L) es siempre igual a la de fase (E_f). La corriente de línea, sin embargo, es igual a la de fase (I_f) multiplicada por $\sqrt{3}$.

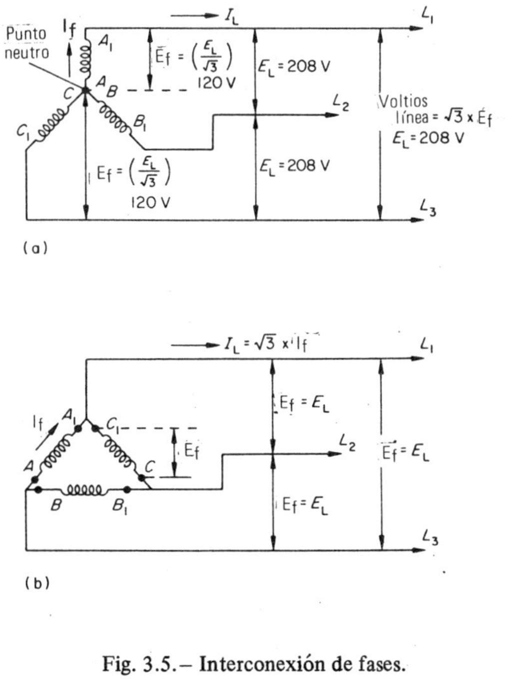

Fig. 3.5.– Interconexión de fases.
(a) conexión en estrella
(b) conexión en triángulo

DATOS DE POTENCIA DE UN GENERADOR

Los datos de potencia de los generadores de corriente alterna vienen dados generalmente en kilovoltios-amperios (KVA), mientras que en máquinas de corriente continua están expresados en kilovatios (KW). La primera razón para esta diferenciación radica en el cálculo de la potencia, ya que debe distinguirse entre la real o eficaz y la aparente. Tal diferencia entre ambas potencias depende del tipo de circuito al que el generador alimenta y del desfase entre la corriente y la tensión, que se denomina factor de potencia o cos φ (coseno del ángulo de fase φ). Esta expresión se puede escribir así:

$$\cos\varphi = \frac{\text{Potencia eficaz (KW)}}{\text{Potencia aparente (KVA)}}$$

Si la tensión y la corriente están en fase (como en el caso de un circuito que sólo tenga componente resistiva) el factor de potencia es la unidad, ya que la potencia eficaz y la aparente son iguales; es decir, un generador de 100 KVA conectado en un circuito con factor de potencia igual a 1 tendrá una salida de 100 KW.

Cuando un circuito contiene inductancia o capacitancia, entonces, como ya hemos visto en la fig. 3.3, la corriente y la tensión no están en fase, por lo que el factor de potencia es inferior a la unidad. El gráfico vectorial de una corriente I desfasada de la tensión E en un ángulo φ está representado en la fig. 3.6. La corriente es la resultante de dos componentes que forman ángulo recto: una está en fase con E y viene dada por I cos φ y la otra se representa por I sen φ. La componente que se encuentra en fase con la tensión se denomina componente activa (KW), y la que se encuentra en cuadratura es la componente reactiva (KVAR). La importancia de estas componentes se hará notar cuando más tarde, en este mismo capítulo, se estudien los métodos de reparto de cargas entre generadores.

La mayor parte de los generadores de corriente alterna están preparados para absorber una proporción de componente reactiva de la corriente que atraviesa sus devanados. En este sentido se pueden obtener algunas indicaciones de la información dada en la placa de características del

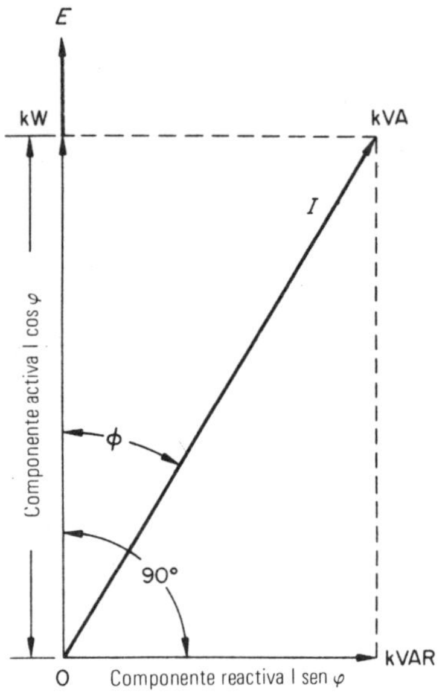

Fig. 3.6.– Componentes de la corriente debidas a la diferencia de fase.

generador. Por ejemplo, el valor de salida puede estar especificado como 40 KVA con un cos $\varphi = 0{,}8$. Esto significa que el valor máximo de salida expresado en KW será 0,8 x 40 = 32 KW; si el factor de potencia fuese distinto siempre se cumplirá que el producto de los voltios y los amperios no debe ser superior a 40 KVA.

SISTEMAS DE FRECUENCIA VARIABLE

Un sistema de frecuencia variable es aquél en el que la frecuencia de la tensión de salida del generador puede variar con la velocidad de giro del rotor. Sin embargo, tales variaciones de frecuencia no son apropiadas para el funcionamiento directo de todos los tipos de equipos de consumo como sistemas de deshielo eléctricos, y también puede transformarse y rectificarse (ver capítulo 4) para suministros de baja o media tensión en corriente continua. Varios tipos de aeronaves corrientemente en servicio emplean generadores de frecuencia variable en una o ambas de las aplicaciones precedentes. En las secciones siguientes se dan detalles de construcción y funcionamiento de dos tipos representativos de máquinas.

Construcción de un generador

La construcción de un generador típico, utilizado para el suministro de corriente de calentamiento de un sistema de deshielo de un motor turbohélice, está ilustrada en la fig. 3.7. Tiene una salida trifásica de 22 KVA a 208 V y realiza el suministro a plena carga en esta tensión con un régimen de frecuencia de 280 a 400 Hz. En valores inferiores a 280 Hz la corriente de campo queda limitada y la salida se reduce en consecuencia. El generador consta de dos montajes principales: un estator fijo, en el cual se induce la corriente, y un cuerpo giratorio denominado rotor. El estator está construido con láminas de alta permeabilidad y está fijado en su alojamiento principal por una carcasa preparada para el acoplamiento del generador a la salida de la caja de transmisión de la máquina motriz. El arrollamiento del estator está conectado en estrella, constituyendo el punto de unión de los tres extremos de los devanados. El punto neutro, además, está conectado a tierra (ver también la fig. 3.5). Los tres extremos restantes de los devanados se llevan a una caja de bornes montada en la carcasa del generador. Dentros de esta caja están colocados tres pequeños transformadores de corriente que forman parte de un sistema de protección conocido como sistema de "Merz-Price".

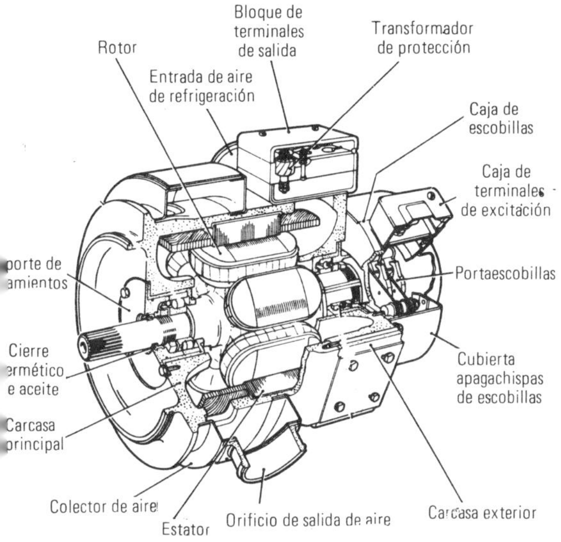

Fig. 3.7.– Generador de frecuencia variable.

El conjunto del rotor consta de seis polos salientes de construcción laminar; sus devanados de campo conectados en serie terminan en dos anillos deslizantes, fijados en un extremo del rotor. En cada anillo deslizante están espaciadas tres escobillas equidistantes, accionadas por muelle y que se encuentran dentro de un alojamiento o caja para escobillas, que también constituye el soporte para los rodamientos del rotor. Las escobillas están eléctricamente conectadas a bornes de entrada de corriente continua, alojados en una caja de terminales de excitación que se encuentra encima de la propia caja de las escobillas. La caja de terminales también contiene condensadores, conectados entre los terminales y la carcasa, para suprimir las interferencias en la recepción de las señales de radio. En la unión con el eje de transmisión, el del rotor se encuentra estriado; este mismo eje va provisto de un cierre hermético, enclavado en el alojamiento principal del generador para prevenir la entrada de aceite al interior del generador procedente de la caja de transmisión.

El generador se refrigera por un chorro de aire (ver también el capítulo 8) que pasa a su interior a través de una entrada existente en el anillo deslizante (colector); el aire que sale del alojamiento interior atraviesa unos canales de ventilación existentes en la caja de transmisión. Estos canales están recogidos por un colector, conectado a un orificio de ventilación exterior a través del cual se descarga finalmente el aire de refrigeración. La instalación está protegida por un interruptor térmico que sirve para equipar un dispositivo de alarma contra los sobrecalentamientos.

La fig. 3.8 representa un generador de frecuencia variable, apropiado para la alimentación de un sistema primario de corriente continua del tipo de rectificador sencillo, y como podrá observarse está accionado por un sistema de polea o correa de transmisión, al estilo de los utilizados normalmente para actuar los alternadores o las dinamos de los automóviles. Su frecuencia de funcionamiento es de unos 100 Hz para una velocidad pequeña de la máquina motriz y aumenta hasta 1.200 Hz o más, a medida que se incrementa la velocidad de ésta.

La construcción básica del generador sigue el modelo general, es decir, consta de rotor, estator, colector, escobillas y carcasa. Además va provisto

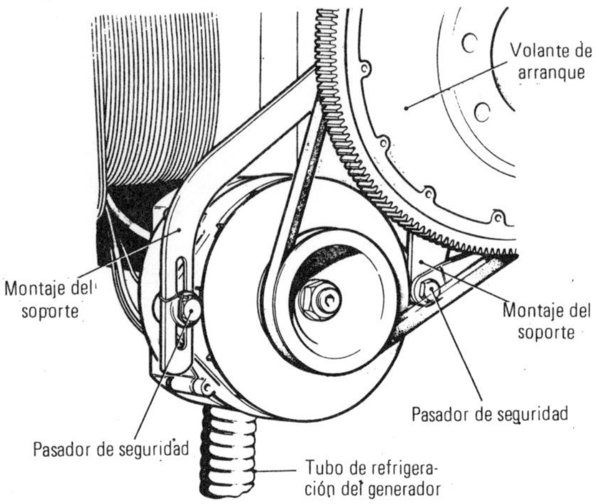

Fig. 3.8.– Generador de frecuencia variable.

de seis diodos de silicio, conectados como rectificador de puente (ver fig. 4.7), que forma parte del sistema de corriente continua de la aeronave. Las características principales de construcción están representadas en la fig. 3.9.

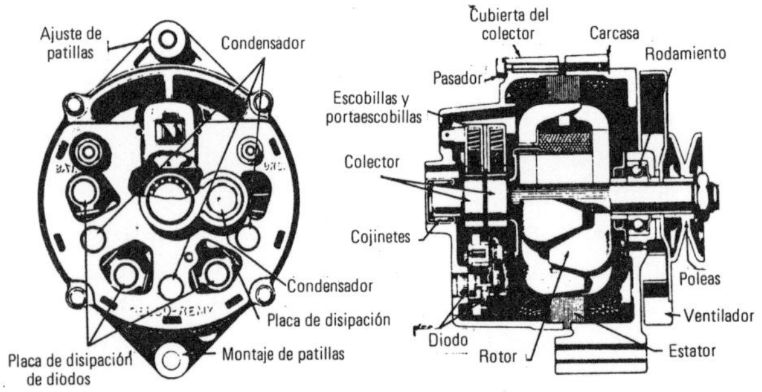

Fig. 3.9.– Vista seccionada de un generador de frecuencia variable.

El rotor está formado por dos piezas de acero extruido, unidas por presión al eje del rotor para formar la bobina de campo. Esta bobina va conectada al colector, que también se encuentra montado a presión en el eje del rotor y alimentado a través de las escobillas con corriente continua procedente del sistema de la aeronave.

El estator está construido de chapas de acero estampado, remachadas conjuntamente para formar el núcleo alrededor del cual se arrollarán las tres bobinas de fase conectadas en estrella. Un extremo de cada uno de los devanados se une al rectificador de puente, mientras que los otros se conectan juntos para formar el punto neutro. El conjunto estator va enclavado en la carcasa exterior.

La refrigeración del generador la proporciona un ventilador situado en la salida del eje y el aire que pasa a través de los orificios de ventilación de la cubierta del colector. El calor de los diodos de silicio se elimina montándolos en placas de acero, conocidas como radiadores o disipadores térmicos.

Sistemas de frecuencia constante

En el desarrollo de los sistemas de suministro de energía eléctrica, principalmente para grandes aeronaves, se concebía la idea de un sistema "todo corriente alterna", esto es, un sistema generador primario para cubrir todo el suministro requerido en c.a., en particular los numerosos servicios de consumo dependientes de una frecuencia constante. De esta forma, la alimentación necesaria de corriente continua (c.c.) se proporcionaba a través de sistemas rectificadores y transformadores.

Uno de los problemas con que se ha tropezado para un más efectivo aprovechamiento de los generadores de corriente alterna ha sido el del control de la frecuencia, para permitir a varios generadores trabajar en paralelo.

El funcionamiento en paralelo es, por supuesto, de la mayor importancia en la seguridad del sistema, y la frecuencia debe ser constante dentro de unos márgenes estrechos, si se desea obtener un buen rendimiento del sistema.

En este estado de aplicaciones prácticas, una frecuencia constante sólo se puede obtener en un sistema de c.a. si el generador está movido con velocidad constante. Las máquinas motrices no pueden ser fiables para realizar directamente esta misión y, como ya hemos explicado, si se conecta un generador a la transmisión accesoria de una máquina motriz, la frecuencia de salida variará con la velocidad de la máquina. Por tanto, es preciso disponer de algún equipo de conversión. El tipo más corrientemente empleado utiliza un dispositivo de transmisión interpuesto entre la máquina motriz y el generador, el cual incorpora un mecanismo de transmisión de valor variable. Como ejemplo podemos considerar la unidad de velocidad constante representada en la fig. 3.10, la cual está basada en el diseño "Sund-

Fig. 3.10.– **Unidad de velocidad constante.**

strand" y se utiliza en varios tipos corrientes de aeronaves propulsadas por turborreactor. Emplea una transmisión hidromecánica de valor variable, que en su forma básica consta de un tipo de placa oscilante en el motor. El aceite para el funcionamiento del sistema está suministrado por bombas de carga y alimentado por sistemas de gobierno desde un depósito, presurizado por aire procedente del compresor del aparato. La potencia de la máquina motriz se transmite por un eje de entrada y unos engranajes al bloque común del

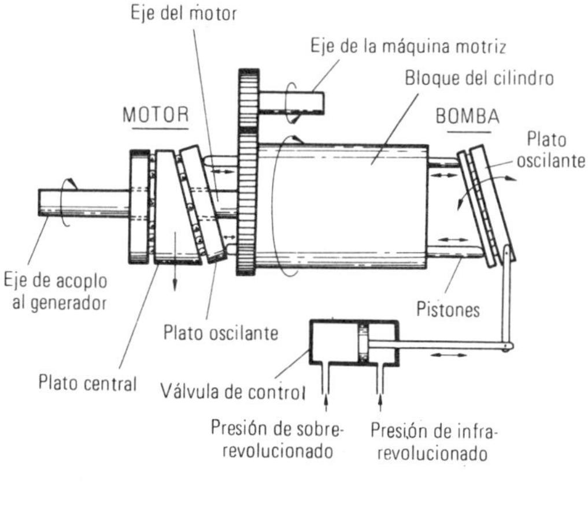

Fig. 3.11.– **Principio de la unidad de transmisión de velocidad constante.**

cilindro hidráulico y de éste a ambas bombas de motor, de modo que por medio de la acción del sistema hidráulico interno se lleva finalmente al motor, a los engranajes de salida y al eje acoplado al generador. El principio de funcionamiento está ilustrado de una forma muy simple en la fig. 3.11.

Cuando la salida de la máquina motriz es exactamente igual a la velocidad requerida del generador, el flujo y la presión del aceite dentro del sistema hidráulico son tales que el motor queda unido hidráulicamente al bloque del cilindro, de modo que ambos giran juntos; por tanto, el sistema de transmisión conjunto actúa como acoplo fijo. Sin embargo, si se origina un cambio en la velocidad del eje de entrada, el sistema de gobierno lo acusa y aplica una mayor o menor presión a la bomba para variar el ángulo de su plato oscilante.

Por ejemplo, si la velocidad de salida de la máquina motriz es más baja que la requerida del generador, la presión crece; por lo contrario, disminuye cuando la velocidad de salida de la máquina motriz es mayor.

Las variaciones en el ángulo del plato oscilante también modifican la carrera de los pistones de la bomba, y como son solidarios del bloque del cilindro se transmite una mayor o menor presión a los pistones del motor. Estos a su vez ejercen una mayor o menor presión en el conjunto del montaje del plato oscilante del motor, formado por dos platos estacionarios que encierran otro central excéntrico, acoplado al eje de salida y suavizado en su giro por un rodamiento de bolas. Por tanto, suponiendo que la velocidad de la máquina motriz es menor que la requerida por el generador, se ejercerá un incremento de presión por los pistones del motor sobre el plato central y originará una tendencia a salirse de los platos que lo encierran. Sin embargo, como el plato no puede girar independientemente del eje, lo hará el relación con el bloque del cilindro, imprimiéndole una velocidad más rápida, sobreviniendo por tanto una tendencia para acondicionar las velocidades del generador y de la máquina motriz. En la condición contraria del generador poco revolucionado, la presión se reduce en el plato central excéntrico, de modo que hará girar más lentamente al bloque del cilindro.

GENERADORES SIN ESCOBILLAS (ELECTROMOTORES)

El uso de escobillas y anillos deslizantes (colectores) para transmitir la corriente de excitación a los devanados de campo de los generadores de corriente alterna presenta problemas similares a los ocasionados en las máquinas de corriente continua, y aunque no es completamente perjudicial, para transportar valores pequeños de corriente continua es deseable la eliminación del giro de superficies en contacto. Por este motivo fueron concebidos los generadores sin escobillas, de corriente alterna, que no se limitaron a sistemas de frecuencia constante, sino que entraron dentro de los servicios comerciales. Ahora, normalmente están asociados con los sistemas empleados en varios tipos de aeronaves corrientes.

La fig. 3.12 da una sección de un generador típico. Consta de tres componentes principales: un excitador de corriente alterna, que genera energía para el campo principal del generador; un rectificador montado y girando con el eje del rotor, para convertir la salida de excitación en corriente continua; y, por último, el generador principal. Los tres componentes están contenidos dentro de una carcasa de aluminio fundido, que consta de una sección acampanada y de la cubierta del estator; ambos elementos están unidos exteriormente por tornillos. Un plato de embridaje, que es una parte integral de la cubierta del estator, lleva 12 hendiduras reforzadas con inserciones de acero y agujeros de "ojo de cerradura" perfilados para facilitar el anclaje del generador a la unidad de transmisión de velocidad constante.

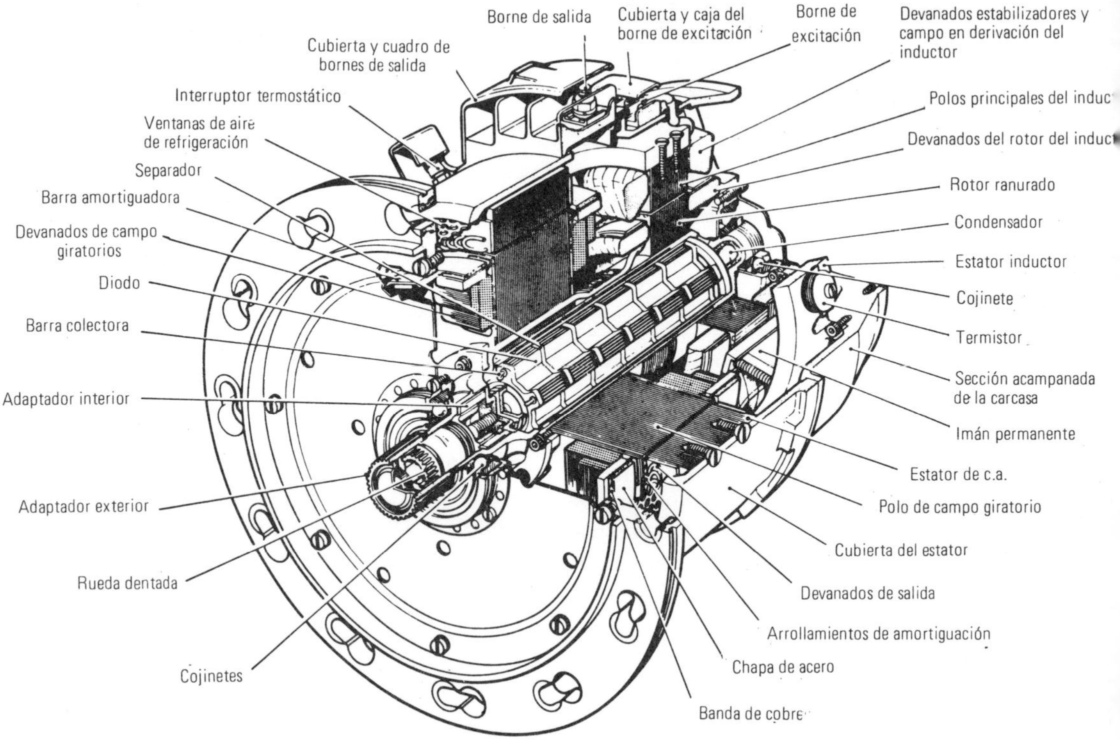

Fig. 3.12.– Generador sin escobillas de c.a.

El excitador o inductor está localizado en la sección acampanada de la carcasa del generador y comprende un estator y un rotor con devanado trifásico en estrella. El rotor del inductor está montado en el mismo eje que el principal del generador; la salida de sus tres fases alimenta el rectificador.

El rectificador suministra corriente de excitación a las bobinas de campo del rotor principal del generador, y como con el excitador o inductor de a.c. sustituyen a las escobilla clásicas y a los anillos deslizantes (colector), eliminan por tanto los problemas asociados con estos elementos. El conjunto rectificador está contenido dentro de un tubo aislante localizado en el eje hueco, en el cual están montados el rotor del inductor y el principal del generador; al estar colocados de esta forma se encuentran dispuestos dentro del eje de rotación y por tanto no quedan sujetos a una fuerza centrífuga excesiva. En el circuito del rectificador también se halla conectado un condensador supresor, localizado en el extremo del eje del rotor. Su propósito fundamental es eliminar los picos de tensión originados en los diodos en ciertas condiciones de funcionamiento.

El generador principal consta de un estator trifásico devanado en estrella y un rotor con ocho polos, con sus devanados de campo correspondientes, los cuales están conectados a la salida del rectificador rotativo. Los conductores de las tres fases del estator se llevan directamente a un cuadro de terminales de salida. Completando las bobinas de campo están fijados al rotor unos arrollamientos amortiguadores, localizados en las pistas longitudinales de las caras de los polos. Anchas bandas de cobre, combinadas con chapas de acero en cada extremo del rotor, forman el circuito eléctrico de "jaula de ardilla" o rotor en cortociruito. El objetivo de los arrollamientos amortiguadores es proporcionar un efecto motor de inducción en el generador siempre que se originen cambios en la carga o exista una tendencia a la variación de la velocidad del rotor por encima o por debajo de la nominal o también que se produzcan modificaciones en la frecuencia del sistema sincronizado. En el funcionamiento como generador aislado, los arrollamientos sirven para reducir las sobretensiones excesivamente altas causadas por el "sistema de conductores en contacto", y para disminuir el desequilibrio de tensión producido en condiciones de variación de carga. Con el funcionamiento en paralelo los arrollamientos también reducen las sobretensiones y mantienen el sincronismo del generador.

El acoplo a la transmisión del eje del rotor principal consta de un adaptador exterior dentado, fijo al eje del rotor principal del generador. También contiene una rueda dentada fijada por un tornillo central a la sección hueca del eje que contiene el conjunto del rectificador giratorio. El eje completo está apoyado por sus extremos en cojinetes herméticos previamente engrasados.

El generador se refrigera por un chorro de aire que penetra por la zona de la sección acampanada de la carcasa y pasa atravesando los devanados y el eje del rotor, para refrigerar el conjunto del rectificador giratorio. El aire es expulsado por una ventana practicada en la periferia de la carcasa y en un punto adyacente al estator principal del generador. Un interruptor detector de sobrecalentamiento, accionado térmicamente, se encuentra localizado dentro del estator principal del generador y atornillado directamente a la cubierta del estator y va conectado a una luz de alarma de sobrecalentamiento en el panel de control del sistema correspondiente.

EXCITACION DE CAMPO

La producción de una salida adecuada en cualquier tipo de generador requiere la existencia de un campo magnético para proporcionar la excitación correspondiente a los devanados, tanto en el arranque como en el subsiguiente período normal de funcionamiento. En otras palabras, se necesita la creación de un autoarranque y una autoexcitación. En los generadores de corriente continua esto se consigue por medio del magnetismo remanente que existe en el circuito electromagnético y por la creación de corriente en los devanados de campo. La corriente de campo, que así es como se denomina, está controlada por un sistema regulador de tensión. La excitación de generadores de corriente alterna implica el uso de circuitos algo más complejos, cuya composición varía de acuerdo con el tipo de generador y su sistema de control. Sin embargo, todos tienen una característica común, esto es, la alimentación de corriente continua a los devanados de campo para mantener la salida deseada en corriente alterna.

GENERADORES DE FRECUENCIA VARIABLE

La fig. 3.13 es una representación esquemática del método adoptado en el generador ilustrado en la fig. 3.7. En este caso, la excitación de campo del rotor está proporcionada por corriente continua procedente de la barra de distribución al colector y a los devanados del rotor del generador; por tanto, con el generador en funcionamiento se origina un campo magnético giratorio que induce una salida alterna en el estator. Esta salida se aprovecha para alimentar un amplificador magnétido del tipo regulador de tensión, el cual suministra una señal de corriente para el rectificador de excitación (ver también fig. 3.16).

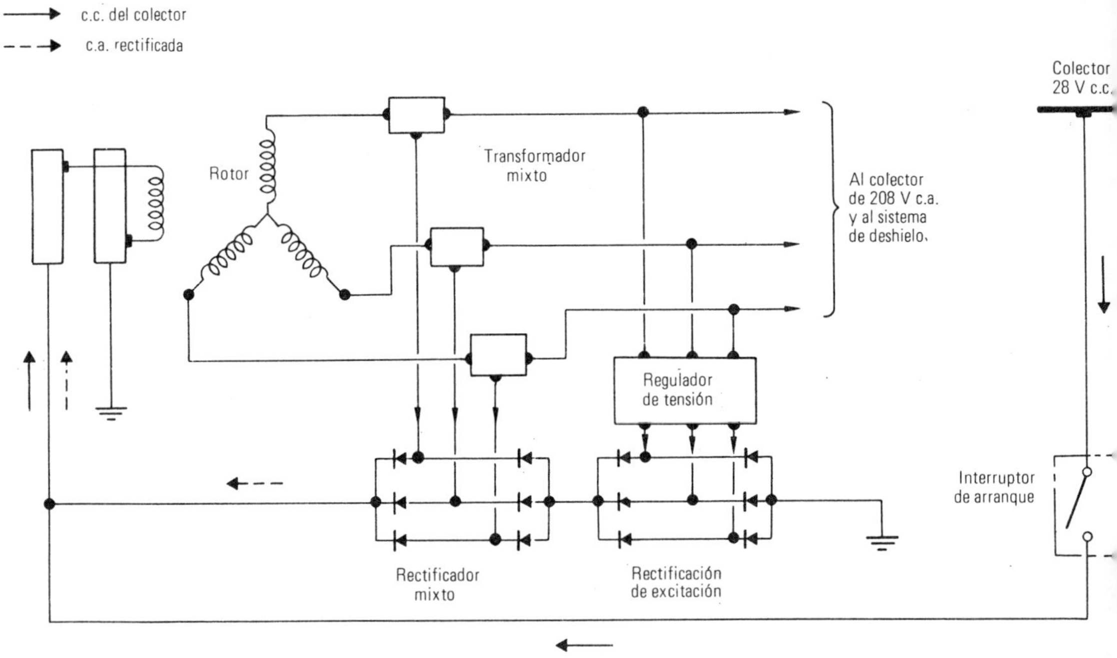

Fig. 3.13.– Excitación de un generador.

principal del avión y de la corriente alterna rectificada. Las secciones y componentes principales del sistema de control asociado con la excitación son: el interruptor de control, la sección de regulación de tensión, la reacción mixta de corriente y rectificador de excitación de campo, que consta de un rectificador y un transformador de corriente trifásica.

Los arrollamientos del transformador están en serie con las tres fases del generador, y los arrollamientos secundarios lo están también en serie con el rectificador.

Cuando el interruptor de control se encuentra en posición de "arranque", la barra de distribución principal (busbar) suministra corriente continua Cuando esta señal alcanza un valor previamente determinado sin carga, la corriente alterna rectificada que atraviesa el rotor es suficiente para que el generador empiece a ser autoexcitado, con independencia de la barra de distribución principal, que entonces se desconecta.

La corriente de excitación máxima para generadores de salida elevada con rango de velocidad variable, como los del tipo representado en la fig. 3.7, es bastante alta, y la variación de la corriente de excitación necesaria para controlar la salida en condiciones de carga variable es tal que la acción del regulador de tensión debe ser suplementada por algunos otros medios de corriente de excitación variable. Esto los proporciona la composición mixta transformador-rectificador, y conectándolos de la forma ya descrita la corriente continua se aplica a los devanados de campo del rotor.

La fig. 3.14 muestra el esquema del circuito del generador representado en la fig. 3.9. Cuando se selecciona corriente continua en el generador, se activa la bobina de campo del rotor y las piezas polares se convierten alternativamente en polos norte y sur. Conforme gira el rotor, el campo induce una corriente alterna trifásica en el estator, la cual se aplica a los diodos de rectificación, y desde allí al sistema de la aeronave, en forma de corriente alterna ya rectificada. El nivel de tensión se controla con un regulador de tensión de tipo transistorizado (ver fig. 3.17).

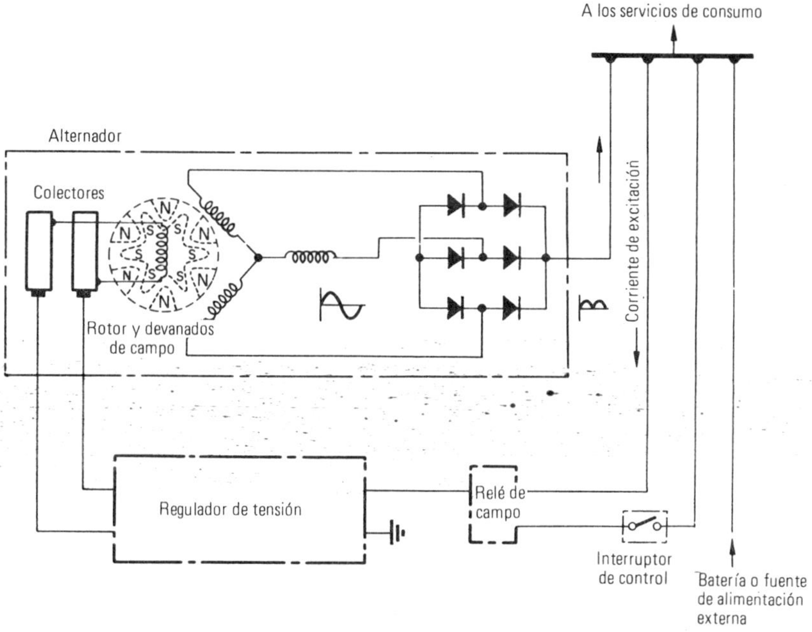

Fig. 3.14.– Esquema del circuito de un generador de frecuencia variable.

GENERADORES DE FRECUENCIA CONSTANTE

El estator inductor del generador descrito en la fig. 3.12 está compuesto de dos devanados de campo shunt, un arrollamiento estabilizador y seis imanes permanentes, que proporcionan un campo magnético residual para la excitación inicial. Un elemento sensor de temperatura (termistor), localizado entre dos terminales del estator, compensa las variaciones de resistencia de campo shunt debidas a los cambios de temperatura.

El arrollamiento estabilizador va devanado directamente sobre los de campo shunt, de modo que los polos magnéticos permanentes formen un núcleo magnético común. De esta forma queda constituido un tipo de transformador entre los dos devanados. El montaje del rectificador consta de seis diodos de silicio, separados por placas aislantes y conectados en forma de puente trifásico de onda completa.

El esquema del circuito de excitación del generador está representado esquemáticamente en la fig. 3.15. Cuando el generador empieza a funcionar, el flujo procedente de los imanes permanentes del inductor de corriente alterna proporciona el flujo inicial de corriente en sus devanados de rotor. Como consecuencia del flujo inicial de corriente se produce la reacción del inducido y, debido a la posición de los polos magnéticos perma-

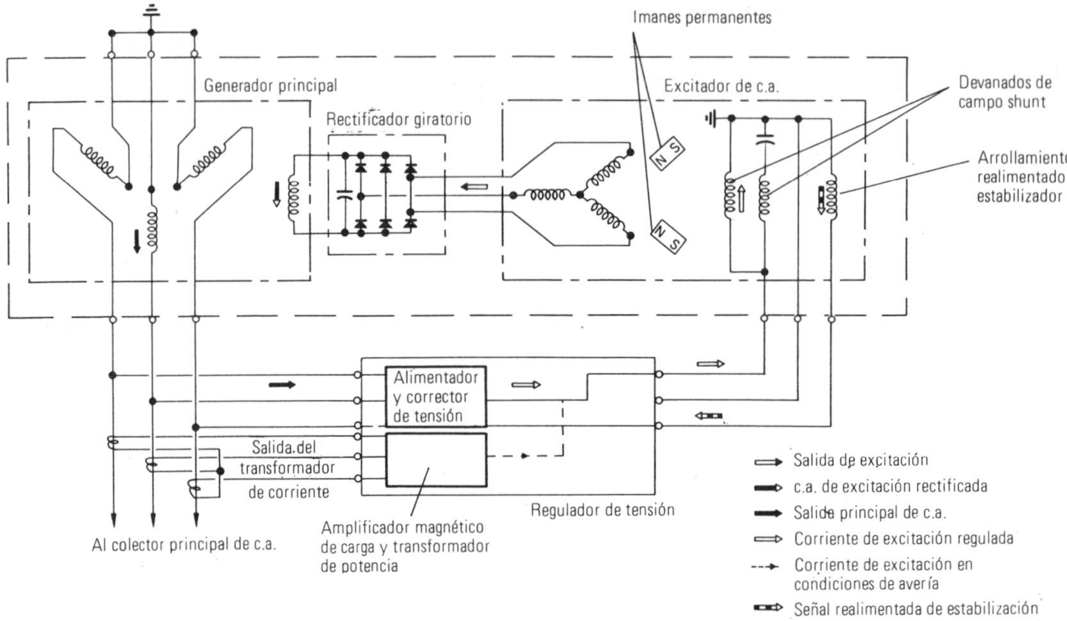

Fig. 3.15.– Esquema del circuito de un generador sin escobillas.

nentes, la reacción polariza los polos principales del estator inductor en la misma dirección para auxiliar al regulador de tensión en el control de excitación.

La tensión trifásica producida en los devanados se aplica al conjunto rectificador, cuya salida de corriente continua alimenta a su vez las bobinas de campo del rotor principal del generador, y proporciona la corriente de excitación requerida. De esta forma se produce un campo magnético giratorio, que induce una tensión de salida trifásica en los devanados del estator principal. De esta salida se alimentan los devanados de campo shunt del excitador (inductor), a través del sistema regulador de tensión, a fin de producir un campo suplementario en los imanes permanentes. En estas condiciones, la salida de excitación se incrementa y el generador principal queda auxiliado para elevar la salida a un valor superior. Cuando la salida principal alcanza el valor determinado, el campo magnético suplementario controla la excitación, y el efecto de los electroimanes permanentes queda prácticamente eliminado por la oposición de la reacción del inducido. Durante las etapas iniciales de funcionamiento del generador, el flujo de corriente sólo pasa al inductor a través de uno o de dos devanados de campo ahunt, debido a la característica inversa temperatura/resistencia del termistor. A medida que la temperatura del devanado se incrementa, la resistencia del termistor decrece, para permitir que pase aproximadamente la misma corriente por ambos devanados, manteniendo de esta forma un efecto constante en los devanados shunt.

En el caso de que la corriente de excitación creciese o disminuyese súbitamente, como consecuencia de las fluctuaciones de tensión debidas, por ejemplo, a variaciones de carga, se induciría una corriente en el arrollamiento estabilizador, ya que actúa como secundario de un transformador. Esta corriente se lleva al regulador de tensión como señal de realimentación para ajustar así la corriente de excitación, de modo que las fluctuaciones de corriente se mantengan a un mínimo.

REGULACION DE TENSION

El control de las tensiones de salida de los generadores de corriente alterna es también un requisito esencial. De acuerdo con la descripción anterior de los métodos de excitación, se podrá observar que los principios de regulación de tensión utilizados para generadores de corriente continua pueden ser aplicados también aquí, esto es, ajuste automático de la corriente de excitación para hacer frente a las variaciones de carga o de velocidad. Los reguladores de tensión suelen formar parte de las unidades de protección y sistemas de control del generador.

Generadores de frecuencia variable. La fig. 3.16 es un esquema funcional por bloques del método utilizado para la regulación de tensión del generador ilustrado en la fig. 3.7. La regulación se realiza a través de un circuito de amplificadores magnéticos, transformadores y rectificadores de puente conectados como se muestra en la fig. 3.16. Como adición al control de la corriente de carga suministrada por el generador, aparece un nuevo factor, que afectará al control de la excitación de campo: la diferencia que existe entre la tensión de línea deseada y la real obtenida. Como ya se explicó en el texto correspondiente a la fig. 3.13, el transformador y rectificador mixto suministran corriente de excitación proporcional a la de carga, por lo que la detección de las diferencias de tensión y el reajuste necesario de la corriente de excitación deben ser realizados por un circuito de regulación de tensión, tal como el de la fig. 3.16.

En el esquema podrá observarse que la salida trifásica del generador está derivada en dos puntos: en uno, por un transformador trifásico; en otro, por un amplificador magnético, también trifásico. El arrollamiento secundario del transformador está conectado a los de corriente alterna de un amplificador magnético monofásico "corrector de error" o corrector de diferencias de tensión. Los tres devanados primarios están conectados a un rectificador de señal. La salida de corriente continua procedente del rectificador se lleva a través de un circuito corrector de tensión, constituido por dos ramas de resistencia: una (rama A) contiene un dispositivo que es en esencial una resistencia de compensación que mantiene la corriente constante por la rama; la otra (rama B) es de una resistencia tal que la corriente que pasa por ella varía linealmente con la tensión de servicio. Las dos señales de corriente, que normalmente son iguales a la tensión de línea deseada, se aplican en oposición a los devanados de salida de la tensión alterna del amplificador magnético de error. Cuando se origina un cambio en el nivel de tensión, la variación resultante en la corriente que fluye por la rama B desequilibra el circuito corrector, y como éste tiene la misma

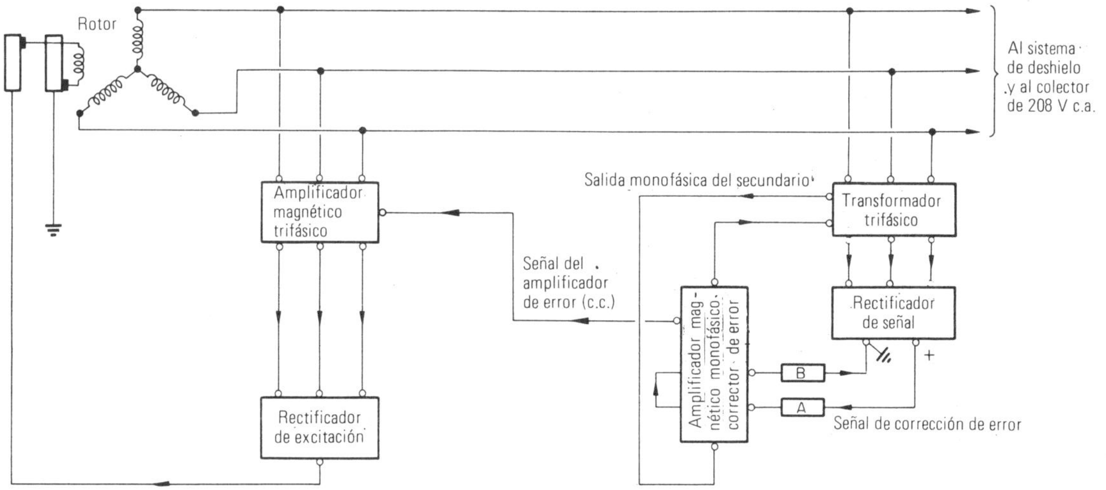

Fig. 3.16.– Regulación de tensión con amplificador magnético.

función que un devanado de control de corriente continua, cambia la reactancia de los devanados de salida de a.c. en el amplificador magnético de error y, por tanto, se produce una corriente de señal de error o corrección. Después de su rectificación, la señal se lleva, como en el caso de la corriente continua de control, a un amplificador magnético trifásico, originando un cambio en la salida alterna y la reactancia. Esto trae como consecuencia un incremento o disminución, según convenga, del flujo de corriente de excitación a los devanados de campo del rotor del generador, de un regulador de tensión transistorizado típico, empleado con el generador representado en la fig. 3.9. Pero antes de iniciar la descripción de su funcionamiento será conveniente hacer un breve repaso de la función primaria y las características principales del transistor.

La función primaria de un transistor es transferir resistencia dentro de él mismo, y según su conexión en un circuito, puede cortar o dar paso a la corriente, pudiendo además incrementar las condiciones de la señal de salida; en otras palabras,

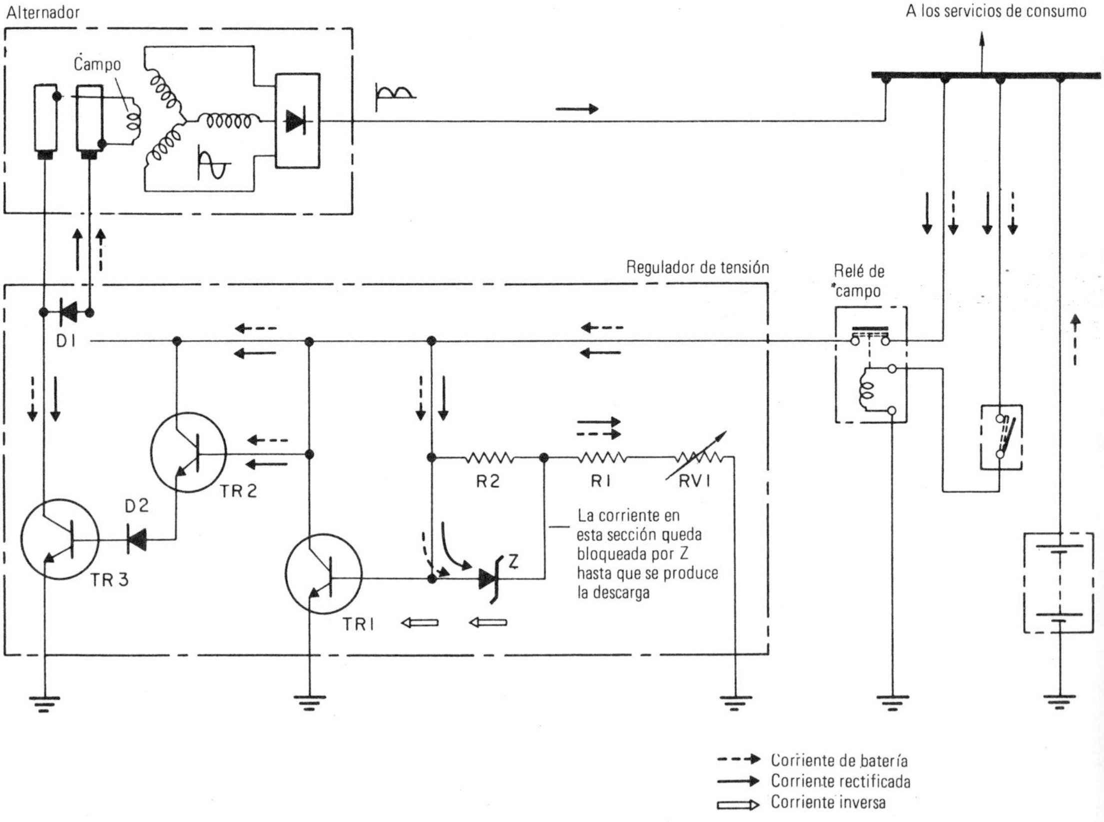

Fig. 3.17.– Regulador de tensión transistorizado.

hasta que la tensión de línea produzca otra vez condiciones de señal equilibrada en el circuito corrector de error.

La fig. 3.17 muestra la composición del circuito puede actuar como dispositivo interruptor automático o como amplificador. Está dividido en tres zonas y formado de un determinado material, generalmente germanio o silicio, conocido como semiconductor (ver también el capítulo 4).

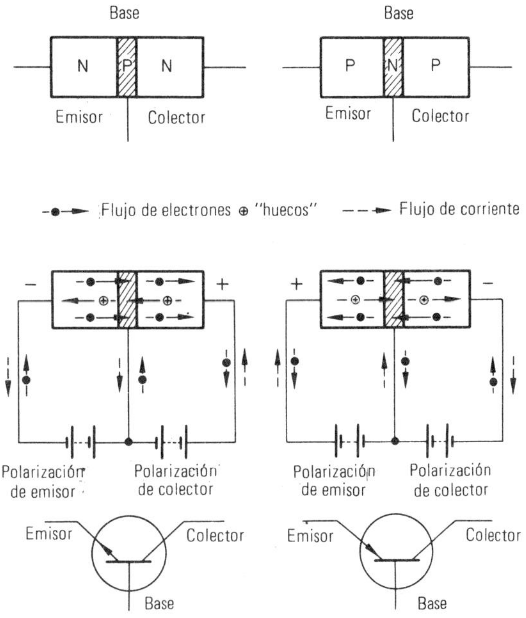

Fig. 3.18.– Formas de conexión de un transistor.

Estas zonas están distribuidas de modo que cada una pueda estar en contacto con las otras en un orden determinado de conducción. Las uniones típicas de estas zonas están representadas en la fig. 3.18, junto con los símbolos utilizados. Las letras "p" y "n" se refieren a las características de conductividad del germanio y se identifican como tipo positivo y negativo, respectivamente. Un transistor tiene tres conexiones exteriores, correspondientes a sus tres zonas o elementos, conocidos como *emisor, colector* y *base*, y como podrá observarse están unidos en el orden "n-p-n" o "p-n-p".

Consideremos ahora el comportamiento de un transistor p-n-p. El emisor es positivo con respecto a base y la zona de contacto entre ellos crea un campo con intensidad suficiente para que los electrones dejen la base y circulen atravesando el emisor, elevando de esta forma el flujo de corriente en la dirección representada. Al mismo tiempo, y debido a la estructura atómica del material semiconductor, existen los portadores de carga positiva y los llamados "huecos", que se desplazan hacia el colector para producir la corriente de éste. En un transistor n-p-n se produce un intercambio similar de electrones y cargas positivas, pero de tal forma que origina un flujo de corriente en la unión de colector y emisor en dirección inversa. Esta es, brevemente expuesta, la acción de un transistor, de modo que con un tipo de unión determinado, si se produce un cambio de la corriente de un circuito, por ejemplo emisor base, origina un aumento del cambio correspondiente de la corriente de colector, es decir, puede comportarse como amplificador.

En el circuito regulador representado en la fig. 3.17, los tres transistores (TR_1, TR_2 y TR_3) son del tipo de unión n-p-n. Cuando el interruptor de control del sistema se encuentra en posición de cerrado, la corriente de excitación pasa inicialmente de la batería a la base del transistor TR_2 y atraviesa el divisor de tensión constante con las resistencias R_1, R_2 y RV_1. La misión de este divisor, junto con el diodo de Zener "Z" (ver también el capítulo 4) es establecer una tensión de funcionamiento del sistema. Con la potencia aplicada a la base de TR_2, el transistor se activa y la corriente de batería pasa a la unión de colector y emisor. La salida amplificada en el circuito de emisor se dirige a la base de TR_3, que conduce de modo que la corriente de batería suministrada al devanado de campo puede ser llevada a tierra a través de la unión colector-emisor del transistor TR_3. Cuando el generador se encuentra en funcionamiento, el campo magnético giratorio induce una corriente alterna en el estator, la cual, después de ser rectificada, se suministra a los sistemas de alimentación de corriente continua del avión.

Una vez que la tensión de salida del generador alcanza el valor de funcionamiento previamente determinado, la corriente circula en dirección inversa por el diodo de Zener, originando su cierre para que le permita dirigirse hacia la base del transistor TR_1, conmutándolo. La unión colector-emisor del transistor TR_1 conduce ahora, desviando de este modo la corriente fuera de la base de TR_2 y bloqueándolo, por consiguiente. Esta acción bloquea a su vez el transistor TR_3, con lo que se interrumpe la corriente de excitación que fluye al devanado de campo del generador. El rectificador (D_1) interpuesto en el devanado de campo proporciona un camino de descarga, de modo que la corriente de campo pueda caer a un valor más bajo y prevenir por lo tanto la generación de altas tensiones en el transistor TR_3 cada vez que se produzca su corte.

Cuando la tensión de salida del generador caiga a un valor tal que permita al diodo de Zener interrumpir su conducción, el transistor TR_1 conducirá de nuevo para restaurar la corriente de excitación del devanado de campo. Este orden de actuación se repite, y con ello la tensión de salida del generador se mantiene en su valor de funcionamiento previamente fijado.

SISTEMAS DE FRECUENCIA CONSTANTE

La regulación de la salida de un sistema de frecuencia constante está basada también en el control de la excitación de campo y algunas de las técnicas ya descritas se aplican en muchas ocasiones. En instalaciones que requieren la dotación de generadores de frecuencia constante, hay que disponer de un circuito para controlar la salida en condiciones de distribución de carga o funcionamiento en paralelo; y como este control también implica la utilización de excitación de campo, el circuito de regulación total presenta a veces formas complejas e integradas. Sin embargo, en este aparato solamente nos referiremos al método fundamental de regulación y con este fin podemos considerar las etapas o secciones más importantes del circuito típico representado esquemáticamente en la fig. 3.19.

El circuito consta de tres secciones principales: un detector de error de tensión, un preamplificador y un amplificador de potencia. La misión del detector de error de tensión es vigilar la tensión de salida del generador, compararla con otra fija de referencia y transmitir cualquier error al preamplificador. Está constituido por un rectificador de puente trifásico, conectado a la salida del generador, y un circuito puente en el cual dos ramas contienen válvulas reguladoras de gas y las otras dos están compuestas por resistencias. Las características inherentes de las válvulas son tales que mantienen esencialmente una caída de tensión constante en sus bornes con valores variables de corriente, y por esta razón establecen una re-

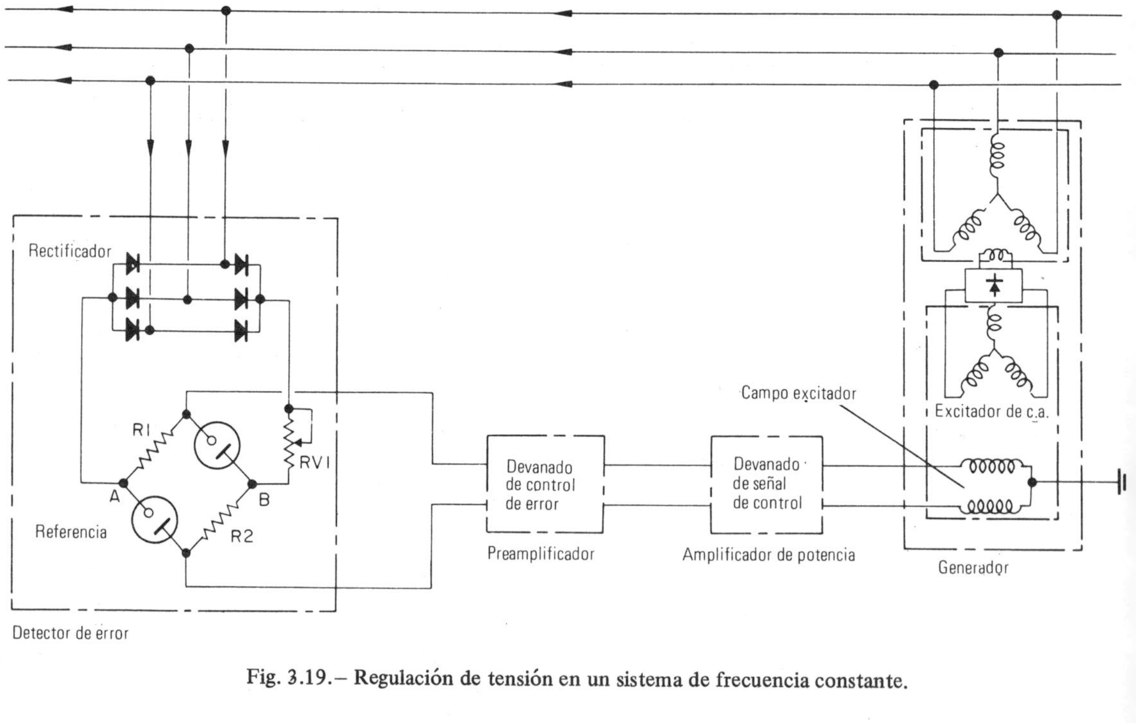

Fig. 3.19.– Regulación de tensión en un sistema de frecuencia constante.

ferencia fija de tensión, que se compara continuamente con la de salida. La salida del punto se conecta a un devanado de control de error del preamplificador, y de aquí a otro de control de "señal" de una segunda etapa o amplificador de potencia. Ambas etapas son amplificadores magnéticos trifásicos. La señal final amplificada se aplica a los devanados shunt del estator inductor del generador de c.a. (ver también la fig. 3.15).

La salida del rectificador de puente en el detector de error es una tensión continua ligeramente menor que el promedio de las tres de línea de c.a.; ésta puede ajustarse por medio de una resistencia variable (RV_1), para llevar el sistema regulador a una condición de equilibrio con cualquier valor nominal de la tensión de línea. En el circuito de puente referido se obtiene una condición de equilibrio cuando la tensión aplicada a través de él (puntos A y B) es exactamente el doble de la caída de tensión en las dos válvulas. Puesto que en esta condición la caída de tensión en las resistencias R_1 y R_2 igualará a la caída en cada una de las válvulas, no pasará corriente por el circuito de salida, es decir, hacia el devanado de control de error del preamplificador.

Si la tensión de línea alterna fuese superior o inferior al valor fijado, las caídas de tensión en las resistencias R_1 y R_2 serán diferentes, causando un desequilibrio en el circuito de puente y un flujo de corriente hacia el devanado de control de error del preamplificador. La dirección y la magnitud de esa corriente dependerá de la variación o error de la tensión de línea, que será positivo o negativo según esté por encima o por debajo del valor nominal equilibrado y, también, de la magnitud de esas variaciones.

Cuando la corriente atraviesa el devanado de control de error, el flujo magnético creado altera el total existente en los núcleos del amplificador, originando por tanto un cambio proporcional en la salida del amplificador, la cual se aplica al devanado de señal del amplificador de potencia. Si la señal de error es negativa causará un incremento en el flujo del núcleo, aumentando por consiguiente la corriente de salida del amplificador de potencia que se suministra al devanado de campo excitador del generador. Con una señal de error positivo, el flujo del núcleo y la corriente de excitación se reducirán. Por consiguiente, la salida del generador se controla al valor predeterminado, que al ser alcanzado restablece a la condición de equilibrio el circuito de puente detector de error.

Distribución de carga (funcionamiento en paralelo)

Sistemas de frecuencia variable. En sistemas de este tipo la salida de corriente alterna se suministra a equipos de consumo independientes, y como la frecuencia carece de control, el funcionamiento en paralelo o la distribución de carga en corriente alterna no es posible. En la mayor parte de las aplicaciones este funcionamiento se consigue previo diseño; por ejemplo, en equipo de deshielo eléctrico utilizando resistencias del tipo de caldeo, con lo que no tiene efecto en el funcionamiento del sistema la presencia de una frecuencia variable. En sistemas de c.a. rectificada la frecuencia también es incontrolada, pero como la mayor parte de la salida se utiliza para alimentar equipos de consumo de corriente continua, la distribución de carga se consigue más fácilmente poniendo en paralelo la salida rectificada a través de circuitos compensadores, de forma similar a la empleada en los sistemas generadores de corriente continua (ver el texto correspondiente a la fig. 1.13).

Sistemas de frecuencia constante. Son adecuados para el funcionamiento en paralelo, en condiciones de distribución de carga; en este tipo de circuitos es preciso regular la existencia de dos parámetros: la *carga real* y la *carga reactiva*. La primera es la carga efectiva en la salida expresada en kilovatios (KW), disponible para la alimentación de distintos servicios eléctricos, y la carga reactiva, que es la que corresponde a un factor de potencia cero, y es de hecho el vector suma de la tensión y las corrientes inductivas y capacitativas del sistema, expresándose en kilovoltios-amperios reactivos (KWAR) (ver otra vez la fig. 3.6).

Como la carga real está directamente relacionada con la potencia de entrada de la máquina motriz, el control en la distribución de carga real debe encontrarse en la máquina. En la práctica, sin embargo, existen ciertas dificultades, pero como es posible referir cualquier desequilibrio de carga real a la unidad de transmisión de velocidad constante, situada entre la máquina motriz y el generador, se efectúa el control de reparto de carga real en esta unidad, regulando el par en el eje de transmisión de salida.

Los desequilibrios de la carga reactiva se corrigen controlando la corriente de campo excitador suministrada por los reguladores de tensión a sus respectivos generadores, de acuerdo con las señales procedentes de un circuito de reparto de carga reactiva.

REPARTO DE CARGA REAL

El reparto de carga real entre generadores en paralelo está determinado por la velocidad de giro de los generadores, que a su vez influye en las relaciones de fase de la tensión.

Como ya se ha explicado (ver el apartado "Sistemas de frecuencia constante", de este capítulo), la velocidad de un generador viene determinada por la colocación inicial del regulador en su dispositivo asociado de velocidad constante. De todos modos, no se pueden alcanzar exactamente posiciones idénticas de reguladores en todos los dispositivos de velocidad constante empleados en cada una de las instalaciones, y por eso se ha hecho necesario el control automático de los reguladores.

Los generadores de corriente alterna son máquinas sincronizadas. Por tanto, cuando dos o más de ellas funcionen en paralelo se ajustan con una misma frecuencia, siendo la frecuencia resultante del sistema la del generador cuya salida tenga el nivel más elevado. Puesto que este fenómeno está controlado por un regulador de velocidad, significa que el generador correspondiente a un ajuste más alto transportará una cantidad superior a su parte de carga y suministrará energía que hará que funcionen como motores las otras máquinas que están en paralelo con él. Por consiguiente, el reparto de la carga total real queda desequilibrado, y hay que aportar cantidades iguales de energía en forma de par para los rotores de los generadores.

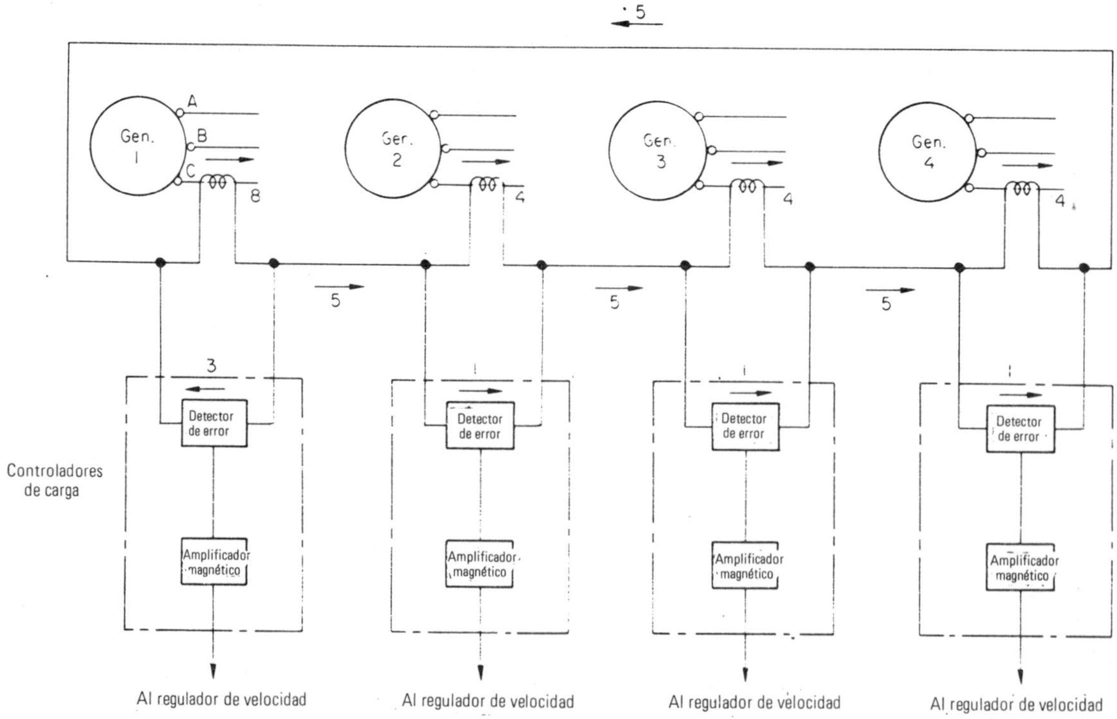

Fig. 3.20.– Reparto de carga real.

En esencia, un sistema de control está compuesto de dos secciones principales: una, en la cual el desequilibrio viene determinado por medio de los transformadores de corriente, y otra (sección de control de carga), en la que se establecen y aplican los pares. La fig. 3.20 muestra esquemáticamente el circuito de aplicación del sistema a una instalación de cuatro generadores.

Los transformadores de corriente detectan la distribución de la carga real en la fase "C" de la alimentación de cada generador, y están conectados en serie, formando la unión de todos ellos un circuito de reparto de carga. Cada controlador o regulador de carga está constituido por dos etapas de amplificador magnético controlado por un elemento detector de error, conectado en paralelo con cada transformador de corriente. La salida de cada uno de los reguladores de carga está conectada a su vez a un solenoide que se encuentra en el regulador de velocidad de cada una de las unidades de velocidad constante.

Cuando la corriente circula por la fase "C" de cada generador se induce una tensión proporcional a la corriente en cada uno de los transformadores de corriente y, puesto que se encuentran conectados en serie, la corriente pasará por el circuito repartidor de carga. Esta corriente será igual al promedio producido por los cuatro transformadores.

Consideremos ahora que en un período de funcionamiento del sistema se obtienen condiciones de equilibrio en el reparto de carga con los cuales la corriente de salida de cada transformador es igual a 5 A, siendo entonces la corriente que pasa por el circuito de reparto de carga también de 5 A, con lo que a través de los elementos detectores de error no circula corriente alguna. Si en estas condiciones un generador, por ejemplo el nº 1, gira con una velocidad superior a la de los otros tres, transportará más carga y se incrementará la salida en su transformador de corriente asociado.

La parte de la carga transportada por los otros generadores disminuirá proporcionalmente, reduciéndose por consiguiente la salida de sus transformadores de corriente y permaneciendo constante en 5 A la corriente media que fluye en el circuito de reparto de carga. Si, por el contrario, se produce en la salida del transformador de corriente del generador nº 1 un incremento hasta conseguir 8 A, una diferencia de 3 A circulará entonces por el elemento sensor de error de su correspondiente regulador de carga. Esta diferencia de 3 A se divide en partes iguales entre los otros generadores y, así, la salida de cada uno de los correspondientes transformadores de corriente se reduce en 1 A, diferencia que pasa por los elementos sensores de error de los controladores de carga. Las señales de error se aplican entonces como señales de control de corriente continua a los amplificadores magnéticos de dos etapas y se llevan a bobinas electromagnéticas que están montadas junto a los volantes de imán permanente y forman parte del regulador de cada unidad de transmisión de velocidad constante. La corriente y el campo magnético simulan los efectos de las fuerzas centrífugas en los volantes de inercia y son de magnitud y dirección tales como para causar una atracción o repulsión de los volantes.

Por eso, en la condición de desequilibrio supuesta, o sea con el generador nº 1 girando con una velocidad superior, la corriente y el campo resultantes de la señal de error aplicada al correspondiente controlador de carga, circulan en sentido opuesto y repelen los volantes, simulando, por consiguiente, un descenso de la fuerza centrífuga.

El movimiento de los volantes hace que el aceite circule con transmisión baja, decreciendo la velocidad de salida de la unidad de transmisión de velocidad constante, corrigiendo por tanto el ajuste del regulador para disminuir la carga tomada por el generador nº 1. La dirección de la corriente y del campo en los elementos sensores de control de carga de los restantes generadores es tal que los volantes del regulador son atraídos en sus unidades de transmisión de velocidad constante, permitiendo que el aceite que circule con transmisión superior, creciendo por tanto, la carga tomada por cada generador.

REPARTO DE CARGA REACTIVA

El reparto de carga reactiva entre generadores conectados en paralelo depende de las magnitudes relativas de sus tensiones de salida, las cuales varían, y como todos los sistemas generadores dependen del ajuste de los reguladores de tensión aplicables y de la corriente de excitación de campo (ver también el apartado "Campo de excitación", de este capítulo). Si, por ejemplo, el regulador de tensión de un generador se ajusta ligeramente por encima del valor medio del conjunto del sistema en paralelo, el regulador detectará una condición de subtensión y de acuerdo con ella aumentará su corriente de excitación para intentar elevar la tensión del sistema conjunto a sus valores de ajuste. Sin embargo, esto se traduce en una componente reactiva de la corriente que pasa desde el generador "sobreexcitado", la cual circula en oposición a las cargas reactivas de los otros generadores. De ese modo su carga se incrementa, mientras que las de los otros generadores se reducen, produciéndose un desequilibrio en el reparto de la carga reactiva. Por todo esto, es preciso propocionar un circuito especial para corregir esta condición.

En principio, el método de funcionamiento del circuito de reparto de carga reactiva es similar al adoptado en el circuito de reparto de carga real ya descrito. Sin embargo, conviene hacer notar que existe una diferencia en la naturaleza del circuito empleado: mientras que en el circuito de reparto de carga real los transformadores de corriente están conectados directamente a los elementos detectores de error de las unidades de control de carga, en un circuito de reparto de carga reactiva (ver fig. 3.21) están conectados a los arrollamientos primarios de los dispositivos llamados reactores mutuos. Estos son en realidad transformadores que tienen: 1) una fuente de alimentación conectada a sus arrollamientos secundarios como complemento de sus primarios: en este caso, la fase "C" de la salida del generador; 2) un entrehierro en el núcleo para producir un desplazamiento de fase de 90º aproximadamente, entre la corriente del primario y la tensión del secundario. Los dos dispositivos sirven para suministrar señales al regulador de tensión, que sólo es proporcional a la carga reactiva de los generadores.

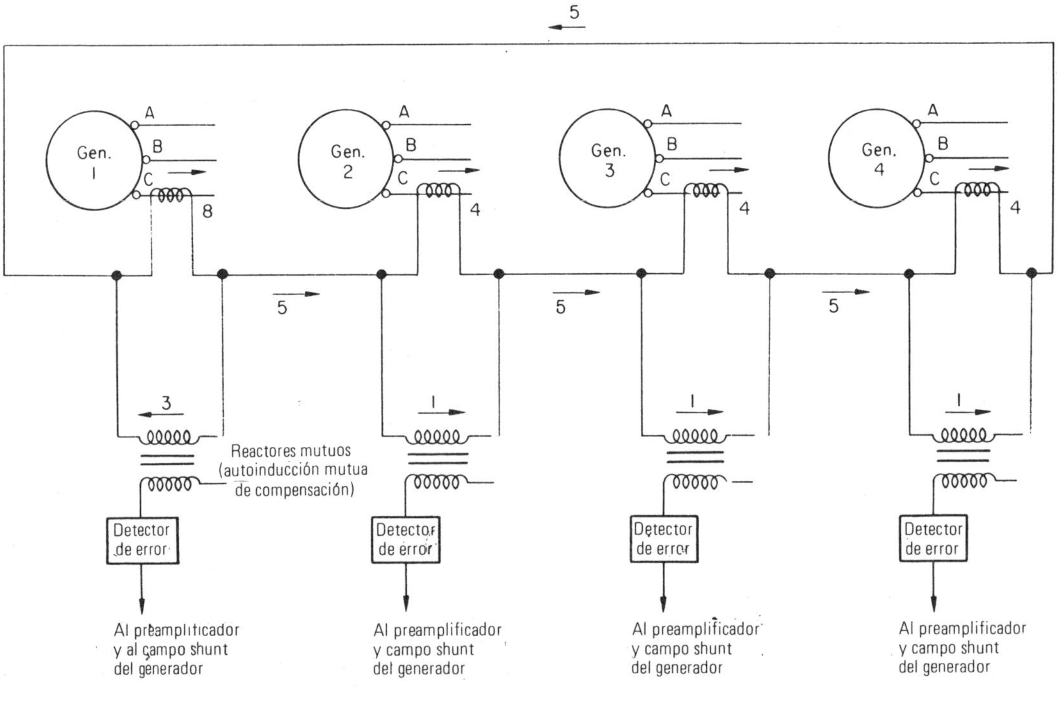

Fig. 3.21.– Reparto de carga reactiva.

Cuando se produce un desequilibrio en la carga reactiva, los transformadores de corriente lo detectan de forma similar a los asociados con el circuito de reparto de carga real, y originan corrientes diferenciales que circulan por los arrollamientos primarios de sus reactores mutuos asociados. En los arrollamientos del secundario se inducen unas tensiones proporcionales a la magnitud de las corrientes diferenciales, que adelantarán o retrasarán la corriente del generador en 90°. Cuando la tensión inducida en el secundario de un reactor concreto se adelanta respecto a la corriente del generador asociado, indica la existencia de una carga reactiva en el generador; en otras palabras, que toma más carga que la correspondiente a su parte de la carga total. En esta condición la tensión se sumará a la detectada por el arrollamiento secundario en la fase "C". Si, por otra parte, la tensión se retrasa respecto a la corriente del generador, se produce una absorción de carga reactiva en el generador, esto es, toma menos parte de la carga total y la tensión se resta de la detectada en la fase "C".

El arrollamiento secundario de cada reactor mutuo está conectado en serie con un detector de error en cada regulador de tensión, funcionando el detector de modo similar a los utilizados para la regulación de tensión y reparto de carga real.

Supongamos ahora que el generador nº 1 toma una mayor parte de la carga que le corresponde, es decir, queda sobreexcitado. La tensión inducida en el arrollamiento del secundario del correspondiente reactor mutuo será aditiva y así el detector de error la apreciará como sobretensión. La señal de error de corriente continua resultante se aplica al preamplificador y después al amplificador de potencia, cuya salida se ajusta para reducir la cantidad de corriente de excitación proporcionada al generador nº 1. En el caso de los otros tres generadores, habrán transportado una cantidad menor de su carga reactiva correspondiente y, por tanto, las tensiones inducidas en sus reactores mutuos irán retardadas respecto a las corrientes de los generadores, estando en oposición con las tensiones detectadas por los arrollamientos secundarios. De esta forma, la salida de cada amplificador de potencia quedará ajustada para absorber el incremento de la corriente de excitación suministrada a sus generadores asociados, hasta que el equilibrio en el reparto de carga reactiva sea restaurado entre los generadores, dentro de los límites prescritos.

GENERADORES NEUMATICOS

La aplicación de generadores accionados por una corriente de aire como elemento motriz fue adoptada en gran parte de los primeros tipos de aeronaves para la producción de energía eléctrica; la idea de volver a poner en práctica esta clase de máquinas en los sistemas eléctricos actuales sería como dar un paso atrás. Sin embargo, un generador accionado neumáticamente puede servir, en casos de emergencia por fallo del sistema generador principal de corriente alterna, como elemento útil para ser aplicado a varios tipos de aeronaves.

La máquina motriz consta de un ventilador de dos palas, normalmente denominado aeroturbina, y un tren de engranajes escalonados para acoplar el ventilador a un simple generador de c.a. El tipo de generador es similar a los comúnmente empleados, pero, en proporción, con una salida menor, puesto que solamente será requerido para eliminar el equipo imprescindible en condiciones de emergencia. La unidad completa está alojada en un montaje especial en el fuselaje del avión y cuando se necesita su empleo se desplaza mediante un dispositivo mecánico al compartimento de vuelo. Expuesto a velocidades entre 120 y 430 nudos, el ventilador y el generador son arrastrados con velocidades apropiadas gracias a la corriente de aire, y la energía eléctrica se suministra por medio de un regulador en los valores fijados. Una velocidad típica del ventilador es 4.800 r.p.m., y se puede autogobernar variando el ángulo de sus aspas. La caja de transmisión desarrolla una velocidad en el eje del generador de 12.000 r.p.m. Después de haberse desplegado la unidad completa sólo puede volver a ser replegada en tierra.

Cuestionario

1. La frecuencia de un alternador puede determinarse:
   (a) Dividiendo el número de fases por la tensión.

(b) Multiplicando el número de polos por 60 y dividiéndolo por el número de r.p.m.

(c) Multiplicando las r.p.m. por el número de pares de polos y dividiendo por 60.

2. Explicar el significado del valor eficaz.

3. La corriente de un circuito capacitivo puro estará:
   (a) Adelantada respecto a la tensión aplicada
   (b) Retrasada respecto a la tensión aplicada.
   (c) En fase con la tensión aplicada.

4. (a) Con la ayuda de esquemas de circuitos, describir brevemente los dos métodos de interconexión de fases.
   (b) Establecer las expresiones matemáticas para calcular la tensión y la corriente de línea en cada caso.

5. Explicar el término *reactor de potencia* y describir cómo queda afectado por un circuito que contenga elementos capacitivos e inductivos.

6. ¿Qué se entiende por *sistema de frecuencia variable*?

7. Enunciar de qué factores depende la frecuencia de salida de un generador de c.a. Con ayuda de un croquis, describir la construcción de un generador típico de aeronave y determinar matemáticamente la frecuencia de salida de la máquina que se haya ilustrado.

8. Con ayuda de un esquema, describir cómo puede estar excitado un generador y cómo puede ser controlada su tensión de salida.

9. Explicar cómo se mantiene la velocidad de un generador de frecuencia constante.

10. Con ayuda de un croquis, explicar la construcción y principios de funcionamiento de un generador trifásico sin escobillas.

11. ¿Qué factores deben ser controlados cuando funcionan en paralelo generadores de c.a. de frecuencia constante?

12. ¿Cuál es el significado de KVAR y a qué factores hace referencia?

13. Enunciar las funciones que ejecutan los transformadores de corriente en el control de reparto de carga entre generadores de frecuencia constante.

14. ¿De qué forma detecta un incremento o descenso de la velocidad una unidad de velocidad constante?

15. ¿Qué es un reactor mutuo y en qué sección del circuito del reparto de carga se utiliza?

16. ¿Qué significan las letras "p" y "n" en relación con un transistor?

17. Nombrar tres regiones o elementos de un transistor y enunciar las funciones de cada una de ellas.

18. Por medio de esquemas simples, mostrar las dos secuencias de conexión de los transistores.

Capítulo 4

Equipo conversor de energía

En las instalaciones eléctricas de aeronaves se emplean varios tipos diferentes de equipo consumidor, que necesitan alimentaciones distintas de las normales proporcionadas por el generador principal. Por ejemplo, en un avión provisto de una fuente de alimentación primaria de 28 V, c.c., se usan algunos equipos electrónicos e instrumentos que exigen 26 V y 115 V, c.a., para su funcionamiento y, como ya hemos visto, la c.c. no puede suprimirse por completo de los aviones, que son sobre todo de concepción de c.a. Además, podemos observar que incluso en los propios equipos de consumo hay secciones de su circuito que necesitan diferentes tipos de fuentes de alimentación o distintos niveles de la misma clase de alimentación. Por eso hay que emplear no ya solo equipo que pueda convertir energía eléctrica de una forma a otra, sino incluso otro que convierta una forma de alimentación en otra similar de valor mayor o menor.

El equipo necesario para la conversión de las fuentes de alimentación pueden dividirse *grosso modo* en dos tipos principales: estático y giratorio. Los fundamentos de la construcción y el funcionamiento de los dispositivos y máquinas típicos de cada clase se describen en las secciones siguientes.

Equipo conversor estático

Los elementos principales que pueden agruparse en este concepto son los rectificadores y los transformadores, algunas de cuyas aplicaciones se han tratado ya en el capítulo 3, junto con los convertidores estáticos c.a.-c.a.

Los dispositivos últimamente mencionados son transistorizados y equivalen a los inversores giratorios. Al final de este capítulo se dará una descripción de su construcción, junto con los fundamentos de su modo de operar.

RECTIFICADORES

El proceso de convertir una alimentación alterna en otra continua se conoce como *rectificación*, y los aparatos estáticos utilizados con este fin son los *rectificadores*.

La acción rectificadora se basa en el principio de que al aplicar una tensión a determinadas combinaciones de elementos metálicos y no metálicos, en íntimo contacto mutuo, se produce en la superficie de contacto un intercambio de electrones y portadores de corriente positiva (llamados *huecos*). Como consecuencia de ese intercambio se forma una capa de barrera, que presenta características de resistencia y conductividad diferentes y permite que la corriente circule por la combinación mencionada más fácilmente en un sentido que en el opuesto. De este modo, cuando la tensión aplicada es una magnitud alterna, la capa de barrera convierte la corriente que circula en un flujo unidireccional, proporcionando pues una salida rectificada.

Uno de los elementos usados en la combinación descrita es lo que se llama *semiconductor*, que por definición presenta una resistividad intermedia entre la de un buen conductor y la de un buen aislante. Los semiconductores también se definen por el número de portadores, es decir, electrones y huecos, que suministra la *red cristalina* que es en realidad la estructura atómica del elemento. Por consiguiente, un elemento que tenga mayoría de portadores de electrones se llama de *tipo n*, en tanto que el semiconductor que tenga mayoría de huecos se conoce como de *tipo p*.

Si un semiconductor de tipo p se pone en contacto con una placa metálica, como se indica en la fig. 4.1, pasarán electrones de esta última, para rellenar los huecos positivos existentes en el pri-

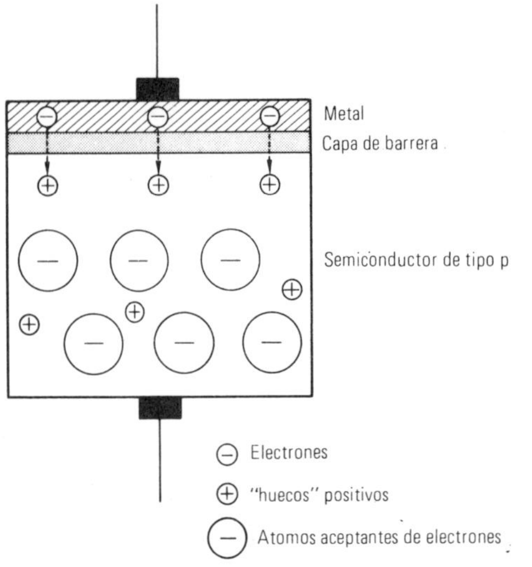

Fig. 4.1.– Unión semiconductor-metal.

mero, y este proceso continúa hasta que el traspaso de carga haya establecido una diferencia de potencial suficiente para detenerlo. Por este medio, una capa muy fina de semiconductor queda libre de huecos positivos y, como consecuencia, se convierte en un aislador eficaz, o capa de barrera.

Al aplicar una tensión tal que el semiconductor sea positivo con respecto al metal, los huecos positivos se desplazan del cuerpo del semiconductor a la capa de barrera, con lo que se reduce la resistencia *directa* y se restablece la conductibilidad. Por otro lado, si el semiconductor se hace negativo con relación al metal, se extraen más electrones de éste para rellenar más huecos positivos, con lo que aumenta la resistencia *inversa* de la capa de barrera. Cuanto mayor sea la diferencia de la resistencia al paso de la corriente en las dos direcciones, mejor será el efecto rectificador.

Se obtiene un efecto rectificador similar cuando se pone en contacto un semiconductor de tipo n con un metal y se establece entre ambos una diferencia de potencial; pero en este caso la dirección de flujo *fácil* de corriente es la inversa que en el anterior. En la práctica, por el rectificador circula una corriente pequeña en el sentido inverso, debido a que el material de tipo p contiene una pequeña proporción de electrones libres. y el de tipo n, una cantidad, también escasa, de huecos positivos.

En la rectificación de alimentaciones alternas, los semiconductores son invariablemente del tipo p (selenio o silicio). Los que usan germanio (que es un elemento metálico) también se emplean, pero como su gama de temperaturas de funcionamiento es limitada y la protección contra las sobrecargas largas es difícil, no suelen ser muy utilizados.

RECTIFICADORES DE SELENIO

El rectificador de selenio se forma en una chapa de aluminio, que sirve a la vez como base para la unión rectificadora y como superficie disipadora de calor. Una sección de uno de estos elementos es la que damos en la fig. 4.2, donde puede observarse que la unión rectificadora cubre una cara de la base con excepción de una tira estrecha en los bordes y una zona pequeña que rodea el orificio de fijación, cubierta con una capa de barniz aislante. Una fina capa de una aleación de bajo punto de fusión, que se conoce con el nombre de contraelectrodo, se coloca encima del recubrimiento de selenio y barniz aislante. El contacto entre los dos elementos, o capa de barrera, se efectúa con la base, por un lado, y el contraelectrodo, por otro.

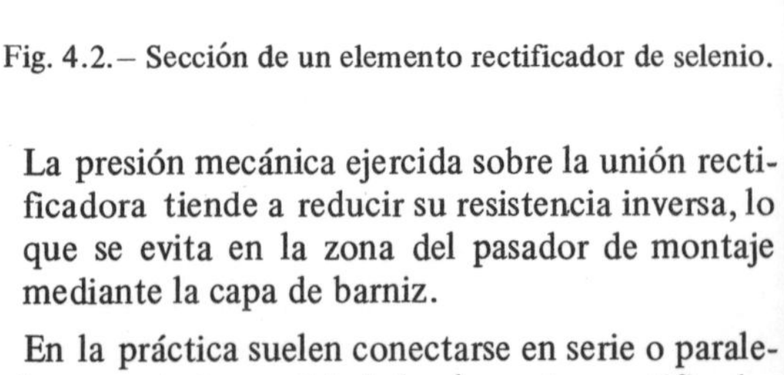

Fig. 4.2.– Sección de un elemento rectificador de selenio.

La presión mecánica ejercida sobre la unión rectificadora tiende a reducir su resistencia inversa, lo que se evita en la zona del pasador de montaje mediante la capa de barniz.

En la práctica suelen conectarse en serie o paralelo una cierta cantidad de elementos rectificadores, formando lo que se llama un *conjunto rectificador*, o apilamiento. En la fig. 4.3 se dan tres modelos típicos: el de la parte superior se usa en un tipo de unidad rectificadora de transformador. Conectados en serie los elementos, aumenta la tensión que son capaces de rectificar, en tanto que en paralelo se incrementa la cantidad de corriente que pueden rectificar.

Fig. 4.3.– Paquetes rectificadores típicos.

RECTIFICADORES DE SILICIO

Estos rectificadores, o diodos de unión de silicio, como a veces se llaman, no dependen de una capa de barrera tan grande como los de selenio, motivo por el cual difieren radicalmente de éstos, tanto en aspecto como en tamaño, según podrá apreciarse en la fig. 4.4, que representa un diodo de unión de un tipo similar al usado en el generador sin escobillas descrito en el capítulo 3.

El silicio tiene forma de oblea muy pequeña, cortada de un monocristal, y en una de sus caras tiene un contacto de aleación de aluminio fundida, a la que se sueldan el ánodo y su conductor. La otra cara está soldada a una base, por lo común de cobre, que forma el cátodo y al mismo tiempo sirve de radiador térmico. La capa de barrera se forma en la unión aluminio-silicio-silicio.

Para proteger esta unión contra la acción del vapor de agua y otras sustancias perjudiciales, que

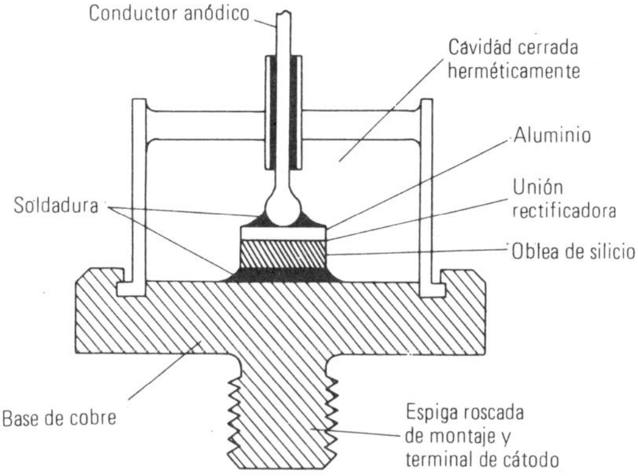

Fig. 4.4.– Diodo de unión de silicio.

podrían alterar gravemente su funcionamiento, el conjunto va montado en una caja herméticamente cerrada.

LIMITACION DEL FUNCIONAMIENTO DE LOS RECTIFICADORES

Los factores que limitan el funcionamiento de un rectificador son: (1) la temperatura máxima admisible; (2) la tensión mínima, es decir, la inversa necesaria para romper la capa de barrera.

En los rectificadores de selenio la temperatura máxima es del orden de 70°C; en los de germanio, 50°C; los de silicio pueden llegar hasta 150°C sin que se destruya el rectificador. Hay que tener en cuenta que estas cifras representan la temperatura real de la unión rectificadora y, por tanto, el rectificador, como unidad completa, tiene que estar a una temperatura mucho menor. Dedúcese de ello que la refrigeración apropiada en todas las condiciones de funcionamiento es una exigencia esencial, por lo que normalmente suele encomendarse esta tarea a motores provistos de ventilador o a cualquier otro método de aire forzado, por el estilo del adoptado en el caso del generador sin escobillas tratado en el capítulo 3.

Los márgenes de tensión quedan determinados por la propiedad del rectificador de resistir tensiones inversas sin que por él pase una corriente inversa excesiva, y las características del elemen-

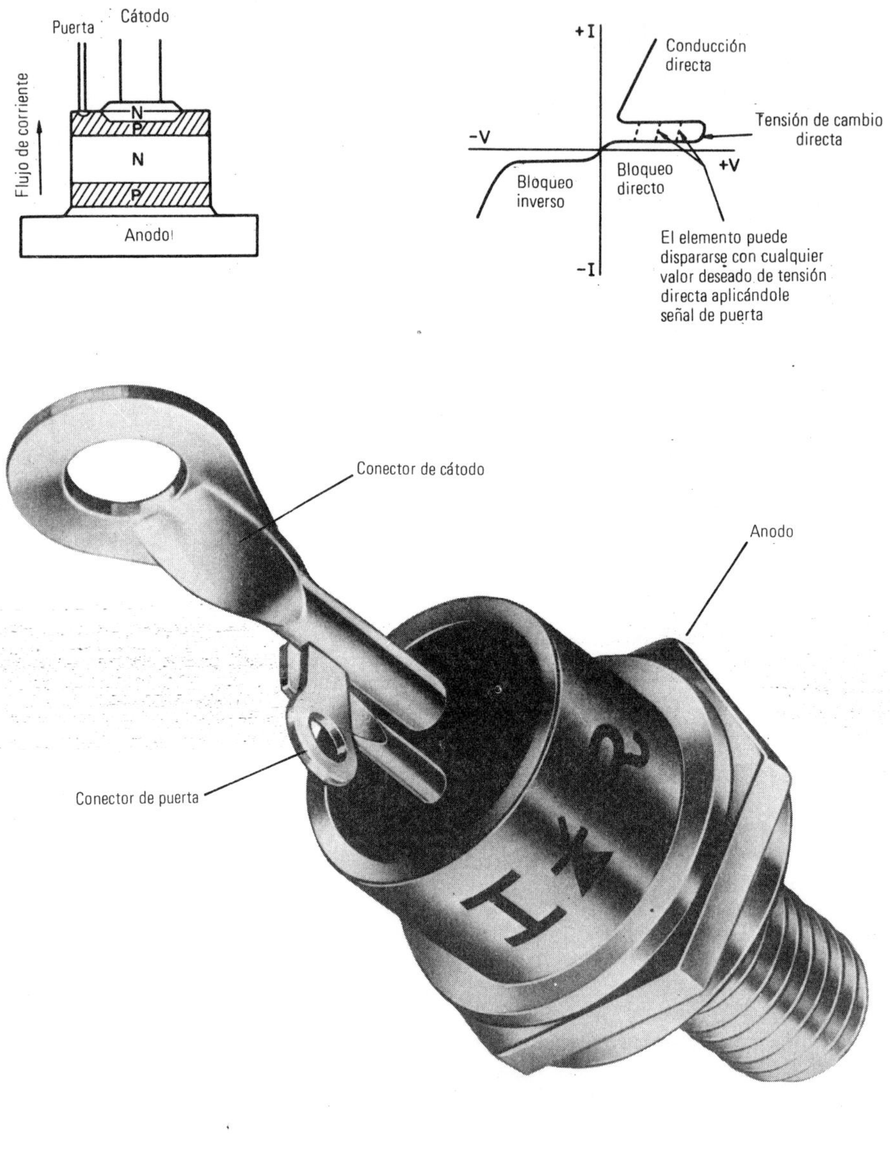

Fig. 4.5.– Rectificador controlado de silicio (s.c.r.).

to son tales que esa corriente inversa no aumenta proporcionalmente con la tensión aplicada. Esto se debe a que una vez que se han puesto en acción todos los portadores de corriente ya no hay nada que pueda transportar más corriente. De todos modos, con una tensión suficientemente alta la resistencia inversa desaparece por completo y la corriente en ese sentido aumenta muy bruscamente. La tensión en que se produce este fenómeno se llama *tensión de Zener*, y como depende de la cantidad de impurezas contenidas en el material usado, puede elegirse un valor constante, durante el proyecto y en la fabricación, para cada rectificador. Para la rectificación de potencia los elementos rectificadores han de tener un valor alto de la tensión de Zener, y cada tipo tiene que funcionar con una tensión inversa por debajo de su propia tensión de Zener. Pero algunos rectificadores se proyectan para que se produzca la ruptura con un valor bajo de la tensión (entre 2 y 40 V es un margen típico) y funcionen de modo seguro y continuo con ese valor. Estos rectificadores se llaman *diodos de Zener*, y como la tensión de ruptura o de Zener es una constante que puede servir como de referencia, se emplean principalmente en algunos circuitos de baja tensión como sensores y reguladores de nivel de voltaje.

RECTIFICADOR CONTROLADO DE SILICIO (S.C.R.)

El s.c.r., también llamado *tiristor*, es un perfeccionamiento del diodo de silicio que posee algunas de las características de los tubos tiratrones. Se trata de un dispositivo de tres terminales, dos de los cuales corresponden a los de un diodo normal, en tanto que el tercero, llamado *puerta*, equivale a la rejilla del tiratrón. La construcción y las características de funcionamiento de este elemento se dan en la fig. 4.5. La oblea de silicio, que es del tipo n, tiene otras tres capas formadas con ellas en el orden que se indica.

Al aplicar una tensión inversa al s.c.r., éste se comporta lo mismo que un diodo de silicio normal, pero si la tensión aplicada es directa, el paso de corriente es prácticamente nulo hasta que se alcanza una tensión crítica de "ruptura", la cual puede variarse aplicando señales de corriente pequeñas entre puerta y cátodo, método con el que se regula el *disparo*. Una vez alcanzada la conducción e iniciada ésta, sólo puede detenerse reduciendo la tensión a un valor muy pequeño. El valor medio de la tensión rectificada puede controlarse ajustando la fase de la señal de puerta aplicada, con relación a la tensión que se trata de rectificar. De este modo, un s.c.r. no sólo efectúa la función de rectificación de potencia, sino que al mismo tiempo trabaja como interruptor y dispositivo de potencia de salida variable.
Una aplicación típica de la conmutación del s.c.r. es la unidad cargadora de baterías ya mencionada en la fig. 2.9. En la fig. 4.6 se representa cómo produce una tensión continua variable el s.c.r. –tensión que podría aprovecharse, por ejemplo, para el circuito de un motor de velocidad variable– conforme se alteran las corrientes de señal aplicadas a la puerta o *punto de encendido*.

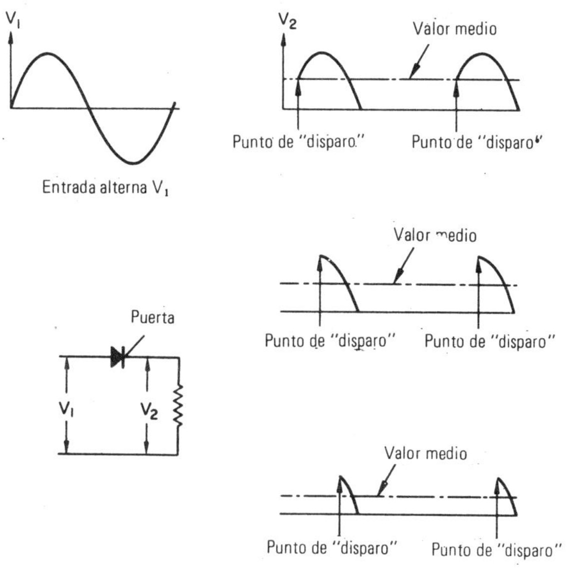

Fig. 4.6.– Salida continua variable de un rectificador controlado de silicio.

CONEXIONES DE CIRCUITOS RECTIFICADORES

Los rectificadores se emplean en sistemas de alimentación monofásicos y trifásicos y, según las exigencias de conversión de un circuito o sistema, pueden disponerse para que proporcionen rectificación de media onda o de onda completa. En el primer caso la salida de c.c. sólo se tiene disponible durante semiciclos alternos de la entrada de c.a., en tanto que en el segundo esa salida de c.c. se tiene durante todo el ciclo.

El circuito monofásico de media onda de la fig. 4.7 (a) es el más sencillo posible de rectificador y resume de modo práctico los principios de funcionamiento ya descritos. La salida del rectificador simple consta de una serie de impulsos positivos en número igual a la frecuencia de la tensión de entrada. Con tensión alterna de entrada monofásica, para obtener salida continua durante todo el ciclo, se emplea el circuito puente de rectificadores, tal como se indica en la fig. 4.7 (b).

Para la rectificación de onda completa en el caso de entradas trifásicas, el circuito consta de tres rectificadores dispuestos como se indica en la fig.

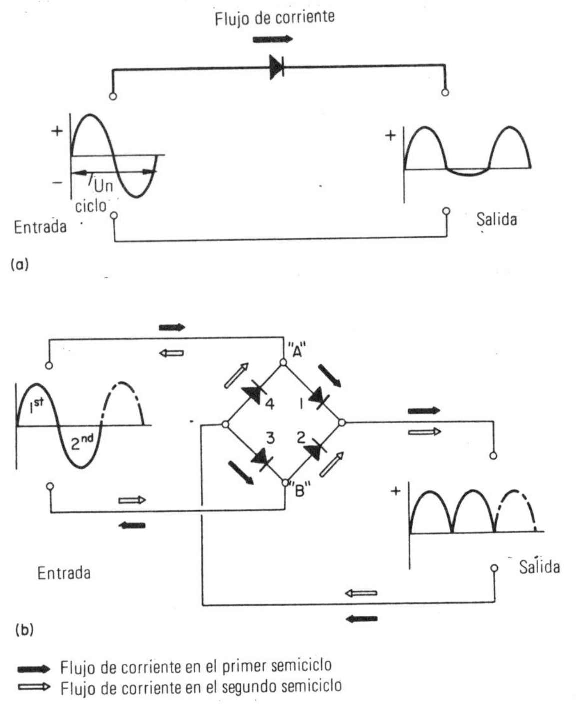

Fig. 4.7.– Rectificación monofásica.
(a) de media onda;
(b) de onda completa.

4.8. Esta disposición es comparable a la de los circuitos rectificadores monofásicos, colocados de tres en paralelo, pero como los semiciclos positivos de la entrada aparecen con intervalos de un tercio de ciclo (120°), la cantidad de impulsos de la frecuencia de rizado se incrementa al triple de la alimentación, lo que hace que se obtenga en la salida una forma de onda más uniforme.

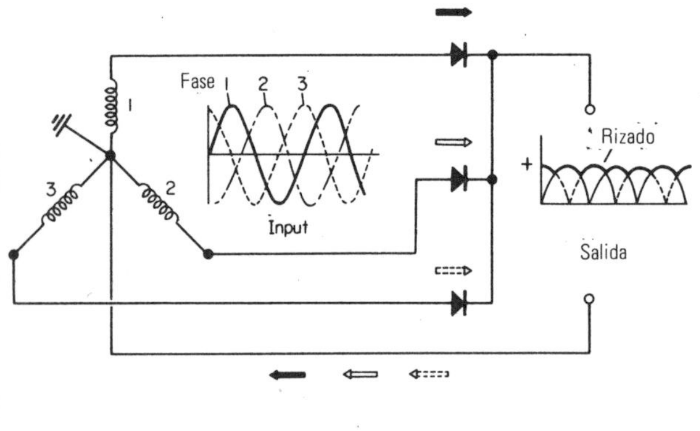

Fig. 4.8.– Rectificación trifásica de media onda.

En la fig. 4.9 se da la disposición del circuito para la rectificación de onda completa de una entrada alterna trifásica: es del tipo de puente y se emplea mucho en la rectificación de potencia en aviación. En el capítulo 3 se dieron ya ejemplos de aplicaciones de rectificadores trifásicos en puente, pero ahora estudiaremos el funcionamiento del circuito con más detalle.

En este tipo de circuito sólo conducen dos rectificadores de cada vez: uno en la parte positiva y otro en la negativa. La tensión aplicada al circuito puente es también la existente entre dos de las fases, o sea, la de línea. Consideremos los puntos A y B de las curvas de la tensión trifásica. Estos puntos representan la tensión de línea entre las fases 1 y 2 de la alimentación, y en el esquema del circuito observamos que los rectificadores R_1^+ y R_2^- serán los únicos que conducen. De B a C la tensión de línea corresponde a la existente entre las fases 1 y 3, y ahora conduce R_1^+ en unión de R_3^-. Entre los puntos C y D la tensión de línea corresponde a la que hay entre las fases 2 y 3, por lo que en ese caso entra en funcionamiento el rectificador R_2^+, en unión de R_3^-. Este proceso continúa con los tres recorridos restantes de conducción, y el orden de las fases correspondientes, junto con los rectificadores que conducen en cada caso, es el indicado en la fig. 4.9.

La tensión de salida, determinada por la distancia entre los picos positivos y negativos de la onda, consta de picos correspondientes a las diversas tensiones de la línea con ángulos de fase de 30° a cada lado de su máximo. Como quedan incluidos los semiciclos negativos, la frecuencia de rizado de la salida de un circuito puente es el séxtuplo de la de entrada, por lo que se obtiene una onda de salida más uniforme aún.

RECTIFICADORES

Un transformador es un dispositivo que convierte c.a. de una frecuencia dada en otra de igual fre-

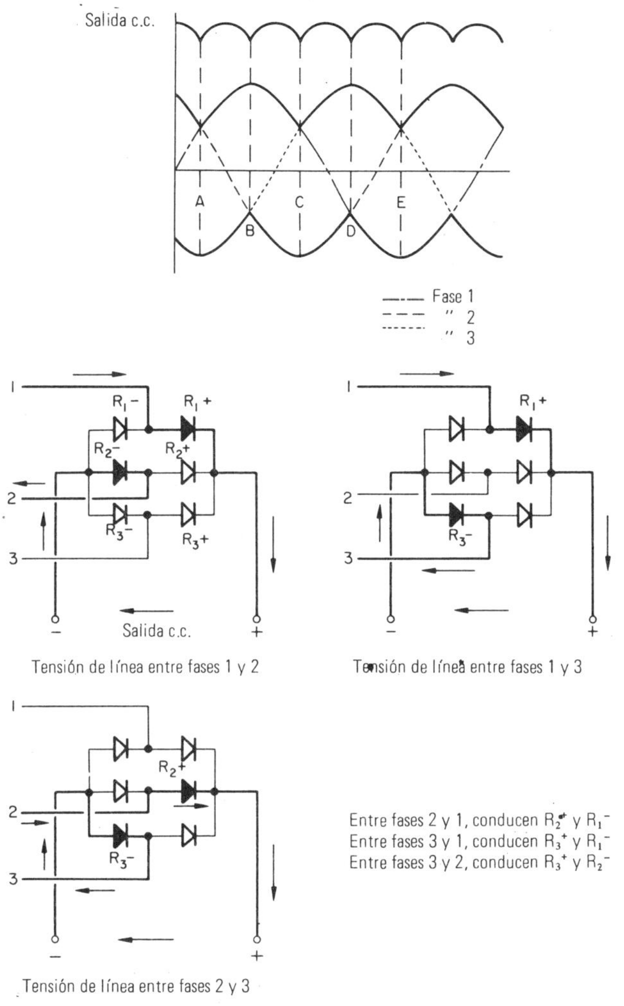

Fig. 4.9.– Funcionamiento de un rectificador en puente de onda completa.

cuencia, pero distinta tensión. Consta de tres partes principales: (1) un núcleo de hierro que proporciona un circuito de baja reluctancia para el campo magnético alterno creado por (2) un devanado primario que está unido a la fuente de alimentación de entrada, y (3) un devanado secundario, que recibe la energía eléctrica por medio de la inducción mutua existente entre él y el primario y la entrega al circuito secundario.

Hay dos clases de transformadores: de tensión o potencia y de corriente.

Principio. Las tres partes principales del transformador se muestran esquemáticamente en la fig. 4.10. Cuando se aplica una tensión alterna al devanado primario, circula por él una corriente alterna, que por autoinducción establecerá una tensión en ese mismo devanado, opuesta y casi igual a la aplicada. La diferencia entre estas dos tensiones producirá una corriente suficiente (corriente de excitación) en el primario para originar un flujo magnético alterno en el núcleo. El flujo en cuestión corta el devanado secundario y por inducción mutua (en la práctica, los dos devanados están enrollados uno sobre el otro) se establece una tensión en el secundario.

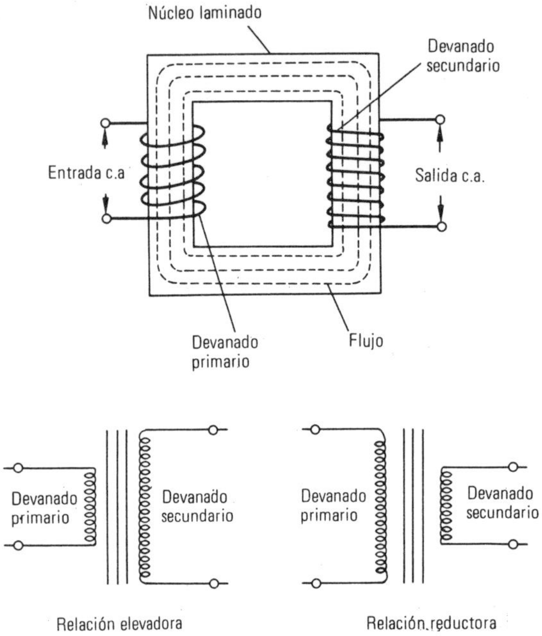

Fig. 4.10.– Principio del transformador.

Cuando se conecta una carga en el devanado secundario, entre sus bornes, la tensión secundaria hace que circule una corriente por ese devanado, con lo que se produce un flujo magnético que tiende a neutralizar el producido por la corriente primaria. Esto a su vez reduce la tensión autoinducida, o de oposición, del devanado primario, y deja que pase más corriente, para restablecer el flujo del núcleo en un valor muy poco inferior al existente sin carga.

La corriente primaria aumenta conforme lo hace la de la carga secundaria, y disminuye con ésta. Al desconectar la carga, la corriente primaria vuelve a reducirse hasta el valor de la pequeñísima de excitación, suficiente sólo para imanar el núcleo.

Para realizar la función de cambiar la tensión de un valor al otro, uno de los devanados se hace con más espiras. Por ejemplo, si el primario tiene 200 espiras y el secundario 1.000, la tensión disponible entre bornes del secundario será de 1.000/200, o sea cinco veces mayor que la primaria. Esta relación entre el número de espiras del secundario (N_2) y las del primario (N_1) se llama *relación de espiras* o *relación de transformación (r)* y se expresa por la ecuación:

$$r = \frac{N_2}{N_1} = \frac{E_2}{E_1}$$

siendo E_1 y E_2 las tensiones correspondientes a los dos devanados.

Cuando la relación de transformación es tal que el secundario produce una tensión superior a la del primario, se dice que el transformador es *elevador*; por lo contrario, cuando sucede lo opuesto, el transformador es *reductor*. Las disposiciones de los circuitos de los dos tipos son las mostradas en la fig. 4.10.

Construcción de transformadores de tensión. El núcleo de los transformadores de tensión está hecho de láminas, conformadas de modo apropiado, de un espesor aproximado de 0,3 mm por término medio, de hierro al silicio o al níquel. Estos materiales tienen unas características de resistividad bastante alta y baja histéresis. Además, gracias a su laminación, se reducen al mínimo los efectos de las corrientes de Foucault y de la histéresis.

Hay dos formas diferentes de construcción. En una de ellas las chapas tienen forma de L y se montan de modo que formen un solo circuito magnético. Suelen usarse para la transformación de corriente alterna monofásica. En la otra, llamada de tipo blindado, que se puede usar tanto para la transformación monofásica como trifásica, la mitad de las chapas son en forma de U y el resto en forma de T, y se montan de manera que proporcionen dos caminos al circuito magnético. En las dos formas de construcción las juntas se distribuyen alternadas, de manera que se pierda el menor flujo magnético posible en ellas. Las laminaciones se mantienen juntas mediante pernos.

En algunos diseños los núcleos se forman con tiras, que se envuelven un poco a la manera del muelle de la cuerda de un reloj, y se sujetan así. A continuación, esos núcleos se cortan en dos secciones en forma de C, con el fin de permitir la inclusión de las bobinas, previamente devanadas. Las superficies que han de enfrentarse de las dos partes suelen pasarse por la piedra, con el fin de conseguir un entrehierro eficaz muy pequeño, que ayude a mantener al mínimo la corriente de excitación. Tras el montaje de los devanados las partes del núcleo se sujetan juntas mediante una banda de acero que rodea por el exterior el núcleo.

Los transformadores llevan devanados hechos con hilo de cobre esmaltado o pletina, y por lo general, éstos, devanado uno sobre el otro, para obtener el máximo de efecto inductivo, y muy bien aislados mutuamente. Una excepción de esta regla general y casi normal es la variante conocida como autotransformador, en el que los devanados están en serie y en un núcleo hecho con láminas en L. Parte de los bobinados primario y secundario están devanados a cada lado del núcleo. En los transformadores de tipo blindado los dos devanados están bobinados en la rama central del núcleo cuando se trata de elementos monofásicos, y en las dos ramas exteriores cuando son para funcionamiento trifásico. En los dos devanados de los transformadores se prevén tomas para diferentes tensiones de entrada y de salida, a la vez que en algunos tipos hay varias tomas en el secundario para proporcionar salidas simultáneas de diferente tensión.

Conexiones al circuito. Los transformadores de tensión se conectan de modo que los devanados primarios queden en paralelo con la tensión de alimentación. Los primarios de los transformadores de corriente se conectan en serie. Un transformador monofásico, como su nombre indica, está destinado a transformar la tensión de una fuente de alimentación monofásica o de una cualquiera de las fases de otra trifásica. La transformación de la tensión alterna trifásica sólo puede efectuarse por medio de tres transformadores monofásicos separados o recurriendo a uno trifásico. Los transformadores para circuitos trifásicos se pueden conectar en una de varias combinaciones de los circuitos de delta y estrella (véase asimismo el capítulo 3), según las condiciones del transformador. Las disposiciones en cuestión se indican en la fig. 4.11.

Cuando se usa la conexión en estrella de los transformadores trifásicos, para el funcionamiento de equipo trifásico, el transformador puede conectarse como sistema trifásico (fig. 4.11 (a)). Si hay que alimentar cargas monofásicas partiendo de una fuente trifásica, a veces es difícil conservarlos equilibrados, por lo que resulta esencial proporcionar un cuarto hilo o neutro, con el fin de que se puedan hacer las conexiones de las cargas entre este último hilo y cualquiera de las líneas de las tres fases (fig. 4.11 (b)).

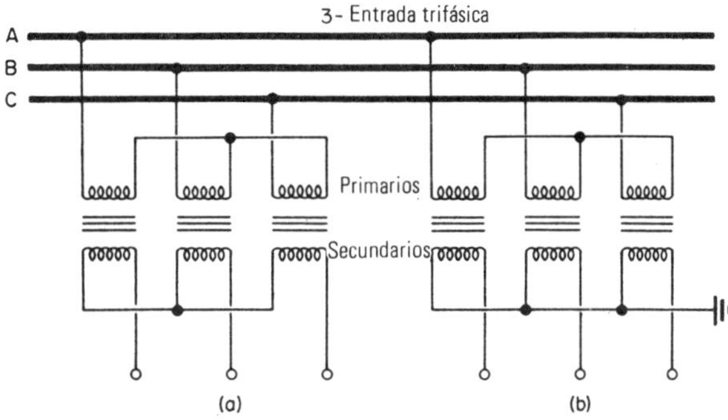

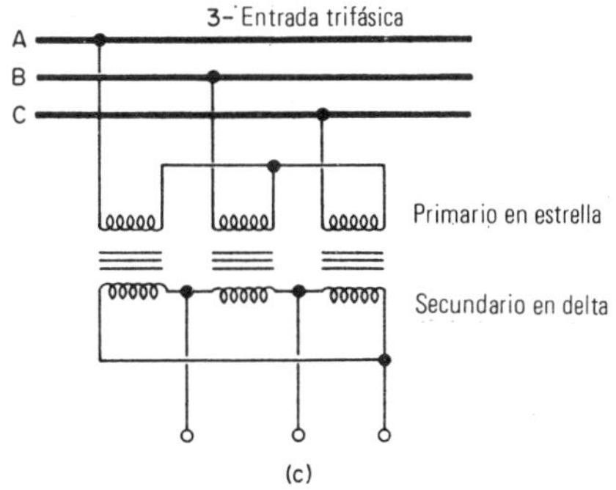

Fig. 4.11.– Conexiones de los transformadores trifásicos:

(a) conexión en estrella con tres hilos;
(b) conexión en estrella con cuatro hilos;
(c) conexión en estrella y delta.

La interconexión de los puntos neutros de los dos devanados en estrella resulta a veces indeseable, ya que proporciona un trayecto externo para la circulación de ciertas corrientes armónicas que pueden ocasionar interferencias en los equipos de comunicación por radio. Esto se salva por lo general conectando uno de los dos devanados del transformador en delta; por ejemplo, si el transformador proporciona alimentación a una carga sin equilibrar, el primario se conecta en estrella y el secundario en delta, como se indica en la fig. 4.11 (c).

TRANSFORMADORES DE CORRIENTE

Los transformadores de corriente se usan en muchos sistemas de regulación y protección de generadores de c.a., así como en unión de amperímetros de c.a. Estos transformadores tienen una relación de corrientes de entrada/salida que es inversamente proporcional a la razón de espiras de los devanados primario y secundario. En la fig. 4.12 se representa una unidad típica, diseñada con un solo secundario, devanado en un núcleo toroidal de hierro al silicio. El conjunto junto con la base de metal, va encapsulado en un molde de resina. La polaridad de los transformadores de esta clase va indicada con las marcas H1 en la cara que mira el generador y H2 en la que queda hacia la carga.

El devanado primario está formado pasando un cable del sistema de alimentación por la abertura del núcleo. El cable se devana con una sola espira si lleva una corriente grande y con dos o tres si la lleva pequeña. El principio de funcionamiento es el mismo que el de un transformador normal.

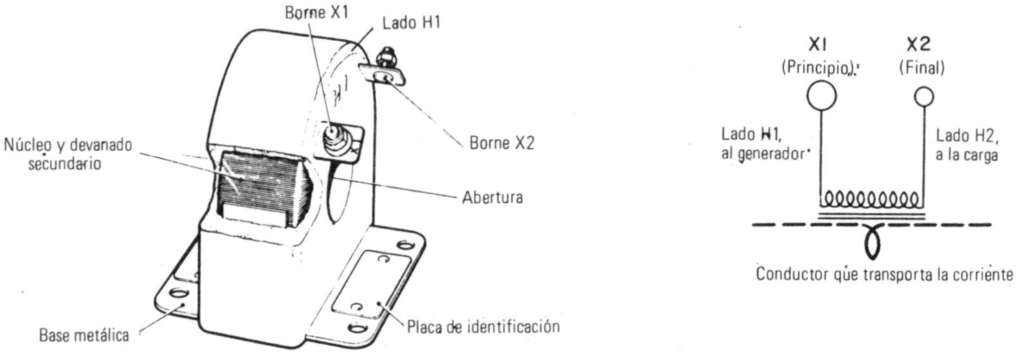

Fig. 4.12.– Transformador de corriente.

En algunos sistemas generadores de aviación se combinan varios transformadores de corriente en un solo conjunto para proporcionar un medio de centralizar la situación del equipo. Uno de tales conjuntos es el que se ha representado en la fig. 4.13, que consta de siete transformadores que se

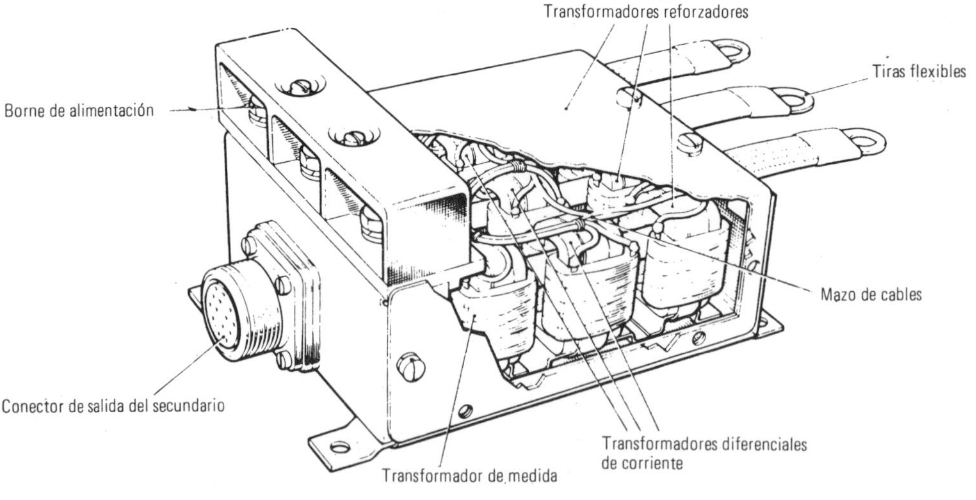

Fig. 4.13.– Conjunto transformador de corriente.

alimentan con una tensión primaria por intermedio de los tres bornes de alimentación y por barras colectoras aisladas que pasan por los núcleos de los transformadores, que están dispuestos en tres series. Los colectores terminan en tiras aisladas flexibles. Los colectores secundarios de los distintos transformadores se llevan a un conector común.

De modo contrario a la práctica adoptada en los transformadores de tensión, siempre que los devanados secundarios de los transformadores de corriente se desconecten de sus circuitos de carga hay que cortocircuitar sus bornes correspondientes. De no hacerlo así puede aparecer una tensión peligrosa para cualquiera que accidentalmente toque esos bornes o que incluso puede causar descargas eléctricas entre los devanados.

AUTOTRANSFORMADORES

En aplicaciones que normalmente sólo necesitan una elevación o una reducción pequeña de la tensión se emplean una variante especial de transformador, llamada *autotransformador*. La disposición de su circuito es tal como se indica en la fig. 4.14, donde puede observarse que su característica más notable es que consta de un solo devanado, provisto de tomas para el primario y el secundario. En el ejemplo representado estas derivaciones dan una tensión de salida reforzada, ya que la cantidad de espiras primarias es menor que la de las secundarias.

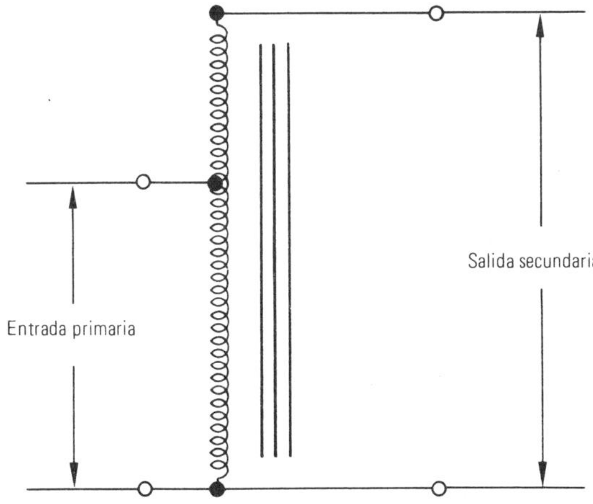

Fig. 4.14.– Disposición del circuito de un autotransformador.

Al aplicar una tensión a los bornes primarios, circulará corriente por la parte del devanado abarcada por aquellos. El flujo magnético debido a esta corriente circulará por el núcleo y, con ello, unirá a todo el devanado. Las espiras comprendidas entre los bornes primarios actúan lo mismo que en el devanado primario de un transformador normal, por lo que producen una tensión de autoinducción opuesta a la aplicada. La tensión inducida en las espiras restantes del devanado serán aditivas, dando como consecuencia una tensión secundaria de salida mayor que la aplicada en el primario.

Si se aplica un circuito de carga a los bornes secundarios, circulará por todo el devanado una corriente debida a la tensión inducida, que estará en oposición con la corriente primaria. Como las espiras entre los bornes primarios son comunes a los circuitos de entrada y de salida, llevarán también la diferencia entre la corriente inducida y la primaria, por lo que se podrán devanar con hilo más fino que el resto.

Los autotransformadores pueden diseñarse también para su empleo en circuitos de consumo que exijan tensión trifásica con niveles variables. La disposición del circuito de un transformador elevador aplicado a un circuito antihielo de parabrisas, es la que se da en la fig. 4.15. Los tres devanados están conectados en estrella y se alimentan con la tensión primaria de 208 V del sistema alternador. Las derivaciones secundarias están dispuestas de manera que pueden utilizarse hasta cuatro niveles de tensión.

VALORES DE TRANSFORMADORES

Los transformadores suelen llevar indicados sus valores en volt-amperios o kilovolt-amperios. La diferencia entre las tensiones en bornes con plena carga y en vacío, con una tensión de entrada constante, se llama *regulación* del transformador. Como en el caso de un generador de c.a., la regulación se expresa en porcentaje de la tensión con plena carga, y depende no sólo de la pérdida real (histéresis, corrientes de Foucault y fugas magnéticas), sino incluso del factor de potencia de la carga. Por eso una carga inductiva –por ejemplo, una que tenga un factor de potencia retrasado– ocasionará un alto porcentaje de regulación, en

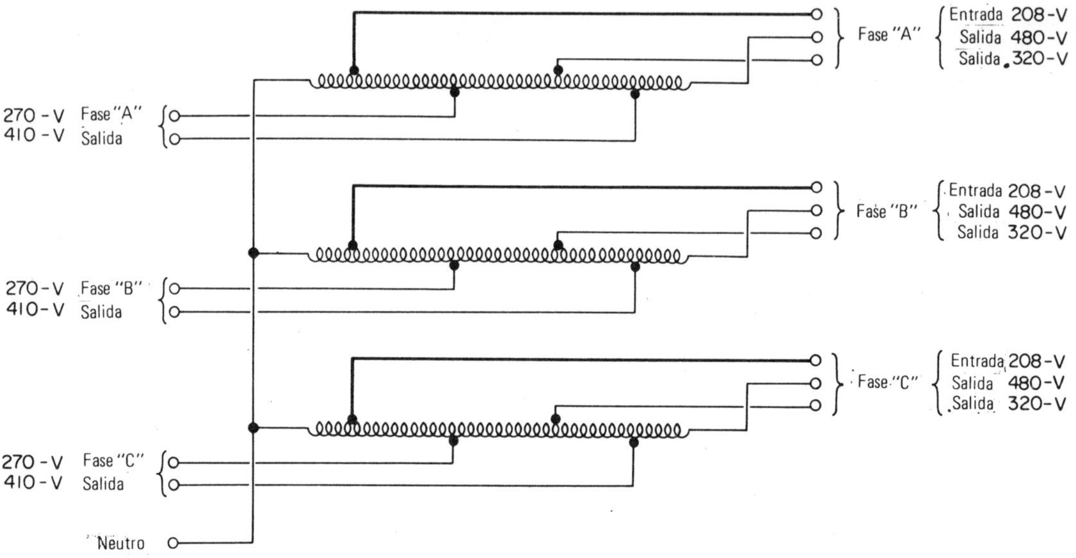

Fig. 4.15.– Tomas de un autotransformador típico trifásico.

tanto que otra capacitativa, con factor de potencia adelantado, dará una regulación negativa, que proporcionará una mayor tensión de salida con carga que en vacío.

Las variaciones de la frecuencia de la fuente de alimentación, o la conexión de un transformador a una alimentación cuya frecuencia difiere de aquélla para la cual ha sido previsto, tiene un efecto apreciable en su funcionamiento. Esto se debe a que la resistencia de los devanados primarios es tan baja que puede considerarse puramente inductivo el circuito. Por ejemplo, si la frecuencia se reduce con un valor constante de la tensión, la corriente aumentará. A su vez, esta mayor corriente llevará al núcleo del transformador más cerca de la saturación magnética, y esto reduce el valor eficaz de la inductancia, lo que origina una corriente mayor aún. Por eso, si se emplea un transformador en una frecuencia inferior a la prevista en su fabricación se corre el riesgo de que se produzca un calor excesivo en el devanado primario, que puede llegar a quemarse. Por lo contrario, un transformador previsto para una frecuencia dada puede usarse en otras mayores, puesto que en tal caso la corriente primaria se reducirá.

UNIDADES TRANSFORMADOR-RECTIFICADOR

Las unidades transformador-rectificador (t.r.u.) son en esencia combinaciones de transformadores y rectificadores estáticos y se emplean en algunos sistemas de c.a. como unidades secundarias de alimentación, así como de unidades principales de conversión en los aviones que tienen sistemas de energía de c.a. rectificada.

En la fig. 4.16 se ilustra una t.r.u. proyectada para funcionar con una entrada trifásica regulada de 200 V, de una frecuencia de 400 Hz, y proporcionar una salida continua de 110 V a unos 26 V. El circuito se indica esquemáticamente en al fig. 4.17. La unidad consta de un transformador y dos conjuntos rectificadores trifásicos de puente, montados en secciones separadas de la caja. El transformador tiene un devanado primario clásico en estrella y secundarios en estrella y delta. Cada uno de estos últimos va conectado a conjuntos rectificadores de puente individuales, constituidos por seis diodos de silicio y conectados en paralelo. Un shunt amperimétrico (con una caída de 50 mV en 100 A) está conectado en la salida de los rectificadores, con el fin de permi-

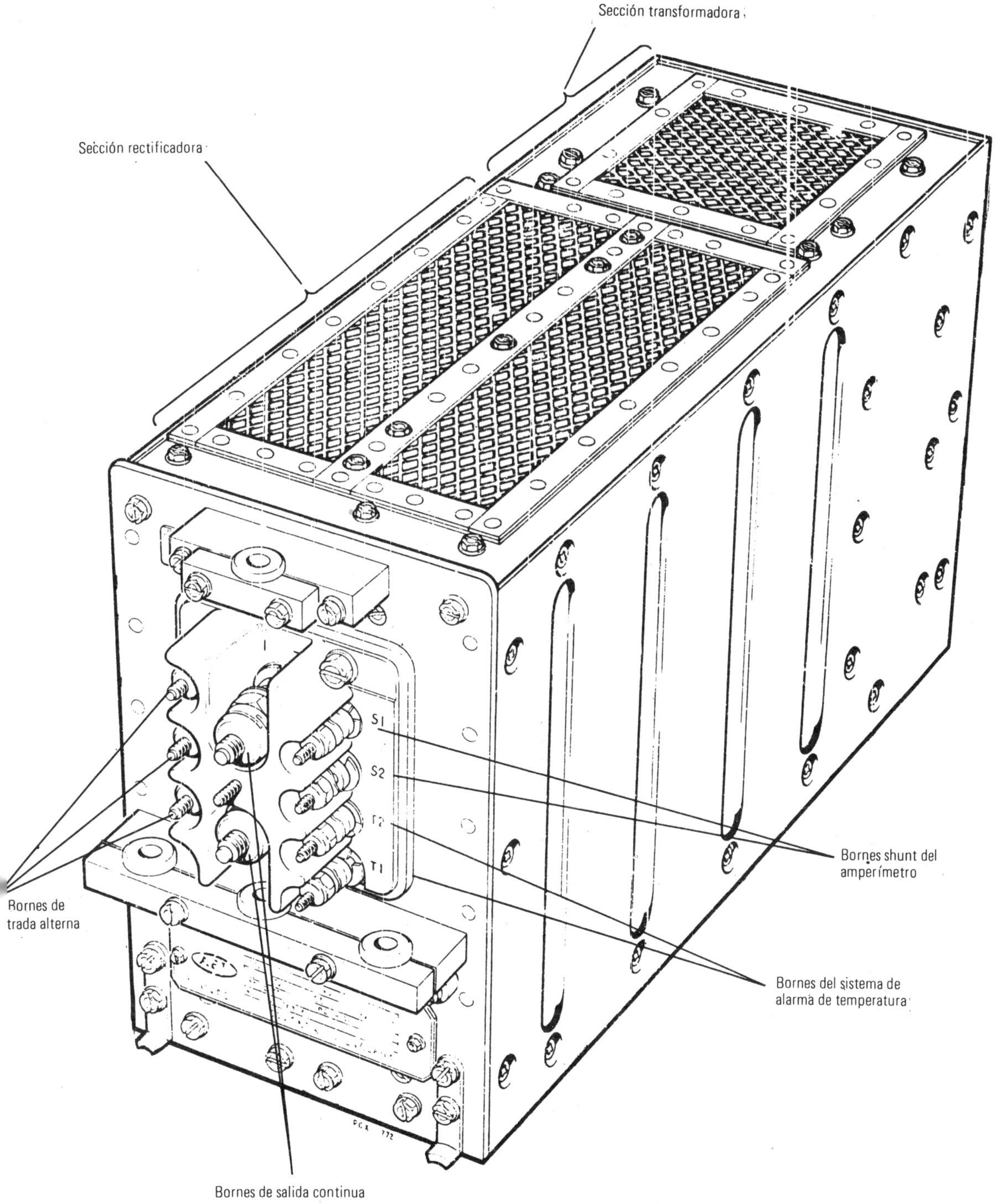

Fig. 4.16.– Unidad transformadora-rectificadora.

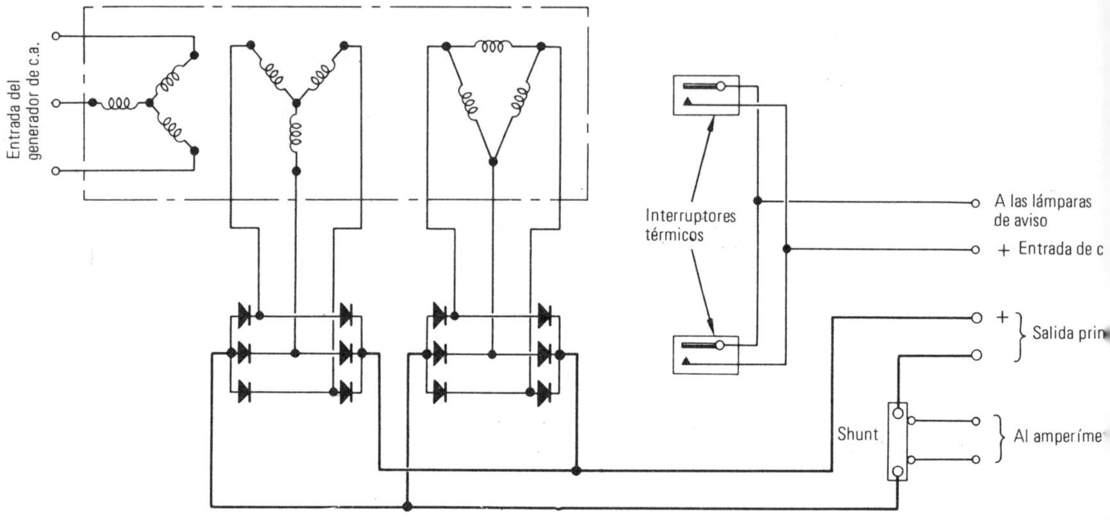

Fig. 4.17.– Esquema de una unidad transformadora-rectificadora.

tir que la corriente extraída de los bornes de salida principales de c.c. pueda ser medida en los auxiliares del amperímetro. Estos bornes, junto con los demás asociados a los circuitos de entrada y salida, están agrupados en un panel situado en un extremo de la unidad.

La refrigeración de ésta se efectúa por convección natural, a través de paneles de ventilación cubiertos de tela metálica, y para obtener un aviso de las probables condiciones de sobrecalentamiento se han incluido interruptores térmicos en los conjuntos transformadores y rectificadores, que se conectan a luces independientes de aviso. Los interruptores están alimentados con c.c. procedente de una fuente exterior (normalmente, una de las barras colectoras) y sus contactos se cierran cuando las condiciones de temperatura de sus lugares correspondientes suben a unos 150 y 200°C.

Equipo conversor giratorio

El elemento más utilizado que encaja dentro de este apartado es la máquina que convierte la c.c. en c.a., que suele llamarse *convertidor giratorio* o *rotativo, motor-generador* o *inversor*. Es comprensible que estas tres designaciones sean causa de una cierta confusión a la hora de hacer definiciones, lo que se traduce en que tienden a aplicarse sin mucho rigor a máquinas que –aunque realizan la misma función– son de construcción y características completamente distintas. Como aquí no se trata de justificar terminologías y aplicaciones, sino de explicar detalles que puedan clarificar las posiciones, vamos a dar un resumen de ellas.

Convertidor giratorio. Es, por definición, "una máquina síncrona de un solo devanado inducido, provista de colector y anillos deslizantes, que tiene por objeto convertir la c.a. en c.c., o viceversa" (B.S. 4727). Estas máquinas no se usan en aviación, y cuando se aplica el término *convertidor giratorio* se hace referencia la mayoría de las veces a un inversor.

Motor-generador. Es una "combinación de uno o más generadores, acoplados directamente a uno o más motores" (B.S. 4727). Por consiguiente, una de estas unidades comprende en esencia dos máquinas eléctricamente separadas y acopladas mecánicamente. Una unidad del tipo c.c. a c.a. se emplea en uno o dos tipos de aviones para el suministro de energía alterna secundaria, y en tal aplicación se denomina a veces *motor-alternador* y también *inversor.*

Inversor. Esta designación se acepta por lo general con referencia a un tipo de convertidor giratorio de c.c. a c.a. que tiene inducido separado de c.c. y devanados de rotor de c.a., situados en las mismas ranuras y que participan del mismo sistema de campo. La salida alterna se extrae del rotor por medio de anillos deslizantes.

MAQUINAS TIPICAS

En la fig. 4.18 se representa un tipo de motor-generador que el fabricante denomina *inversor*. El motor es una máquina tetrapolar de devanados compuestos, alimentada con una fuente continua de 28 V y que arrastra un generador alterno trifásico de 115 V por medio de un eje común. La refrigeración se consigue con ventiladores situados uno en cada extremo de la máquina. La corriente continua se le aplica al motor por intermedio de sus escobillas, y también a los devanados de campo del rotor del generador por escobillas y anillos deslizantes.

Fig. 4.18.– Motor-generador.

La tensión y la frecuencia de la salida del generador se regulan mediante reguladores de pila de carbón independientes, que forman parte de un panel de control montado encima del motor-generador. La unidad va apoyada en un montaje antivibratorio, que se fija a la parte apropiada de la estructura del avión. Los principios de funcionamiento se tratarán más adelante, en este mismo capítulo.

La fig. 4.19 es una sección de un *inversor* que realiza la misma función que el motor-generador que acabamos de describir, pero en este caso por medio de un sistema común de inducido y campo. La sección de c.c. de la máquina es también del tipo tetrapolar de devanados compuestos,

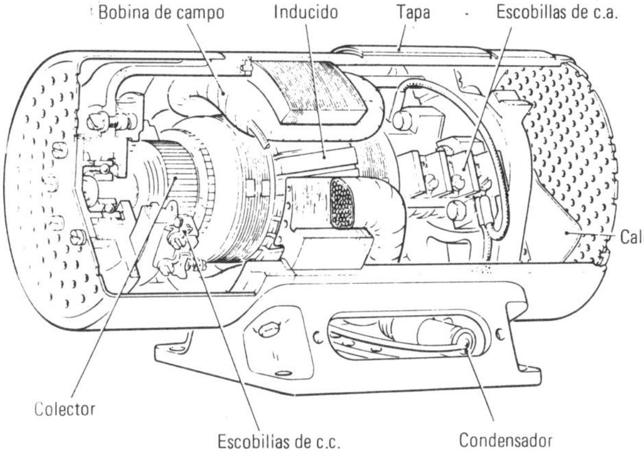

Fig. 4.19.– Inversor.

estando suministrada la c.c. al devanado inducido y a los de campo serie y shunt por medio del colector y las escobillas. La sección de c.a. corresponde a un generador devanado en estrella, con las bobinas localizadas en las ranuras del inducido y debajo de las de c.c. El devanado de c.a. está conectado a un conjunto triple de anillo deslizante y escobillas, situado en el extremo opuesto al colector.

De este modo, cuando funciona el inversor se induce una salida trifásica en un devanado giratorio y no en uno fijo de estator, como en el caso de un generador normal de c.a. La tensión y la frecuencia de salida se regulan desde un panel de control separado. La refrigeración del inversor se lleva a cabo por medio de un ventilador situado en el extremo del anillo deslizante del eje del inducido.

REGULACION DE TENSION Y FRECUENCIA

El control de la tensión y la frecuencia de salida dentro de los límites estrechos es un aspecto muy importante del funcionamiento de los equipos convertidores giratorios, y los métodos adoptados son variados, aunque en la mayoría de los casos se basan en los utilizados en los sistemas de control de los generadores de c.c. y c.a. Los principios de funcionamiento de algunos de los sistemas típicos de control se describen en los párrafos siguientes.

En la fig. 4.20 se representa en forma simplificada el circuito de un sistema de control proyectado para la regulación de tensión y frecuencia del motor-generador de la fig. 4.18, y sirve como un ejemplo más de la aplicación de los principios del regulador de pila de carbón (véase el capítulo 1).

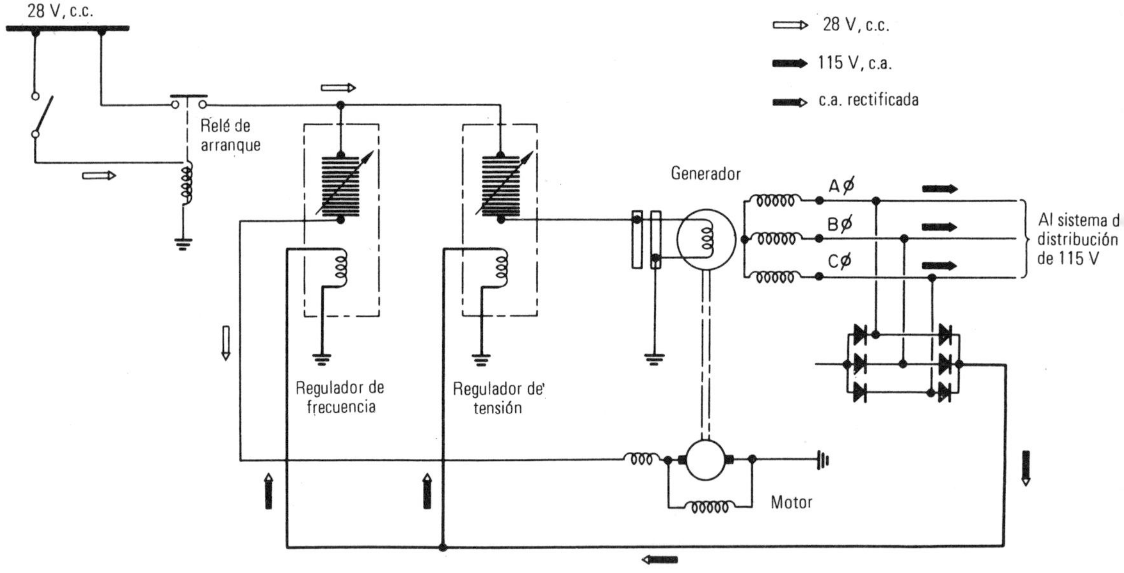

Fig. 4.20.– Sistema de control de tensión y de frecuencia del tipo de pila de carbón.

Al ponerse en marcha la máquina se activa el relé de arranque, y la c.c. se lleva, por intermedio de los contactos del relé, al sistema de campo del motor, así como al devanado de campo del rotor del generador. De este modo se excitan los dos campos, y el rotor arrastra al generador, que produce una salida trifásica en el devanado de su estator. Como en el caso de un sistema generador de c.c., las pilas de carbón están conectadas en serie con los devanados de campo. La que está en el circuito del motor controla la frecuencia, debido a que su resistencia regula la velocidad de motor y generador. La bobina de tensión de cada regulador se alimenta con c.c. procedente de rectificadores de selenio conectados a una fase del estator del generador.

Si durante el funcionamiento fluctuase la tensión de salida del generador, por la bobina del regulador pasaría una corriente, que modificaría la resistencia de la pila y la excitación de campo del generador, con lo que se restablecería la tensión a su valor nominal. De modo parecido, si variase la frecuencia de la salida, por la bobina del regulador de frecuencia circularía una corriente mayor o menor, El efecto se obtiene por medio de un condensador y una inductancia, combinados formando un circuito sintonizado en paralelo, cuya frecuencia determina la cantidad de corriente que pasa. En este caso la corriente de la bobina disminuye al aumentar la frecuencia, y crece al bajar ésta. Como la pila reguladora de frecuencia está en serie con el campo shunt del motor, una alteración de la resistencia de esa pila actúa como reguladora de la frecuencia, controlando la velocidad del motor y el generador: el debilitamiento del campo shunt hará subir la velocidad del motor, y viceversa.

Si se produjese una variación de la alimentación de c.c. al motor, la velocidad mayor o menor de éste se traduciría en fluctuaciones de tensión y de frecuencia en la salida del generador, con lo que los dos reguladores entrarán juntos en funcionamiento para corregir aquella variación.

La fig. 4.21 representa el circuito de control de la máquina de la fig. 4.19, y como puede observarse es una aplicación directa del principio del regulador de pila de carbón. La salida alterna se rectifica y aplica a la bobina de tensión del regulador, que altera la resistencia de la pila del modo habitual; ésta a su vez modifica el flujo de corriente que pasa por el sistema de campo común, para mantener dentro de los límites previstos la tensión y la frecuencia de la c.a.

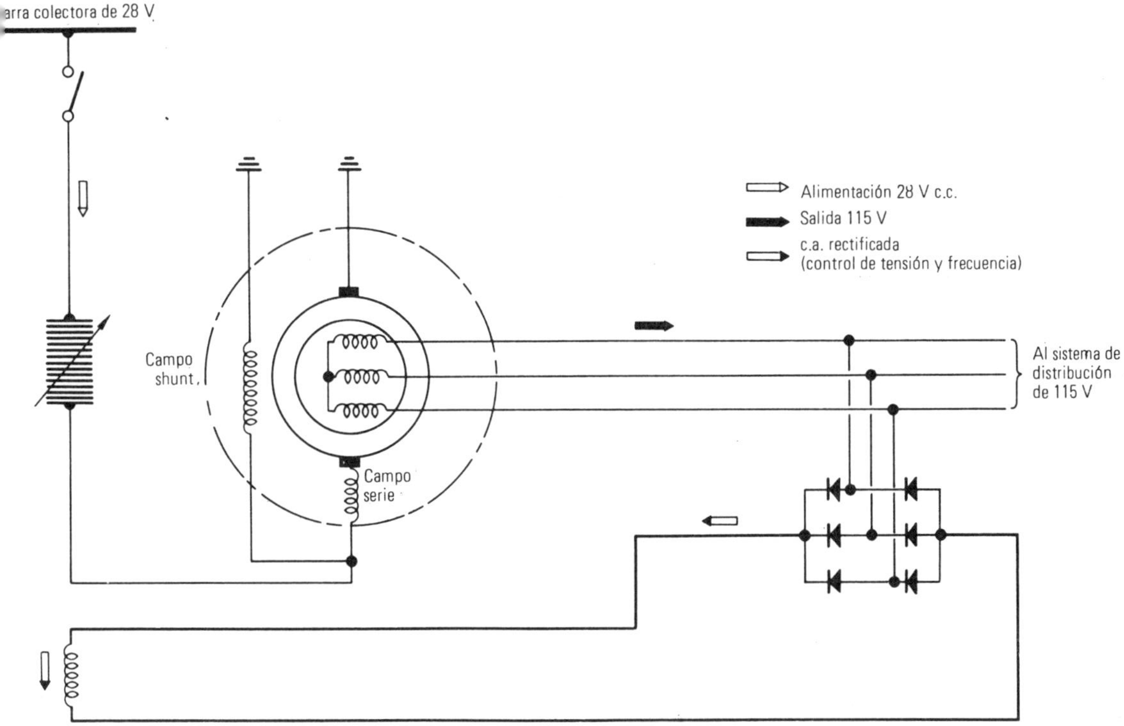

Fig. 4.21.– Sistema de control de tensión y de frecuencia con inversor.

INVERSORES ESTATICOS

Estos inversores realizan la misma función conversora que las máquinas giratorias ya descritas, pero basándose en los principios de los circuitos de estado sólido o estáticos. Se usan en muchos tipos de aeronaves, en ciertos casos como fuente normal de energía alterna, pero lo más corriente es que proporcionen únicamente fuentes de emergencia de c.a. para alimentar algunos sistemas esenciales en caso de avería de la fuente normal de 115 V. El funcionamiento de un inversor usado para la conversión de la tensión de batería en alterna monofásica de 115 V se indica en el esquema sinóptico de la fig. 4.22.

La c.c. se lleva a los circuitos transistorizados de una red de filtro, un conformador de impulsos, un generador de corriente constante, una etapa excitadora de potencia y la etapa final. Después de eliminar mediante filtrado cualesquiera variaciones que se produzcan en la entrada, la c.c. se lleva a un generador de onda cuadrada, que pro-

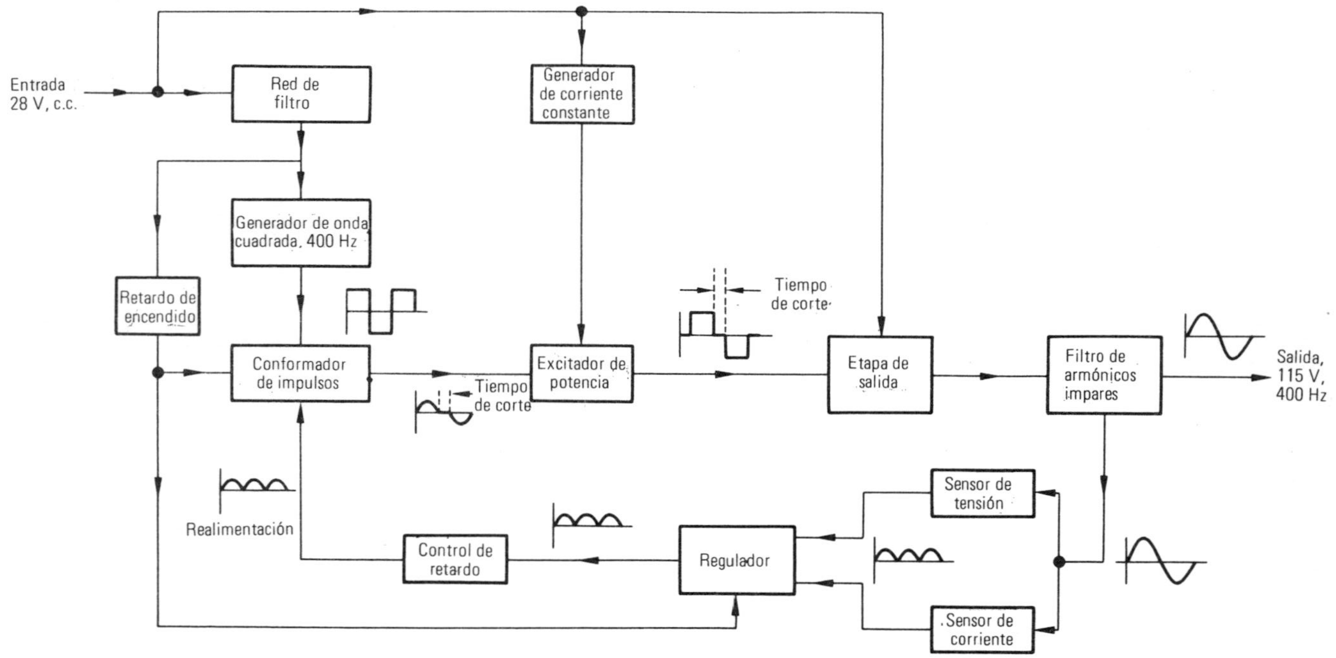

Fig. 4.22.– Principio del inversor estático.

porciona la primera conversión de la c.c. en alterna rectangular, al mismo tiempo que establece la frecuencia de funcionamiento buscada, de 400 Hz. Esta salida se aplica a continuación a un conformador de impulsos, que regula la anchura de los impulsos de la señal y modifica su forma de onda antes de pasarlos a la etapa excitadora.

Se observará en el esquema que la c.c. necesaria para el funcionamiento del conformador de impulsos se aplica por intermedio de un circuito de retardo de encendido. La razón es que el conformador de impulsos tiene que retrasar su salida hacia la etapa excitadora hasta que se haya estabilizado la tensión. El excitador aplica una salida simétrica de impulsos modulados en anchura, destinada a controlar la etapa final, y la señal tiene una forma rectangular. Al mismo tiempo, el excitador se cortocircuita cada vez que la tensión baja a cero, es decir, durante el *tiempo de corte.*

La etapa de salida produce también una tensión rectangular, pero de impulsos de anchura variable. Esta salida se aplica por último a un circuito de filtro, que reduce los armónicos impares con el fin de producir una salida de onda sinusoidal de tensión y frecuencia apropiadas para el accionamiento de los sistemas conectados al inversor.

Como en el caso de los otros tipos de generador, la salida del inversor estático tiene que mantenerse también dentro de unos límites determinados. En el ejemplo ilustrado esto se consigue por medio de un sensor de tensión y otro de corriente, que producen una señal de realimentación de c.a. rectificada, la cual controla el *tiempo de corte* del conformador de impulsos por intermedio de un circuito regulador y otro de control de corte.

Cuestionario

1. La rectificación es el proceso por el cual se convierte:
   (a) una c.a. de gran valor en otra c.a. de valor inferior;
   (b) c.c. en c.a.;
   (c) c.a. en c.c.
2. Describan el principio de funcionamiento en que se basa la rectificación.
3. Un elemento semiconductor de tipo n tiene:
   (a) un exceso de *huecos*;
   (b) una falta de *huecos;*
   (c) un exceso de electrones.
4. ¿Qué elementos semiconductores suelen emplearse en los rectificadores usados en aviación? Describan la construcción de uno de ellos.
5. ¿Qué quiere decir *tensión de Zener*?
6. ¿Tiene algún valor práctico la tensión de Zener en los equipos rectificadores?
7. Expliquen el principio de funcionamiento de un rectificador controlado de silicio (s.c.r.). Valiéndose de un esquema apropiado, expongan un ejemplo práctico del empleo de un s.c.r. en la práctica moderna, en aviación.
8. Con ayuda de un esquema, expliquen cómo se efectúa la rectificación de onda completa de una entrada trifásica.
9. Describan la construcción y el principio básicos del dispositivo usado para convertir la corriente alterna de un valor dado en otra de valor diferente.
10. ¿Qué significa la *razón de transformación* y cómo se aplica en los transformadores *elevadores* y *reductores*?
11. Dibujen un esquema en el que se ilustre un transformador trifásico conectado en estrella.
12. Describan el funcionamiento de un transformador de corriente. ¿Para qué se usa este aparato?
13. ¿Qué efectos tiene el cambio de frecuencia sobre el funcionamiento de un transformador?
14. Con ayuda de un esquema, describan el principio de funcionamiento de una unidad transformadora-rectificadora típica.
15. ¿Para qué se utilizan en aviación las máquinas convertidoras de energía del tipo giratorio?
16. Expliquen cómo se aplica el principio de la pila de carbón a la regulación de frecuencia en la salida de un inversor.
17. Describan cómo se emplean los transistores para el convertidor de fuentes de alimentación eléctricas y la regulación de tensión y frecuencia.
18. Con ayuda de bocetos, expliquen cómo se mantienen constantes la tensión y la frecuencia de un inversor giratorio que convierta una c.c. de 28 V en c.a. de 115 V.

Capítulo 5

Fuentes de alimentación en tierra

Se necesita energía eléctrica para el arranque de los motores, la realización de ciertos servicios durante los períodos de comprobación en los aeropuertos (por ejemplo, el alumbrado) y para la prueba de los sistemas eléctricos en los exámenes rutinarios de conservación. Las baterías del avión son, lógicamente, un medio con el que suministrar la energía necesaria, y aunque son capaces de efectuar el arranque de los motores su capacidad no permite el empleo en gran escala en tierra y según vimos ya en el capítulo 2 se limitan al suministro de energía en situaciones de emergencia.

Por eso hay que disponer un circuito separado, por el que poder aplicar energía procedente de una fuente de alimentación exterior (véase la fig. 5.1) al sistema de barras de distribución de la aeronave. En su forma más sencilla, un sistema de alimentación en tierra consta de un conector, situado en el avión, en un lugar fácilmente accesible (en un costado del fuselaje, por ejemplo) y un interruptor que cierre el circuito entre el sistema de tierra y el de barras colectoras del avión.

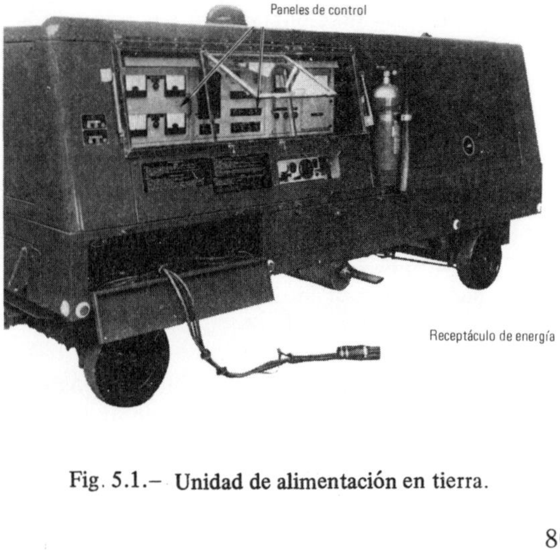

Fig. 5.1.– Unidad de alimentación en tierra.

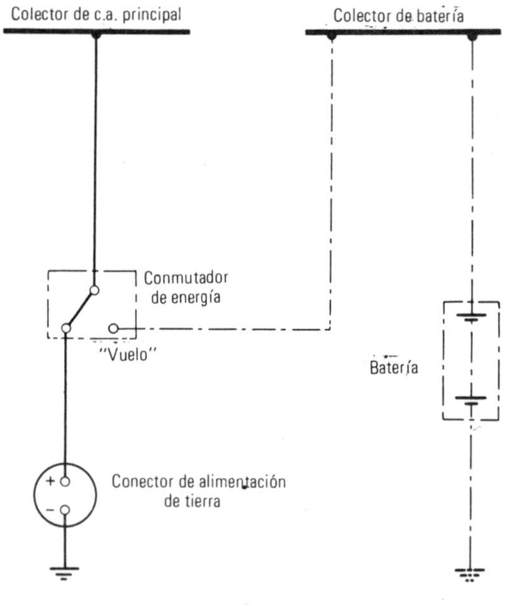

Fig. 5.2.– Sistema básico de alimentación en tierra.

Además del sistema de alimentación de tierra, algunos tipos de aviones llevan baterías separadas que pueden facilitar los servicios de tierra en el caso de que no haya disponible unidad de alimentación en tierra, con el fin de reservar las baterías principales para el arranque de los motores.

Sistemas de c.c.

Un sistema básico para la alimentación de c.c. es el que se representa en la fig. 5.2, en la que puede apreciarse que, además del grupo de alimentación en tierra, puede conectarse al sistema de barras de distribución la batería, seleccionando la posición "vuelo" del conmutador. Como su nombre indica, esta posición es la que tiene el conmutador cuando el avión está volando, ya que en tal condición el sistema generador proporciona la alimentación de las barras colectoras y la batería se va cargando constantemente con la corriente de carga.

El símbolo del conector de alimentación de tierra que se representa en el esquema corresponde a un tipo de borne doble de diseño antiguo y que actualmente es de aplicación limitada. Los enchufes y las patillas correspondientes de la clavija son de distintos diámetros, con el fin de impedir la inversión de la polaridad, y para hacer la conexión hay que hacer girar la tapa externa de la unidad, para que quede al aire el enchufe.

Como consecuencia de las exigencias de la normalización se han introducido unidades de clavijas de varias patillas, que actualmente se emplean en casi todos los tipos de aviones. Una clavija típica de tres patillas, representada en la fig. 5.3, consta de dos patillas positivas y una negativa: una de las positivas es más corta y de menor diámetro que las restantes. Las patillas van empotradas en una mortaja protectora, y toda la unidad suele ir alojada en un hueco apropiado, situado en lugar idóneo de la estructura del avión. El acceso a la clavija desde el exterior del aparato se efectúa levantando una tapa provista de sujeciones del tipo de suelta rápida.

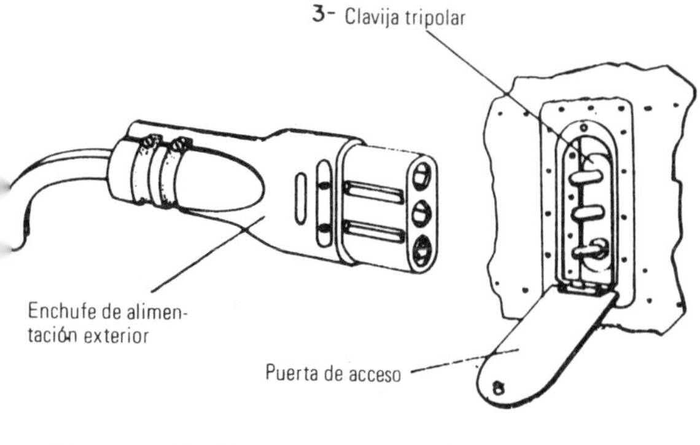

Fig. 5.3.– Clavija para la alimentación en tierra.

Un circuito en el que se emplea una unidad multipolar es el que se representa en la fig. 5.4, en el que puede observarse que la patilla positiva más

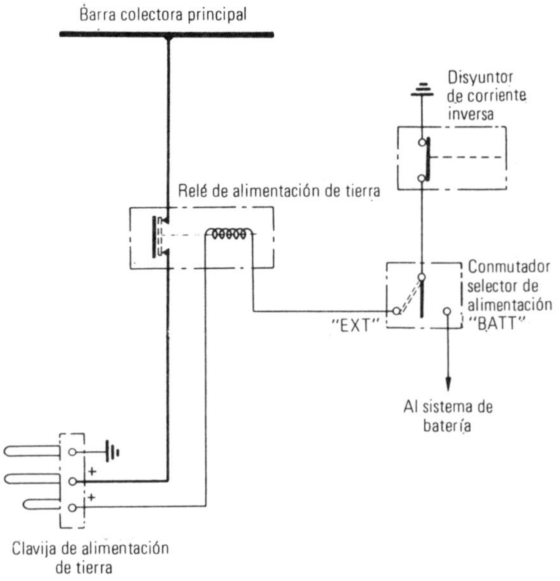

Fig. 5.4.– Sistema de alimentación con clavija multipolar.

corta se conecta al circuito de la bobina del relé de la fuente de tierra. La razón de ello es que en el caso de que se quite el enchufe de alimentación de tierra con el circuito "vivo", el relé de energía de tierra se relajará antes que las patillas principales queden desconectadas de su enchufe. De este modo queda asegurado que la desconexión de la alimentación se efectúa en los contactos de trabajo del relé, evitando con ello la formación de arcos en las patillas principales.

En algunos aviones la energía de c.c. se distribuye desde un sistema de barras colectoras múltiple, y algunos de los servicios conectados a cada uno de esos colectores tienen que poder funcionar cuando el avión está en tierra. Esto exige una disposición más complicada del sistema de alimentación en tierra, tal como se indica en el esquema de la fig. 5.4. Además del relé de alimentación o contactor se han incluido otros contactores para la unión con retención de las barras colectoras, junto con indicadores magnéticos que muestran en cada instante las conexiones que se han hecho.

Al conectar el sistema de alimentación de tierra al avión y colocar el conmutador principal en "activo" se activa el contactor de alimentación de tierra, cerrando con ello sus contactos auxiliares y principales. Un juego de contactos auxiliares completa un circuito a un indicador magnético, que entonces indica que la fuente de alimentación de tierra está conectada y activada ("C" en la fig. 5.5); otro juego completa el circuito de las bobinas de unión de las barras colectoras 1 y 3, en tanto que el tercero de los juegos conecta la alimentación directamente a los colectores "vital"

Sistemas de c.a.

En los aviones, que desde el punto de vista de la alimentación de energía eléctrica, son principalmente del tipo de c.a., es esencial que el sistema de alimentación de tierra incluya una sección mediante la cual se pueda aplicar una tensión alterna. La disposición del circuito para los sistemas adecuados varía entre los diversos tipos de aviones, pero para obtener una comprensión

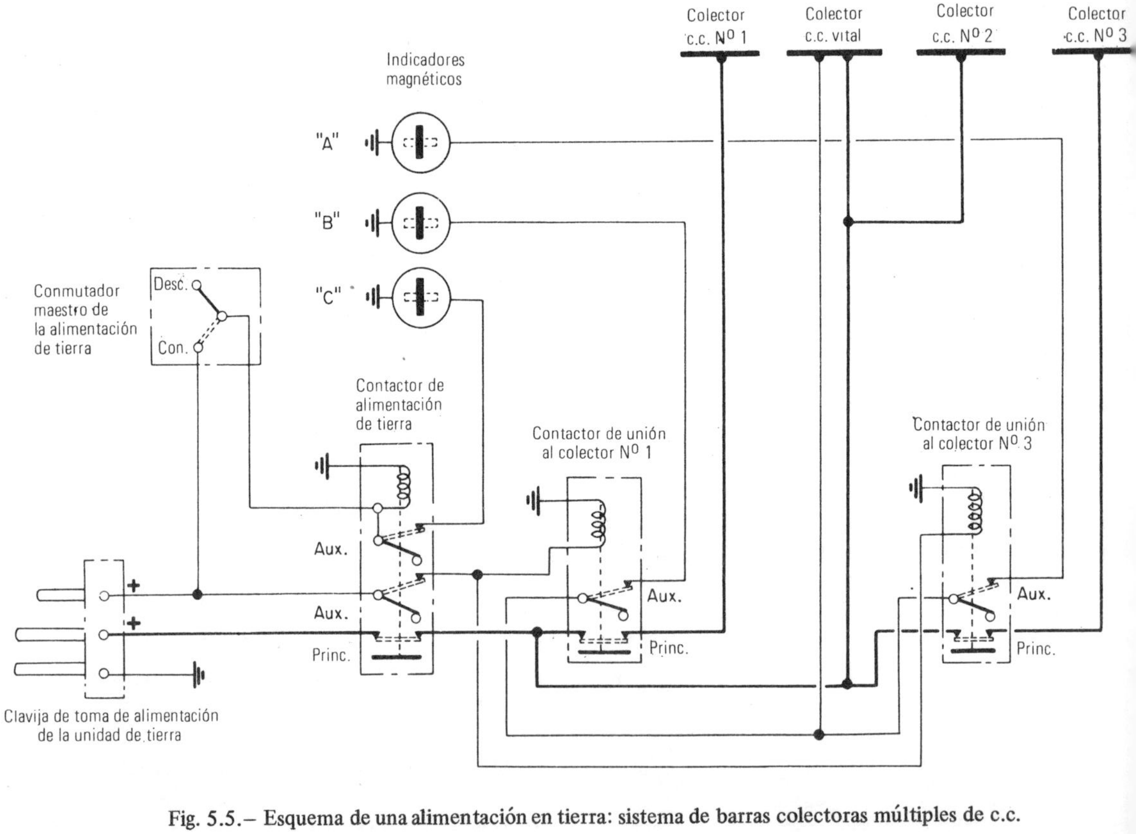

Fig. 5.5.– Esquema de una alimentación en tierra: sistema de barras colectoras múltiples de c.c.

y nº 2. Cuando los contactores de retención están alimentados, sus contactos principales llevan la corriente desde la alimentación de tierra hasta sus colectores respectivos. La indicación de que las dos barras colectoras están unidas a la fuente de alimentación de tierra está dada por los indicadores magnéticos "A" y "B", que se activan desde el colector vital por los contactos auxiliares.

de las exigencias y funcionamiento del circuito podemos considerar el mostrado en la fig. 5.6.

Al acoplar la fuente de alimentación de tierra a la clavija, se aplica una fuente trifásica a los contactos principales del disyuntor, a una unidad transformadora-rectificadora (t.r.u.) y a otra de protección de secuencia de fases. La t.r.u. proporciona una realimentación continua de 28 V a un circuito de retención de la unidad de alimen-

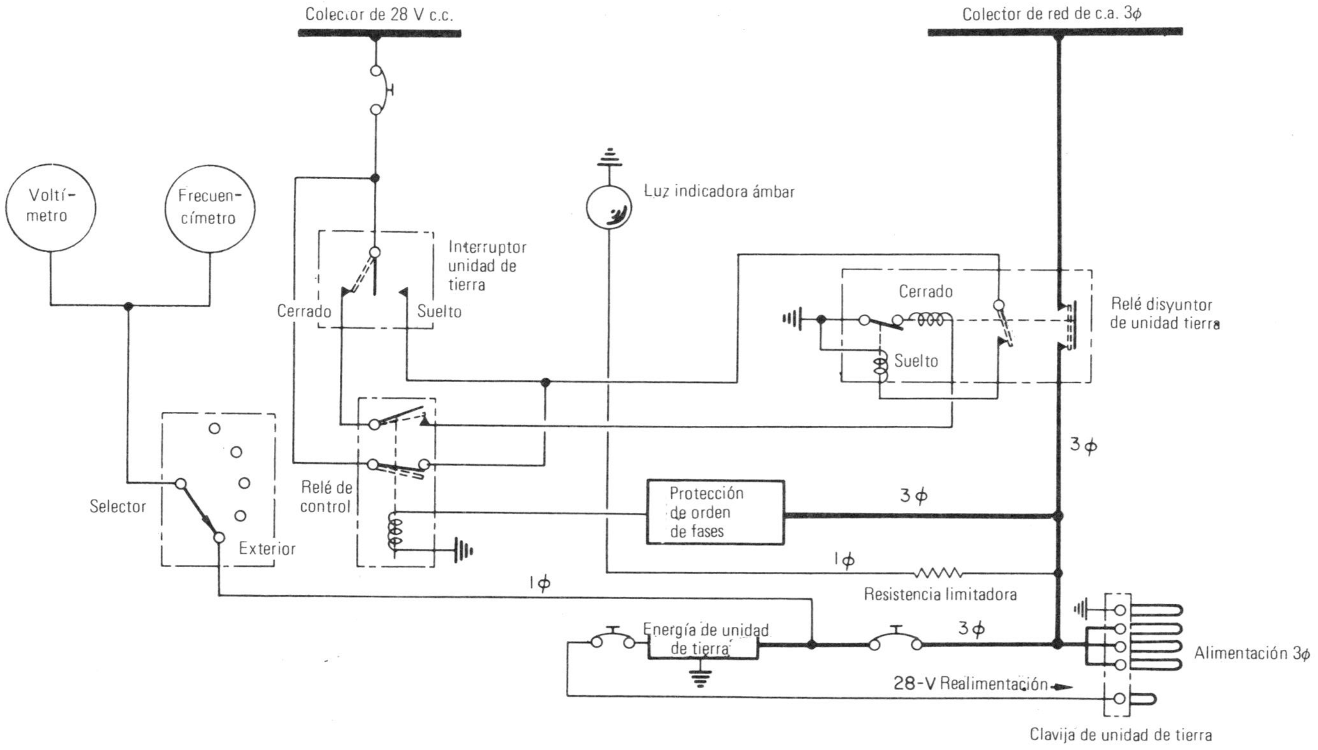

Fig. 5.6.– Esquema de una fuente de alimentación en tierra: sistema de c.a.

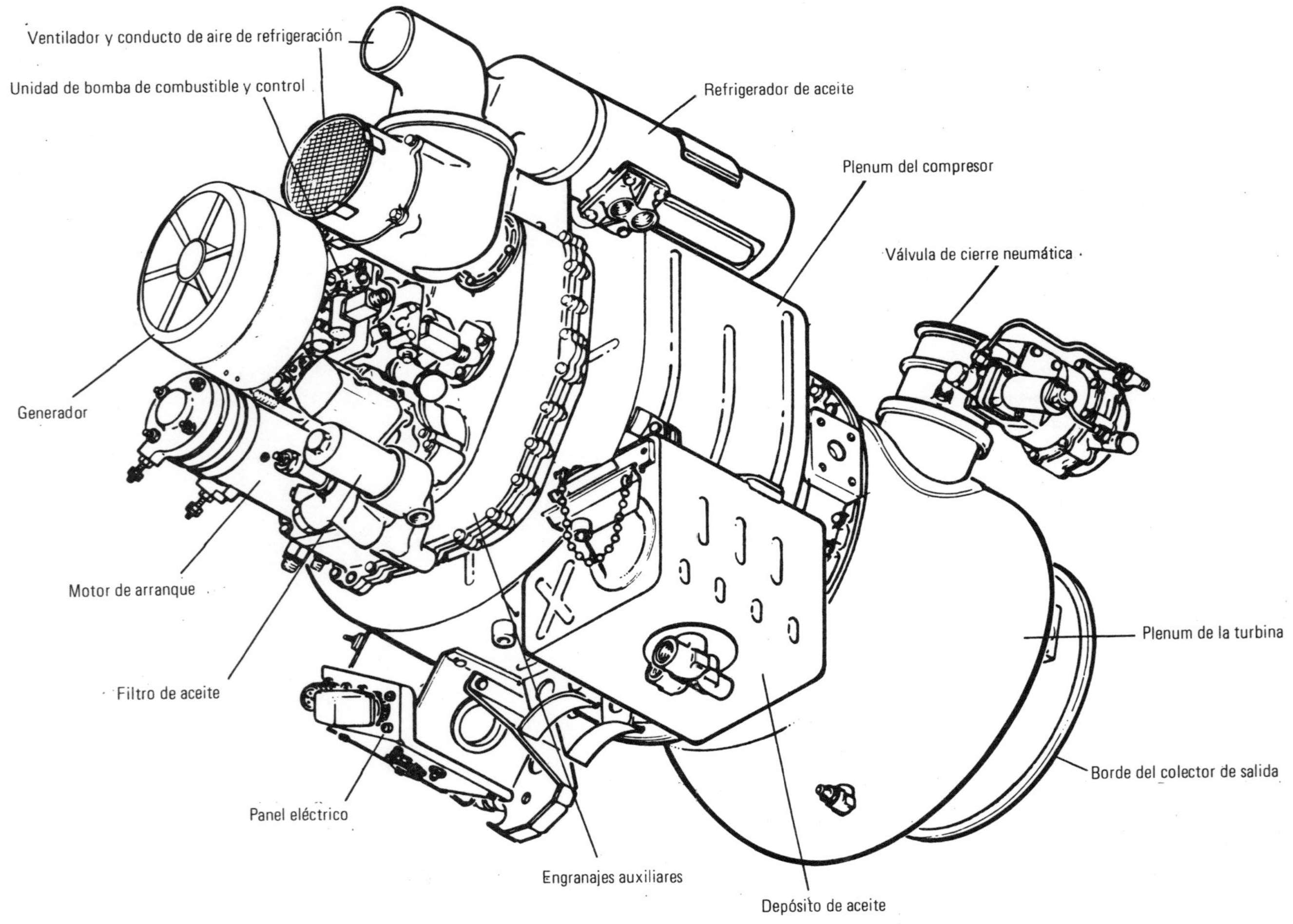

Fig. 5.7.– Unidad auxiliar de alimentación.

tación de tierra. Si la secuencia de las fases es la correcta, la unidad de protección cierra un circuito hacia la bobina del relé de control, activándolo. También se aplica una alimentación monofásica a una luz ámbar, que se enciende indicando con ello que está acoplada la unidad de tierra, y a un voltímetro y un frecuencímetro por medio de un conmutador selector.

El circuito se controla mediante un conmutador de unidad de tierra, conectado a una barra colectora provista de 28 V de c.c. procedente del sistema de baterías del avión. Cuando este conmutador se coloca en la posición "cerrado", la corriente pasa por los contactos principales del relé de control activado hasta la bobina "cerrado" del disyuntor, activándolo para que conecte la alimentación de tierra a la barra colectora trifásica. La alimentación de tierra se desconecta colocando el conmutador en la posición "suelto", con lo que la alimentación continua queda aplicada a la bobina correspondiente del disyuntor, el cual suelta los contactos principales y auxiliares, aislando la unidad de tierra de la barra colectora principal de c.a.

UNIDADES DE ALIMENTACION AUXILIARES

Muchos de los aviones actuales están proyectados de manera que en caso necesario pueden quedar independientes del equipo de apoyo de tierra. Esto se consigue incorporando una unidad de alimentación auxiliar (a.u.p.) que, una vez puesta en marcha por el sistema de baterías del propio avión, proporciona energía para la puesta en marcha de los motores, acondicionamiento de aire en tierra y otros servicios eléctricos. En algunas instalaciones se necesita también la a.p.u. para suministrar energía en vuelo en el caso de que falle un generador movido por motor, así como para complementar la aportación de aire a la cabina durante el despegue y la subida.

En general, una a.p.u. consta de una pequeña turbina de gas, un sistema de control de aire y alimentación, y una caja de engranajes auxiliar. La turbina de gas comprende un compresor centrífugo de dos etapas, conectado a una turbina de una sola. El sistema de control de aire y alimentación regula automáticamente la cantidad de aire tomado del compresor para su entrega al sistema de acondicionamiento de aire de la cabina. Además de los accesorios esenciales para el funcionamiento del motor, tales como la unidad de control de combustible y las bombas de aceite, la caja de engranajes auxiliar arrastra un generador que, según el tipo necesario para cada avión, puede suministrar c.c. o c.a.

A la caja de engranajes está conectado asimismo un motor para poner en marcha la a.p.u., que funciona con el sistema de batería del avión o, cuando está disponible, con la unidad de alimentación de tierra. En algunos tipos de a.p.u. las funciones de puesta en marcha del motor y la producción de energía eléctrica están combinadas con una sola unidad arranque-generador.

En la fig. 5.7 se indica una vista exterior de una unidad típica, así como su colocación en la aeronave.

Cuestionario

1. Expliquen por qué hace falta que un circuito de alimentación de tierra forme parte del sistema eléctrico de un avión.
2. Dibujen un esquema de un circuito de alimentación de c.c. y expliquen su funcionamiento.
3. En una clavija multipolar, ¿cómo se asegura que se efectúe la desconexión del circuito de alimentación de tierra sin que se produzca arco?
4. Dibujen el esquema de un circuito de fuente de alimentación de tierra de un avión "todo c.a." y expliquen su funcionamiento.
5. (a) Establezcan el objeto de una a.p.u. instalada en un avión moderno.
   (b) ¿Qué servicios efectúa normalmente la a.p.u.?
   (c) Detallen los dispositivos de seguridad necesarios en la instalación completa.

Capítulo 6

Instrumentos de medida, indicadores y luces de precaución

Con el fin de observar las condiciones de funcionamiento de los diferentes sistemas de alimentación y utilización hay que incluir en el sistema instrumentos de medida y dispositivos de aviso, en forma de indicadores y luces. La cantidad de dispositivos indicadores necesarios, así como su tipo, dependen del modelo del avión y de la naturaleza general de su instalación eléctrica. De todos modos, la disposición indicada en la fig. 6.1 suele ser bastante representativa de las necesidades de observación del sistema y puede servir como base para el estudio de los aparatos de indicación apropiados.

AMPERIMETROS Y VOLTIMETROS

Estos instrumentos quedan incluidos en los sistemas de generación de energía eléctrica, tanto c.c. como c.a., y en la mayoría de los casos son del tipo de imán permanente con bobina móvil, representado básicamente en la fig. 6.2.

Uno de estos instrumentos consta en esencia de un imán permanente con piezas polares de hierro dulce, entre las cuales va montado un núcleo de hierro dulce. Una bobina constituida por varias espiras de hilo fino de cobre va devanada en una forma de aluminio, que a su vez está montada en un eje para que pueda girar en el entrehierro existente entre las piezas polares y el núcleo. El campo magnético del entrehierro es intenso, uniforme y radial y se debe a la forma cilíndrica de las piezas polares y el núcleo. La corriente llega a la bobina y sale de ella por medio de dos muelles capilares, que al mismo tiempo proporcionan la fuerza de control. Esos muelles van montados de manera que a medida que gira la bobina uno de ellos se desenrolla y el otro se enrolla. Una aguja unida al eje de la bobina móvil sirve para indicar el desplazamiento.

Cuando pasa corriente por la bobina se establece un campo magnético, que interacciona con el principal que hay en el entrehierro, de manera que lo refuerza o lo contrarresta, tal como se indica en el esquema. En cada lado de la bobina se ejerce una fuerza F_d, y el par así producido hace que la bobina gire hasta quedar equilibrada por la fuerza opuesta de control, E_c, de los muelles. De ese modo, la rotación de la bobina y la aguja hasta la posición de equilibrio es proporcional a la corriente que pasa por la bobina en cada instante. Esta proporcionalidad se traduce en una escala de divisiones uniformes, que es característica de los indicadores del tipo de bobina móvil. Al girar la forma en el campo principal se inducen corrientes de Foucault en el metal, las cuales reaccionan con el campo en cuestión, produciendo una fuerza que se opone a la rotación y que lleva la aguja al reposo con un mínimo de oscilaciones. Los indicadores de este tipo se dice que son de *oscilación amortiguada.*

Para proteger el movimiento de estos instrumentos contra los efectos de campo magnéticos exteriores, a la vez que impedir *fugas magnéticas*, toda la parte móvil va encerrada en una caja de hierro dulce que actúa como blindaje magnético. El hierro dulce tiene un efecto similar al del núcleo de indicador, es decir, atrae las líneas de fuerza y concentra el campo en su interior.

Los instrumentos de bobina móvil se emplean también por lo general para la medida de tensión y corriente en los sistemas de c.a. En este caso se necesitan componentes adicionales para cada aplicación de medida. Por ejemplo, para la medida de tensiones el instrumento tiene que llevar también un puente rectificador, en tanto que para la de corrientes se necesitan un shunt y un transformador, además del rectificador anterior.

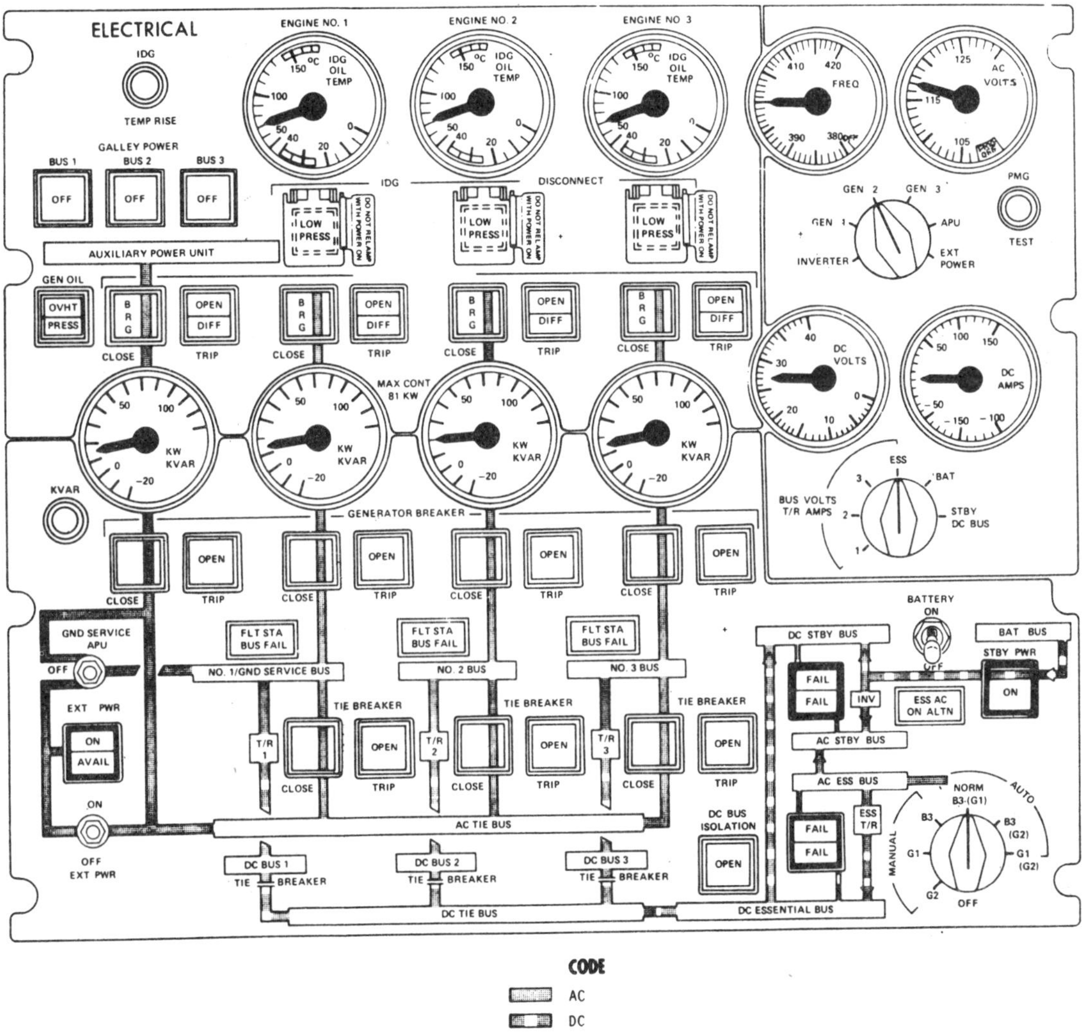

Fig. 6.1.– Paneles de control de los sistemas eléctricos.

Una ojeada a la fig. 6.1 nos demuestra que todos los instrumentos situados en el panel de control son del tipo de escala circular, presentación que se ha adoptado actualmente en muchos tipos corrientes de aviones. Tiene varias ventajas sobre el más clásico del tipo de arco: en primer lugar, se ha incrementado la longitud de la escala, y para una gama de medida dada la graduación de la escala puede ser más abierta, ayudando así a mejorar la precisión de la observación.

Para adaptarse a este tipo de presentación, es lógico que se necesiten algunos cambios en la disposición de los sistemas de imán permanente y bobina móvil. Una de tales disposiciones es la que se indica en la fig. 6.3.

El imán tiene forma de bloque, sujeto a una pieza polar perforada para acomodar un núcleo que a su vez está ranurado y perforado para permitir la colocación de la bobina móvil. El formador de la

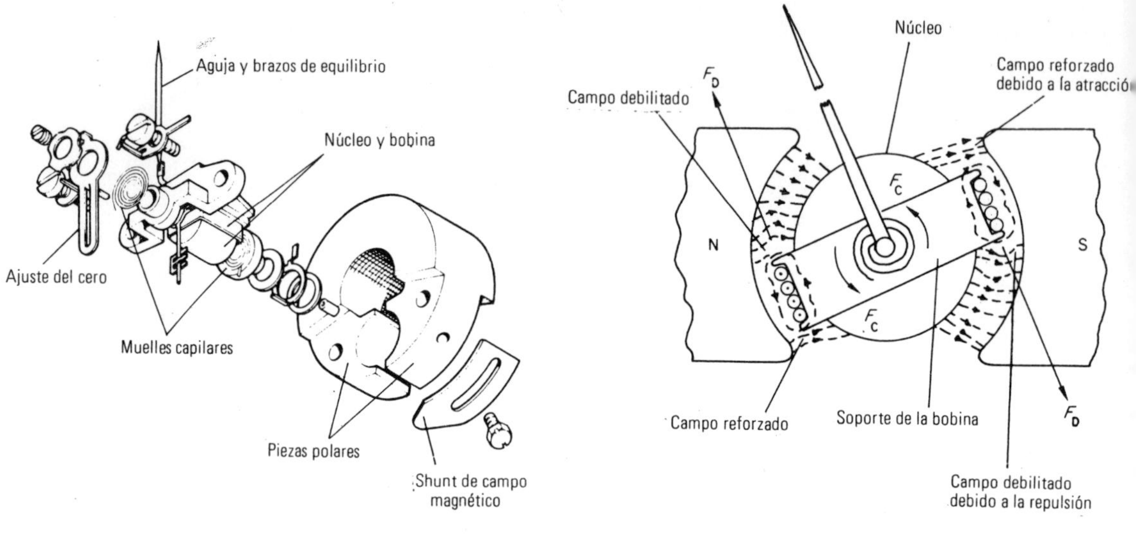

Fig. 6.2.– Forma básica de un indicador de bobina móvil.

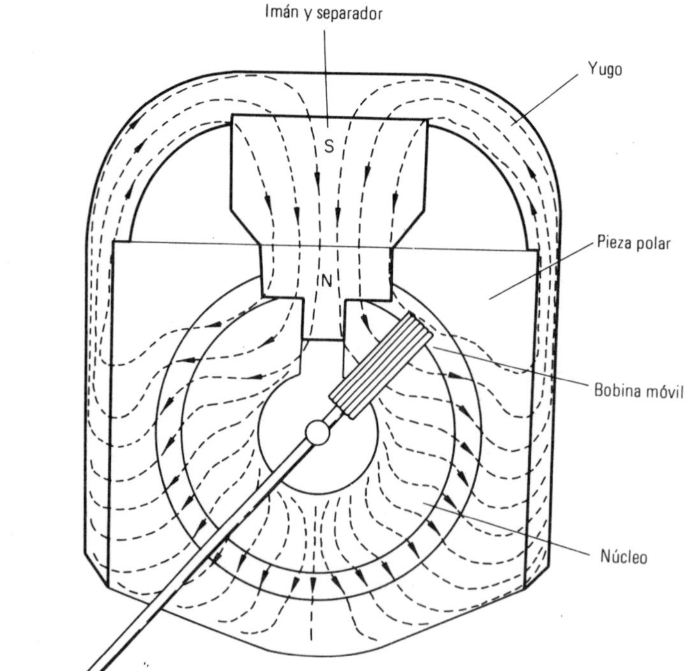

Fig. 6.3.– Sistema de imanes de un instrumento típico de bobina móvil con gran escala.

bobina, de modo distinto a lo que sucede en los instrumentos clásicos, va montado en un lado de su eje de soporte y en condiciones de descenso, sin energía aplicada, rodea el núcleo y queda en el entrehierro en la posición representada. El campo pasa del imán al núcleo, que en realidad forma un polo norte, y después, por el entrehierro, a la pieza polar que forma el polo sur. El retorno del campo al polo sur se efectúa por el yugo o armadura, que al mismo tiempo apantalla el flujo contra distorsiones debidas a campos magnéticos exteriores.

Al circular corriente por la bobina se produce una fuerza debida a la interacción entre el campo magnético permanente y el inducido, pero a diferencia de los instrumentos clásicos la bobina gira alrededor del núcleo bajo la acción de una fuerza que actúa sólo en un lado: el otro está apantallado del flujo por el propio núcleo.

SHUNTS

Los shunts se emplean con todos los amperímetros de c.c. y, cuando así se especifique, en los de c.a., y tienen como objetivo principal permitir que un amperímetro mida la mayor cantidad posible de valores de corriente; es decir, que actúan como dispositivos de ampliación. En esencia, un shunt es una resistencia de valor muy bajo y conectada exteriormente al amperímetro y en paralelo con su bobina móvil. Los materiales usados para los shunts suelen ser cobre, nicrom, manganina, minalfa y telcumen.

En la fig. 6.4 se representan algunos shunts típicos usados en sistemas generadores de c.c. y c.a., y aunque sus características físicas principales difieran hay una común a todos ellos: que van provistos de cuatro bornes. Dos de ellos son de gran capacidad de corriente (borne de *corriente*), para conectar el shunt en serie con el circuito principal, y los otros dos son de menor tamaño, para corriente más pequeña (bornes de *potencia*) y destinados a ser conectados al amperímetro. La unidad mostrada en (a) emplea tiras de minalfa laqueada separadas entre sí con el fin de permitir una buena circulación de aire y asegurar una refrigeración eficaz.

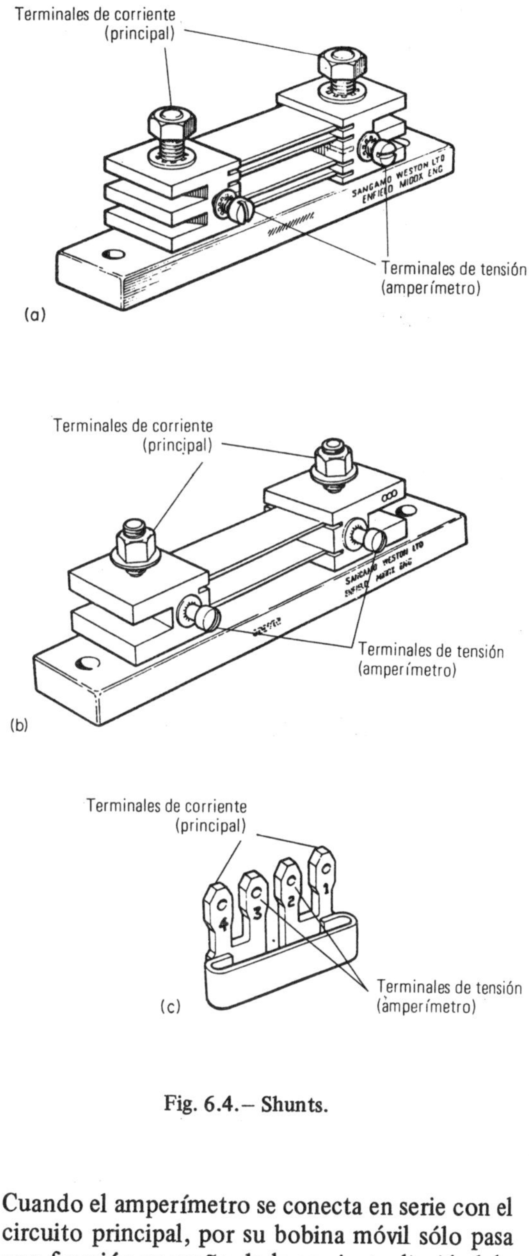

Fig. 6.4.– Shunts.

Cuando el amperímetro se conecta en serie con el circuito principal, por su bobina móvil sólo pasa una fracción pequeña de la corriente, haciéndolo el resto por el shunt, que se elige de manera que pueda admitir la carga apropiada sin sobrecalentarse. De todos modos, la escala del amperímetro está calibrada para indicar la gama de corriente que atraviesa el circuito principal, ya que el flujo de la bobina y el del shunt están en una razón calculada de antemano.

TRANSFORMADORES DE INSTRUMENTO

Los transformadores se emplean en unión de instrumentos de medida de c.a., donde realizan una función similar a la de los shunts en c.c.: permitir la *reducción* de corrientes y tensiones a un nivel apropiado para su manejo por los instrumentos de tipo normalizado. Estos transformadores se dividen en dos clases: (I) de corriente o serie, y (II) de potencia o paralelo. La construcción y el funcionamiento de las dos clases ya se han tratado en el capítulo 4, por lo que nos limitaremos a las aplicaciones típicas.

Los transformadores de corriente se emplean normalmente con amperímetros de c.a., en un circuito que suele ser por el estilo del indicado en la fig. 6.5. El conductor que lleva la corriente principal se hace pasar por la abertura de los devanados secundarios, cuya salida se aplica al amperímetro por intermedio de un rectificador de puente, que puede ser una unidad separada o formar parte del propio transformador.

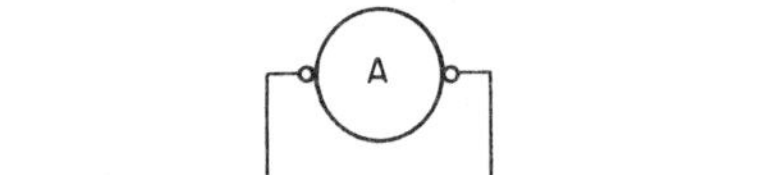

Fig. 6.5.– Aplicación de un transformador de corriente.

Una aplicación de los transformadores de potencia es la que se da en la fig. 6.6, donde se obser-

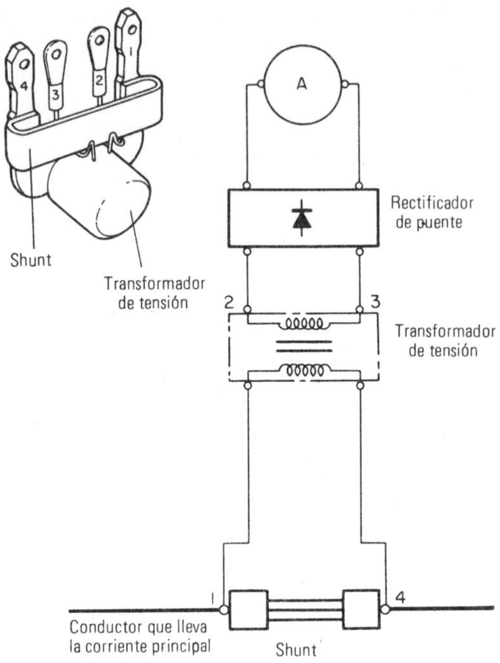

Fig. 6.6.– Aplicación de un transformador de tensión.

vará que en este caso el transformador forma parte de un shunt, estando conectado el devanado primario o los bornes de corriente 1 y 4. La tensión desarrollada en este shunt se eleva en el transformador a un valor eficaz máximo (2,5 V en este ejemplo) cuando por el shunt pasa la corriente nominal. La salida del transformador está conectada a los bornes de *potencial* 2 y 3, y se rectifica en el amperímetro, tras de lo cual se aplica a la bobina móvil. La escala del amperímetro usado en esta disposición no es lineal, dado que la desviación de la bobina móvil no es proporcional a la corriente que pasa por el shunt, como consecuencia de la suma de las características no lineales del transformador y del rectificador.

En la fig. 6.7 se ilustra un circuito adoptado para la medida de cargas continuas en un sistema de alimentación de c.a. rectificada. El amperímetro se utiliza en unión de un transformador de corriente trifásico, un rectificador de puente y un shunt, que forman una unidad integrada del tipo representado en la fig. 6.8, así como un shunt similar al empleado en los sistemas básicos de gene-

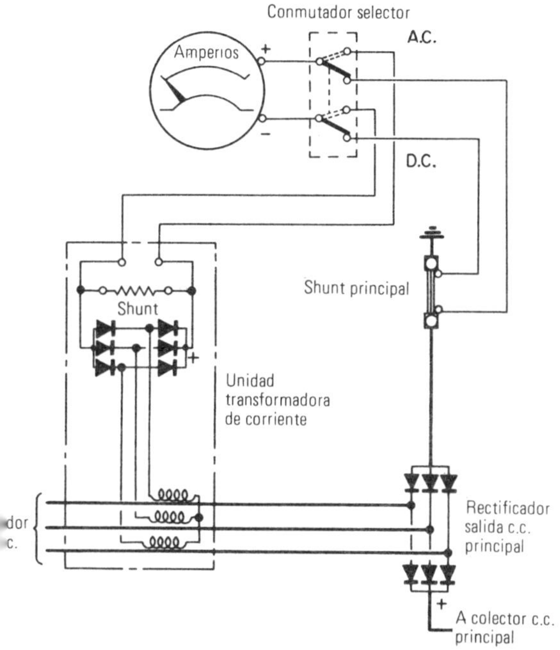

ig. 6.7.– Medida de cargas continuas en un sistema de c.a. rectificada.

ración de c.c. El amperímetro está calibrado en amperios continuos y puede conectarse en uno cualquiera de los dos circuitos por medio de un selector marcado "D.C." y "A.C." (c.c. y c.a.). En la posición de c.c. el amperímetro se selecciona en paralelo con el shunt principal, por lo que mide la carga total rectificada extraída de la barra colectora principal de c.c.

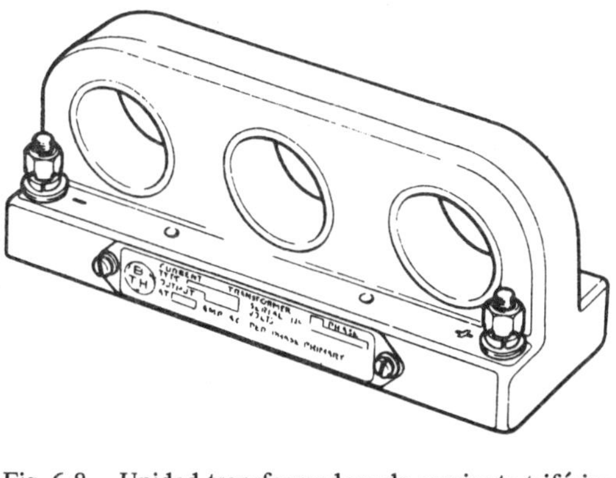

Fig. 6.8.– Unidad transformadora de corriente trifásica.

Si se elige la posición de c.a. el amperímetro queda conectado al shunt de la unidad transformadora de corriente y, como se observa en el esquema, esta unidad deriva las líneas de salida del generador en un punto anterior al rectificador de salida de c.c. La salida del transformador se rectifica con fines de medida, por lo que en la posición de c.a. el amperímetro medirá el equivalente en c.c. de la carga total sin rectificar.

FRECUENCIMETROS

Estos instrumentos forman parte del sistema de medida necesario en los equipos generadores de c.a., y en ciertos aviones pueden emplearse también en los sistemas de alimentación secundarios de c.a. que utilizan inversores. El aspecto del cuadrante y el esquema de un medidor típico se dan en la fig. 6.9. El elemento indicador, que se emplea en un circuito de inducción mutua, es del modelo normal electrodinámico, consistente en una bobina móvil y otra fija de campo. El circuito inductor incluye una inductancia de carga con núcleo de níquel-hierro, una unidad de dos condensadores fijos, cuatro resistencias limitadoras de corriente conectadas en serie-paralelo y otras dos conectadas en paralelo, que proporcionan compensación de temperatura. Los valores eléctricos de todos los componentes del circuito inductor son fijos.

El instrumento incluye también un circuito que se emplea para la calibración inicial de la escala. Dicho circuito consta de una resistencia, que se usa para ajustar la longitud total del arco que la aguja recorre entre las frecuencias mínima y máxima, y un sistema de inductancia variable que regula la posición del centro del arco que la aguja recorre respecto al punto central de la escala del instrumento.

En funcionamiento, el potencial determinado por la tensión de alimentación y la frecuencia se superpone en la bobina de campo, que a su vez crea un campo magnético principal en la zona ocupada por la bobina móvil. Otro potencial, cuyo valor depende también de la tensión y la frecuencia de alimentación, se aplica a la bobina móvil por intermedio de los muelles de control. De este modo, se produce otro campo magnético que interacciona con el principal y origina también un par

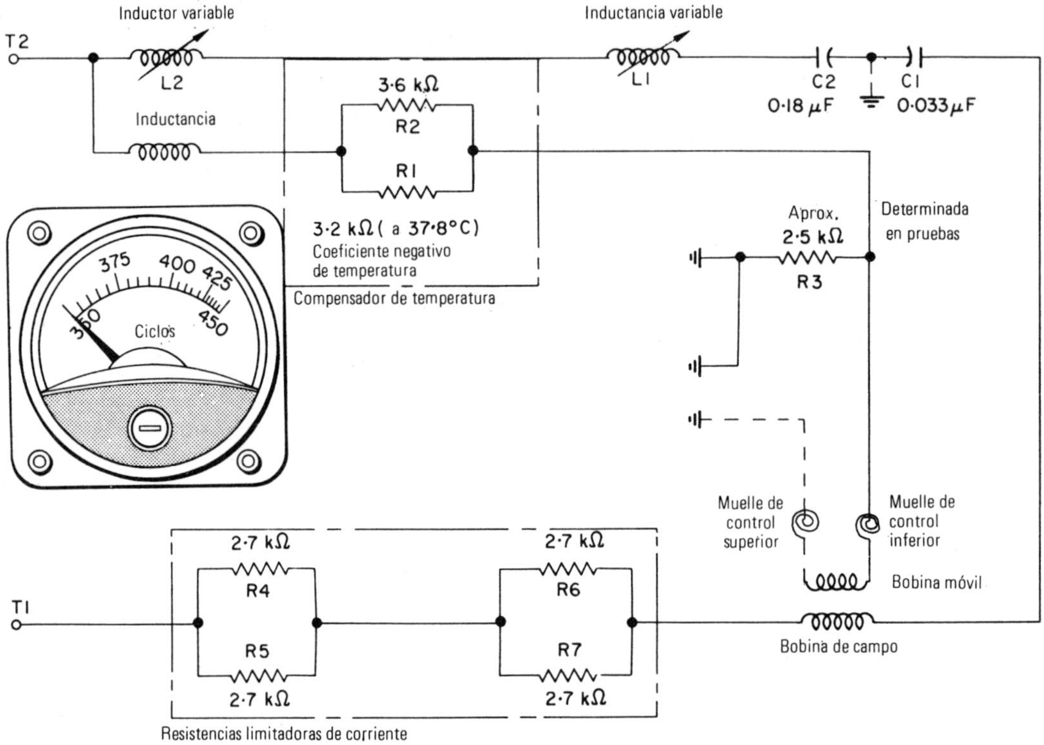

Fig. 6.9.– Disposición del circuito de un frecuencímetro.

que obliga a la bobina móvil a girar lo mismo que un indicador normal de bobina móvil. El giro de la bobina continúa hasta que la tensión producida en este devanado por el campo principal sea igual y opuesta al potencial aplicado por la frecuencia dada. La corriente total de la bobina móvil y el par resultante quedan así reducidos a cero, y la bobina y su aguja se paran en el punto de la escala que corresponde a la frecuencia aplicada a las dos bobinas.

VATIMETROS Y MEDIDORES DE POTENCIA

En algunos sistemas generadores de c.a. es usual incluir una indicación de la potencia total producida o de la potencia reactiva total o de ambas a la vez. Pueden emplearse instrumentos separados: uno, calibrado para dar lecturas directas en vatios, y otro, destinado a indicar los VAr (volt-amperios reactivos), o, como en el caso del instrumento ilustrado en la fig. 6.10, que combine las dos funciones, y entonces suele denominarse medidor de vatios-VAr.

La construcción y el funcionamiento del medidor, como en el frecuencímetro antes descrito, se basan en el modelo normal electrodinamométrico y su escala, que es común para las dos unidades de medida, está calibrada para su empleo con un transformador de corriente y una resistencia exterior. Un conmutador montado junto al medidor permite que éste funcione como vatímetro o como voltamperímetro reactivo.

Cuando se elige la lectura en vatios, la bobina de campo se alimenta con el transformador de corriente que, según se observará en la fig. 6.10, detecta las condiciones de carga de la fase "B" de la alimentación. El campo magnético producido en la bobina de campo es proporcional a la carga. La bobina móvil se alimenta con los 115 V de la fase "B" a masa, y este campo es constante en todas las circunstancias. Las corrientes de las dos bobinas están en fase mutuamente, y el par resultante de los dos campos magnéticos desvía la bobina móvil y la aguja hasta que se consigue el equilibrio entre él y el par del muelle de control.

En la posición "VAr" del selector, la bobina de campo vuelve a alimentarse desde el transformador de corriente que detecta las condiciones de carga de la fase "B". Pero ahora la bobina móvil queda conectada entre las fases "A" y "C", y con el fin de conseguir la corriente correcta de la bobina se ha incluido una resistencia calibrada en el circuito, montada en el exterior del instrumento. La corriente de la bobina móvil a 90º con relación a la de la bobina de campo, y si el generador está cargado con un factor de potencia unidad, los campos magnéticos de las dos bobinas tendrán entre sí la misma relación de fase y no se producirá par alguno.

Con factores de potencia inferiores a la unidad hay una intersección entre los campos de las bobinas y aparece un par proporcional a la corriente de carga y al desfase. De este modo, la bobina

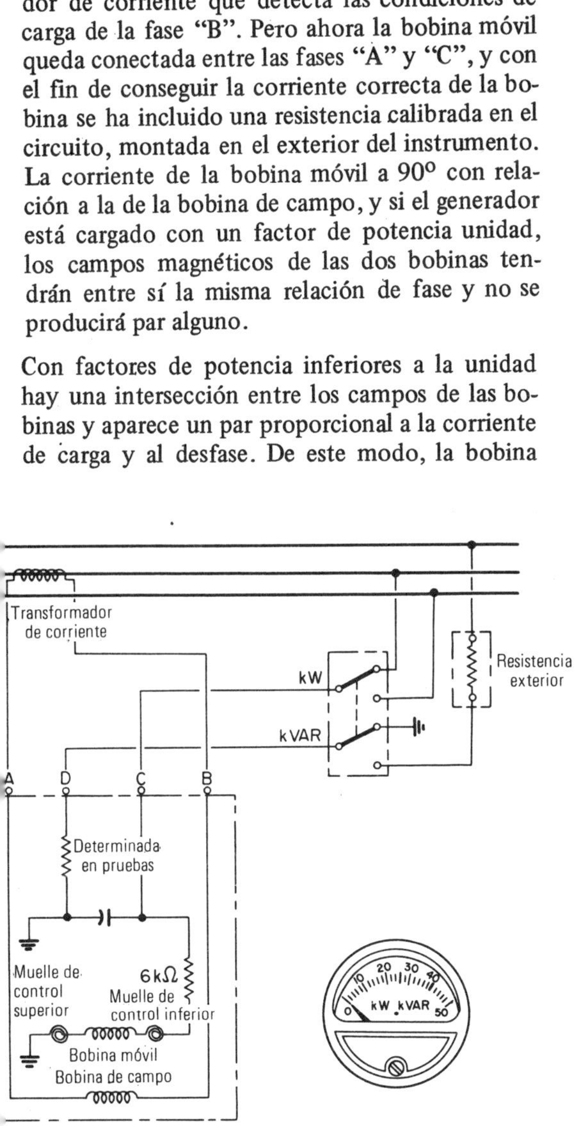

Fig. 6.10.– **Disposición del circuito de un instrumento para la medida de vatios y VAr.**

móvil, y con ella la aguja, giran hasta una posición que indica la potencia reactiva del circuito.

LUCES DE PRECAUCION E INDICACION

Las luces de precaución e indicación se emplean para alertar a la tripulación respecto a las condiciones que afectan al funcionamiento de los sistemas de a bordo. Las luces pueden dividirse en diferentes categorías, de acuerdo con la función que realizan, y en general podemos agruparlas en tres categorías principales:

(a) luces de aviso;
(b) luces de aplicación, y
(c) luces de indicación.

Luces de aviso. Están destinadas a alertar a la tripulación respecto a condiciones inseguras y por ello son siempre de color rojo.

Luces de precaución. Son de color ámbar e indican condiciones anormales, pero no necesariamente peligrosas, que exigen precaución, por ejemplo, que la presión del sistema hidráulico es baja.

Luces de indicación. Estas luces, que son verdes o azules, tienen por objeto indicar que un sistema está funcionando o ha adquirido una situación segura, como, por ejemplo, el tren de aterrizaje sacado y fijo.

Los conjuntos de luces de aviso y de indicación son básicamente de construcción sencilla, y constan de una ampolla con un alojamiento que incluye los contactos eléctricos y bornes para conexión en los circuitos apropiados. Las lentes coloreadas están incluidas en un capuchón que se encaja en el alojamiento, encima de la ampolla de la lámpara. En muchos tipos de conjuntos de luces se han previsto dispositivos para comprobar la lámpara y ver si sus filamentos están intactos. El capuchón de la lente va montado en el alojamiento de tal modo que se puede presionar sobre él, con lo que la lámpara queda conectada directamente a la red de energía. Este dispositivo suele denominarse "apretar para probar".

Las lámparas pueden llevar también un dispositivo para atenuar su brillo, lo que se puede conseguir de uno de estos dos modos: incluyendo una resistencia atenuadora en el circuito de la lámpara, o el capuchón estar provisto de un diafragma del tipo de iris, que se puede accionar haciendo girar el propio capuchón. Las luces usadas con fines de aviso no suelen llevar incluido el dispositivo de atenuación, dado el peligro que implica el no enterarse de un aviso porque la luz encargada de avisar está atenuada y apenas se nota.

Las alimentaciones para las luces de aviso e indicación se extraen del sistema de distribución de c.c. y la elección de la barra colectora a la que han de conectarse tiene que hacerse con cuidado. Por ejemplo, si el fallo de un sistema o un componente se debe a la pérdida de alimentación en una barra colectora auxiliar, es lógico que si el sistema de luces de aviso se alimenta de ese mismo colector se perderán también las indicaciones de precaución. Para evitar ese riesgo hay que alimentar las luces de precaución desde colectores distintos que los aparatos o servicios correspondientes y lo más cerca posible de aquéllos eléctricamente. Las luces de aviso e indicación también se pueden alimentar en ciertos casos de un modo similar, pero por lo general se conectan al mismo colector que el servicio correspondiente.

LUCES DE SINCRONIZACION

Algunos tipos de aviones que emplean sistemas generadores de frecuencia constante llevan luces para indicar el sincronismo entre la tensión de salida del generador y por lo general se usan cuando se conmuta manualmente un generador para que funcione en paralelo con otros. Un sistema típico de cuatro generadores tiene dos luces: una conectada entre la fase "A" del generador que se quiere seleccionar y la fase "A" de un colector de sincronización, y la otra, entre las fases "C" de las mismas unidades. Si el generador seleccionado está en sincronismo con el otro que se encuentra alimentado el colector de sincronismo, las tensiones de las fases "A" y "C" de todos los generadores tendrán las mismas magnitud y polaridad en ese instante. Como consecuencia las luces se apagarán y el generador puede conectarse.

Por lo contrario, si existe una ligera diferencia de fase las luces permanecerán encendidas de modo continuo o parpadeando. En tales condiciones el generador tiene que permanecer desconectado, con el fin de impedir cargas bruscas en el eje de arrastre.

INDICADORES MAGNETICOS

En muchos tipos de sistemas de a bordo, los componentes necesitan control eléctrico. Por ejemplo, en un sistema de combustible, las válvulas de posición de los activadores eléctricos que permiten el suministro de combustible desde los depósitos principales a los motores, así como la alimentación cruzada del suministro del combustible. Todos estos dispositivos están controlados, en la mayoría de los casos, por interruptores del panel correspondientes a los sistemas apropiados, y para confirmar la terminación del movimiento del dispositivo se necesita un sistema de indicación.

Este sistema indicador puede tener forma de instrumento con escala y aguja, o ser del tipo luminoso, pero tanto uno como otro de estos sistemas tienen algunos inconvenientes.

El empleo de un instrumento exige bastante espacio, sobre todo cuando hay varios dispositivos de actuación, y a menos que sea esencial para el piloto o para los mecánicos de sistemas saber exactamente la posición de un dispositivo en cualquier instante, los instrumentos son antieconómicos. Las luces son más baratas y sencillas, y consumen menos energía, pero la fiabilidad de su filamento no es muy buena y su fallo sin aviso contribuye a hacerla más peligrosa, sobre todo en los casos en que "luz apagada" es sinónimo de "sistema en orden". Además, en los sistemas en que se necesiten indicaciones constantes de las condiciones prevalecientes, las lámparas encendidas permanentemente puedan ser causa de confusión y mala interpretación por parte del piloto o del mecánico de sistemas.

Por eso, para aumentar la fiabilidad de la indicación, los indicadores que se instalan en muchos de los aviones actuales contienen electroimanes pequeños que accionan un disparador u otro elemento móvil similar. En su forma más sencilla (véase la fig. 6.11 (a)), un indicador magnético es del tipo de dos posiciones, incluyendo una bola que gira sobre su eje y que está llevada a su posición de "desconectado" mediante la acción de un muelle. Una armadura férrea empotrada en la

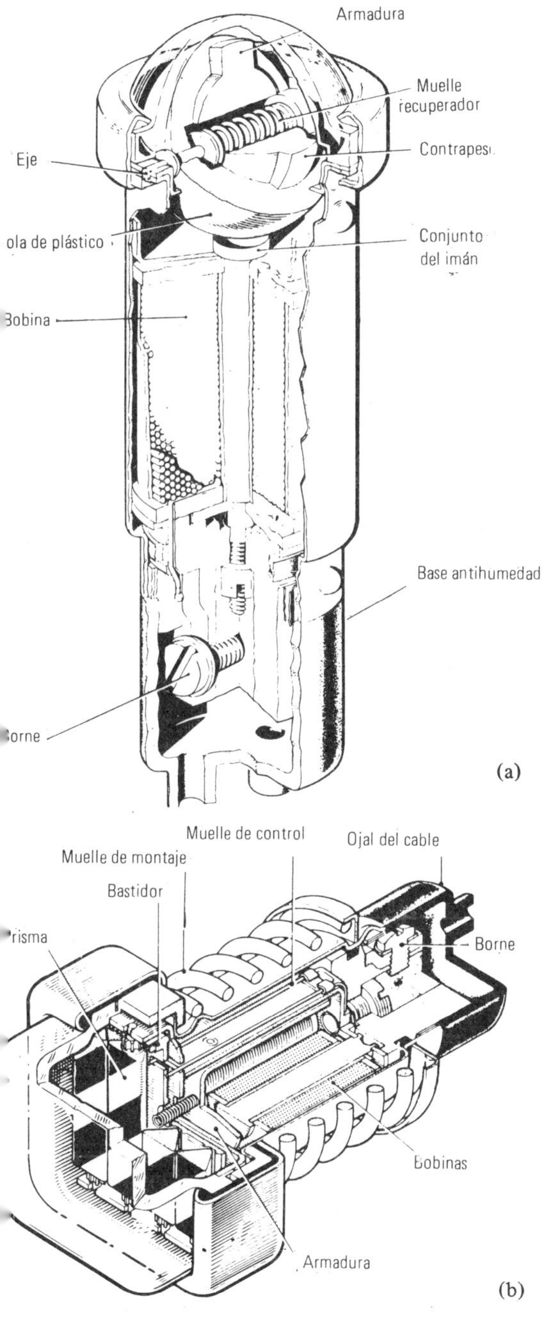

Fig. 6.11.– Indicadores magnéticos.

bola, está atraída por el electroimán al activarse y hacer girar la bola 150° para que presente una imagen diferente en su ventanilla. La imagen puede ser del tipo de gráfico de línea o informativo.

En la fig. 6.11 (b), se representa la estructura del indicador básico, en el que se ha incorporado otro electroimán que proporciona tres posiciones alternativas de indicación. La armadura férrea gira sobre su centro, por encima de los dos imanes, y puede ser atraída por cualquiera de ellos. Bajo la influencia de la atracción magnética la armadura se inclina y su brazo de actuación desplazará horizontalmente el bastidor para hacer girar los piñones fijos a los extremos de los prismas. Estos girarán entonces 120°, presentando con ello una nueva imagen en la ventanilla. Cuando el bastidor se desplaza de su posición central de "reposo", un brazo del muelle de centrado, del tipo de horquilla para el pelo, situado en una ranura del bastidor, se cargará. Por consiguiente, si el electroimán se relaja, el muelle volverá a su posición central, haciendo girar piñones y prismas otra vez hasta alcanzar la posición "desactivado" de la ventanilla.

Las presentaciones ofrecidas por estos indicadores quedan mejoradas pintando *líneas de flujo* en los paneles apropiados, de manera que se puedan relacionar esos indicadores con los conmutadores de control del sistema, los indicadores esenciales y las luces de precaución. Una aplicación típica de los indicadores magnéticos y las líneas de flujo es la que se representa en la fig. 6.1.

SISTEMAS CENTRALES DE AVISO

En el desarrollo de tipos grandes de aviones y sus sistemas correspondientes quedó claro que el uso de luces de aviso y precaución, en cantidades cada vez mayores y dispersas por todos los compartimentos de vuelo, presentaría un problema, por lo que se imponía un nuevo tratamiento del asunto. Como resultado se han desarrollado sistemas que se denominan *sistemas centrales de aviso.*

En su forma básica, uno de estos sistemas comprende un grupo de luces de aviso e indicación, conectadas a circuitos de señal activados por los sistemas apropiados del avión, y cada una de las luces hace aparecer una leyenda que determina el sistema y un mensaje de mal funcionamiento o advertencia.

Todas las luces van incluidas en un panel anunciador, instalado dentro del alcance visual del piloto. En los aviones que llevan navegante se instala también un panel en su puesto integrado funcionalmente con el del piloto. En la fig. 6.12 se ilustra un panel de navegante, que puede tomarse como ejemplo de presentación central de aviso. En este caso el panel está constituido por una cierta cantidad de luces azules, que avisan de las condiciones normales de funcionamiento; otra de luces ambarinas, una roja de "aviso principal" y otra ámbar de "precaución principal".

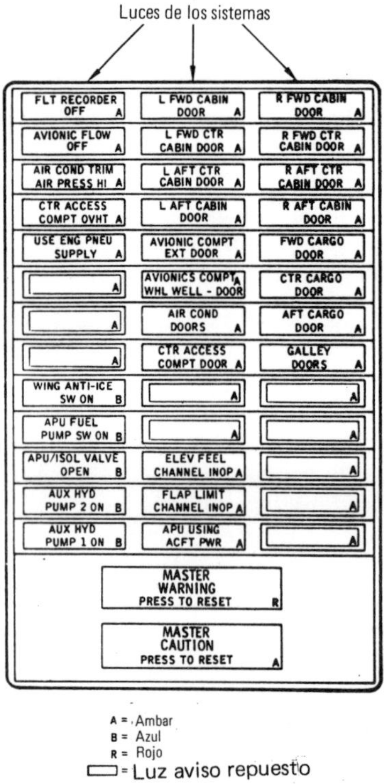

Fig. 6.12.– Sistema centralizado de aviso. Panel anunciador.

Cuando se produce una avería en un sistema, un dispositivo destinado a detectarla transmite una señal, que hace que se encienda la luz ámbar. La señal se transmite también a un elemento electrónico denominado *controlador lógico*, cuya tarea consiste en determinar si la avería es de naturaleza aleatoria o exige atención. En el primer caso la salida del controlador enciende la luz roja de "aviso principal", en tanto que si se necesita precaución se enciende sólo la luz ambarina de "precaución principal".

Cada una de estas luces principales incluye una unidad de conmutación, de modo que al oprimir sus capuchas se desconectan los circuitos de señal activa para apagar la luz, y al mismo tiempo, se reponen para aceptar señales de las averías que podrían producirse ulteriormente en cualquiera de los sistemas del avión. Las luces de sistema no son del tipo de reposición y siguen encendidas hasta que se corrige el sistema averiado. La atenuación de las luces y la comprobación de los filamentos se lleva a cabo por medio de interruptores montados junto al panel anunciador.

Cuestionario

1. Describan el principio de funcionamiento de un instrumento de bobina móvil.
2. ¿Pueden conectarse directamente los instrumentos de bobina móvil a los circuitos de los sistemas de c.a. para medir corrientes y tensiones, o hay que usarlos con otros componentes determinados?
3. En la bobina móvil de los instrumentos que la llevan se incluye un núcleo de hierro dulce, que tiene por objeto:
   (a) propocionar un eje sólido sobre el que poder hacer girar la bobina;
   (b) asegurar que se produzca un campo magnético uniforme, radial y amplificado en el que desplazar la bobina;
   (c) hacer que la inercia del núcleo amortigüe las oscilaciones de la bobina y la aguja.
4. Describan de qué forma los amperímetros pueden medir valores de corriente muy altos sin tener que hacer pasar por ellos toda la intensidad.
5. ¿Cómo se protegen los instrumentos de bobina móvil contra los efectos de los campos magnéticos externos?
6. Con ayuda de un esquema, describan el principio de funcionamiento de un frecuencímetro.
7. Valiéndose de un esquema sinóptico, demuestren cómo puede usarse un sistema de aviso centralizado en un avión moderno. Relacionen los sistemas que se pueden conectar al sistema central de aviso.

Capítulo 7

Distribución de energía

Para que la energía disponible en la fuente generadora correspondiente pueda llegar a los bornes de los equipos consumidores es esencial alguna forma organizada de distribución por toda la aeronave. La manera exacta en que se ha de disponer ésta depende principalmente del tipo de avión y de su sistema eléctrico, cantidad de consumidores y situación de éstos. Por ejemplo, en un avión pequeño serán limitadas las necesidades de energía eléctrica, ya que sólo llevará unos cuantos servicios y componentes, distribuidos en una zona restringida, por lo que la energía podrá distribuirse mediante unos pocos metros de cable, algunos bloques de terminales y disyuntores o fusibles. Un gran avión de reacción, por lo contrario, necesitará kilómetros de cable, junto con múltiples barras colectoras de distribución, redes de protección, cajas de conexiones y paneles de control.

BARRAS COLECTORAS

En la mayor parte de los aviones, la salida de las fuentes generadoras se aplica a uno o más conductores de baja impedancia, conocidos como barras colectoras o, simplemente, colectores. Por lo general, éstos van situados en cajas de conexión o paneles de distribución, situados en puntos centrales de la aeronave, y proporcionan medios para aplicar las alimentaciones positivas a los diversos circuitos de consumo; es decir, realizan una función de *transporte*. Los colectores varían en su forma, según los métodos que hayan de adoptarse para cubrir las necesidades energéticas de un tipo determinado de avión. En un sistema muy sencillo, el colector puede ser una tira de terminales interconexionados, mientras que en los sistemas más complejos se trata de pletinas gruesas de metal (por lo común, cobre) o barras, a las que se pueden aplicar las entradas y salidas de las alimentaciones. Las pletinas o barras están aisladas de la estructura principal y suelen ir recubiertas de algún tipo de forro protector. En algunos aviones se usan también trenzas flexibles de hilo de cobre, a modo de colectores auxiliares.

Sistemas de colectores divididos. La función de un sistema de distribución es en principio sencilla, pero se complica al tener que cumplir exigencias adicionales referentes a una fuente de alimentación o a sistemas de consumo que funcionen por separado o colectivamente en condiciones anormales. Las exigencias y las condiciones anormales pueden considerarse relacionadas con tres zonas principales, que podemos resumir como sigue:

1. Los equipos consumidores no deben privarse de energía en el caso de avería de la fuente de alimentación a menos que la demanda total sobrepase la disponibilidad de energía.
2. Las averías del sistema de distribución (por ejemplo, corrientes defectuosas, puesta a masa de un colector) deben tener un efecto mínimo sobre el funcionamiento del sistema y constituir un riesgo mínimo de fuego probable.
3. Las averías de los equipos consumidores de energía no habrán de perjudicar a la alimentación de energía a otros equipos.

Estas exigencias se cumplen de una forma combinada mediante la conexión en paralelo de generadores cuando así se considera conveniente, incluyendo los dispositivos de protección adecuados y haciendo que los generadores averiados queden aislados del sistema de distribución. Las bases de funcionamiento de estos métodos se describen en sus lugares apropiados, en este libro, pero el método a que se dedica este capítulo es el adicional de dividir los colectores y circuitos de distribución en secciones, con el fin de alimentarlos desde fuentes distintas.

Al adoptar este método es usual agrupar los servicios por orden de importancia y, en general, se usan tres apartados: vital, esencial y no esencial.

Los servicios *vitales* son los que se necesitarían tras un aterrizaje de emergencia sin el tren útil, tales como el alumbrado de socorro y el funcionamiento de los extintores. Estos servicios se conectan directamente a la batería.

Servicios *esenciales* son los que se necesitan para asegurar un vuelo seguro en una situación de emergencia en vuelo. Se conectan a los colectores de c.c. y c.a., según el caso, y de tal modo que se puedan alimentar siempre desde un generador o desde las baterías.

Los dispositivos *no esenciales* son aquellos que pueden dejarse sin servicio en una emergencia de vuelo, con el fin de reducir la carga, y están conectados a colectores de c.c. y c.a., según el caso, alimentados con generador.

En la fig. 7.1 se ilustra en forma muy simplificada la aplicación del método anterior de división de colectores a un sistema de distribución en el que las fuentes de alimentación son: 28 V, c.c., de generadores movidos por motor; 115 V, 400 Hz, de inversores rotativos, y 28 V, c.c., de baterías.

Cada generador tiene su propio colector, al que se conectan los servicios consumidores no esenciales. Los dos colectores a su vez van conectados a otro simple, que alimenta los servicios esenciales. De este modo, con los dos generadores funcionando, se alimentan todos los consumidores que necesitan c.c. La barra colectora de los servicios esenciales está conectada también a la de la batería, asegurando así que ésta se mantenga siempre cargada. En el caso de que falle uno de los generadores quedará aislado automáticamente de su colector respectivo, y todas las cargas quedarán alimentadas por el otro generador. Pero si son los dos generadores los que dejan de funcionar, los consumidores no esenciales ya no se alimentarán, y las baterías asumirán automáticamente la alimentación de los servicios esenciales, manteniéndolos en marcha durante un período previamente calculado, basándose en las exigencias de su consumo y el estado de carga de las baterías.

En el sistema particular representado en la fig. 7.1 las alimentaciones de c.c. para mover los inversores se toman de colectores apropiados a la importancia de los consumidores accionados por c.a. Por eso, los consumidores esenciales de c.a. están alimentados por el inversor nº 1 por la c.c. del colector de servicios esenciales. Los inversores números 2 y 3 proporcionan c.a. a servicios no esenciales y por ello están alimentados por la c.c. de los colectores 1 y 2.

La fig. 7.2 ilustra otro ejemplo del método de colectores divididos en la distribución de energía, y se basa en un avión que utiliza una c.a. de frecuencia constante como fuente primaria de energía y c.c. procedente de unidades transformadoras-rectificadoras (t.r.u.).

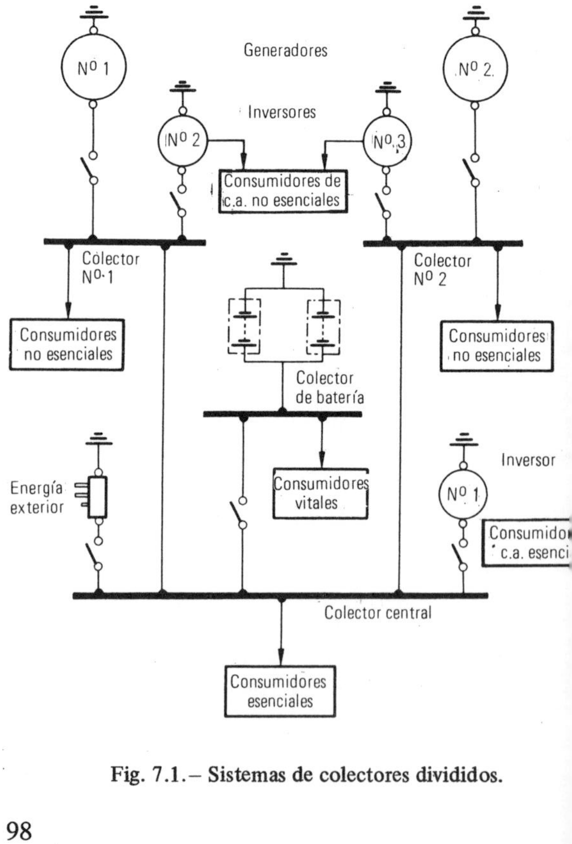

Fig. 7.1.– Sistemas de colectores divididos.

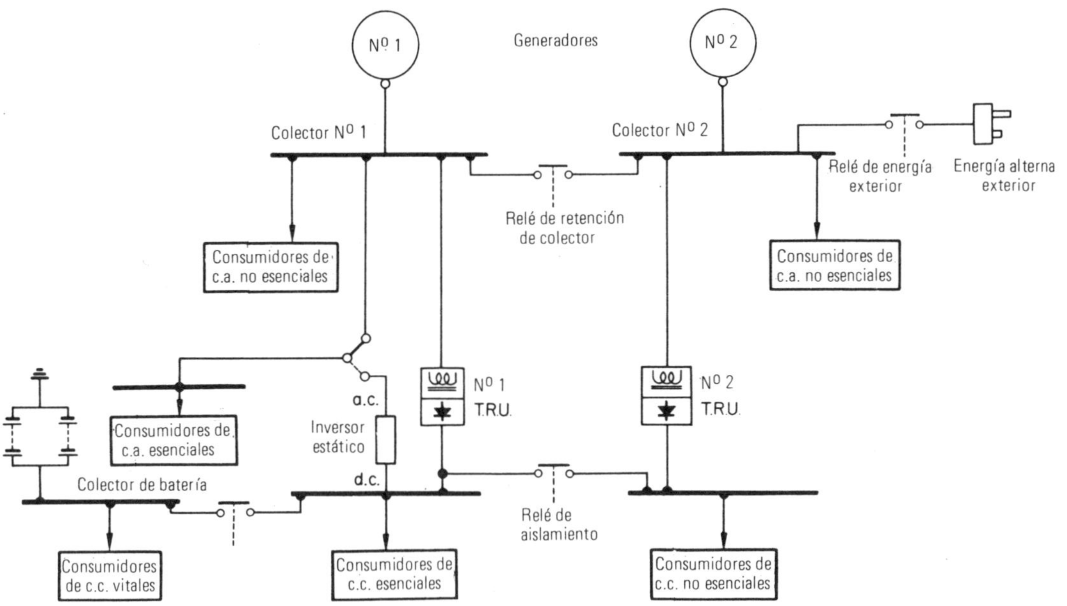

Fig. 7.2.– Sistema de colectores divididos (fuente de alimentación primaria alterna).

Los generadores proporcionan energía trifásica por canales separados a los dos colectores principales, y éstos a su vez alimentan las cargas no esenciales y las t.r.u. Las cargas alternas esenciales se alimentan desde el colector esencial que en condiciones normales de funcionamiento está conectado a través de un relé de conmutación al colector principal nº 1. Los colectores principales suelen estar aislados entre sí, pero si falla la alimentación de cualquiera de los generadores, las barras colectoras quedan interconectadas automáticamente, al activarse el relé de sujeción, y sirven como una sola, manteniendo de ese modo la alimentación a todos los consumidores de c.a. y a las t.r.u. Si por cualquier causa fallase la alimentación proporcionada por los dos generadores, los servicios no esenciales quedarían aislados y el relé de conmutación existente entre el colector principal nº 1 y el esencial se relajaría, conectando el colector esencial a un inversor estático de emergencia.

La alimentación de c.c. se tôma de una t.r.u. independiente y de las baterías. La t.r.u. nº 1 alimenta cargas esenciales, y la nº 2 las no esenciales conectadas al colector de c.c. principal: los dos colectores se interconectan automáticamente por un relé de aislamiento. Las baterías quedan conectadas directamente al colector de batería, la cual se interconecta con el colector esencial. En el caso de que fallen los dos generadores, el colector principal de c.c. quedará aislado del esencial de c.c., que entonces se alimentará automáticamente desde las baterías, con el fin de mantener el funcionamiento de los consumidores esenciales de c.c. y c.a.

Las alimentaciones exterior y las de una fuente de alimentación auxiliar (véase asimismo el capítulo 5) pueden conectarse al sistema general de la forma indicada en la fig. 7.2.

Hilos y cables

Los hilos y los cables constituyen el esqueleto de los sistemas de distribución de energía, llevando ésta en sus diferentes formas y en cantidades controladas entre las secciones equipadas con aparatos consumidores, así como entre equipos situados en las zonas correspondientes del avión. Las diferencias entre un hilo y un cable se refieren principalmente a sus características constructivas (e indirectamente, también a su aplicación) y podrán entenderse partiendo de las siguientes definiciones, hechas *grosso modo*:

Un *hilo* es una varilla o filamento únicos, de metal estirado, encerrado en un material aislante apropiado y provisto de una cubierta protectora. Aunque el vocablo se refiere propiamente al conductor metálico, se da por supuesto que incluye al mismo tiempo el aislamiento y la cubierta. Las aplicaciones específicas de los hilos simples se encuentran en los equipos de consumo; por ejemplo, entre las conexiones de alimentación y las escobillas de un motor, así como entre los diferentes componentes que en conjunto forman las etapas de un amplificador electrónico.

Un *cable* suele estar compuesto por un conductor que consta de un grupo de hilos retorcidos entre sí con objeto de proporcionarle mayor flexibilidad, encerrado en un material aislante y con una cubierta protectora. Un cable puede ser del tipo de núcleo único, es decir, con hilos retorcidos juntos, formando un solo conductor, o del tipo polinuclear, con varios cables de un solo núcleo encerrados en una cubierta protectora común. *mas de cableado, conexión de componentes* y *cableado de circuitos*, todas las cuales son de naturaleza general y se aplican lo mismo a sistemas de hilos, de cables o de ambos a la vez.

TIPOS DE HILOS Y CABLES

Los hilos y los cables están diseñados y fabricados para su empleo en condiciones ambientales específicas y se seleccionan de acuerdo con ellas. De este modo se asegura el funcionamiento de los sistemas de distribución y consumo, a la vez que se ayuda a reducir al mínimo los riesgos de incendio y daños estructurales en el caso de cualquier clase de avería. En la tabla 7.1 se dan detalles de los hilos y cables de servicio general más comúnmente usados, de fabricación inglesa, a la vez que en la fig. 7.3 se indican sus características constructivas típicas.

Los nombres adoptados para los distintos tipos suelen ser acrónimos de las designaciones de los diferentes materiales aislantes usados con ellos.

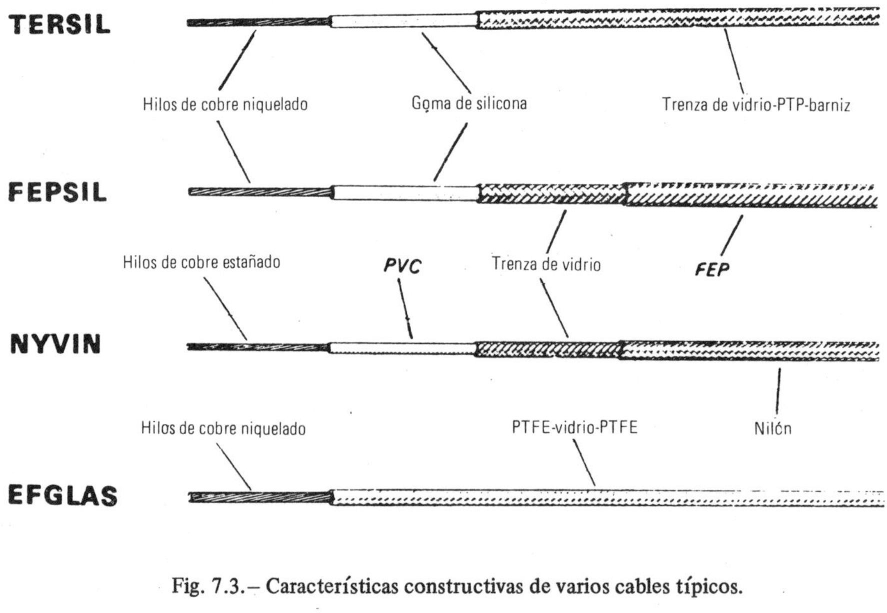

Fig. 7.3.– Características constructivas de varios cables típicos.

Con respecto a los sistemas de distribución de energía en sus diversas formas, se usan común e indistintamente denominaciones tales como *siste-* Por ejemplo, "NYVIN" es un acrónimo de "NYlon" y "cloruro de poliVINilo"; y "TERSIL" se ha formado con "poliésTER" y "SILicona".

Tabla 7.1.

Tipo	Especificación		Materiales		Gama de temperatura de trabajo	Aplicación
	B.S.G. inglesa	*MIL-W americana*	*Conductor*	*Aislamiento y cubierta*		
NYVIN	177	5086A (tipo 2)	Cobre estañado o aluminio	Compuesto de p.v.c.* Trenza de vidrio Nilón	−75°C a +65°C	Conexionado de servicios generales, excepto cuando las temperaturas ambientales sean muy altas o se necesiten propiedades de gran flexibilidad.
PREN			Cobre estañado o aluminio	Trenza de vidrio Compuesto de policloropreno	−75°C a +50°C	
TERSIL	189	877B(ASG)	Cobre niquelado o aluminio	Goma de silicona Cintas de poliéster Trenza de vidrio Fibra de poliéster Barniz	−75°C a +150°C	
EFGLAS	192	7129B	Cobre niquelado	Trenza de vidrio P.T.F.E+	−75°C a +220°C	En temperaturas altas de funcionamiento y en zonas en que se necesite resistencia a los fluidos del avión. También cuando se encuentren grandes flexiones en condiciones de baja temperatura, como, por ejemplo, en los circuitos de conmutación de las riostras de choque del tren de aterrizaje.
UNIFIRE– "F"			Cobre niquelado	Trenza de vidrio P.T.F.E. Fieltro de amianto impregnado de barniz de silicona.	hasta 240°C	En circuitos que necesiten funcionar durante un fuego o después de él.
NYVINSMETSHEATH			Cobre estañado o aluminio	Como el NIVIN, más una capa general de trenza de cobre con cinta de poliéster, trenza de nilón y laca.	−75°C a +65°C	En zonas en que haga falta apantallamiento.
FEPSIL	206		Cobre niquelado	Goma de silicona Trenza de vidrio y barniz F.E.P.**	−75°C a +190°C	

*Cloruro de polivinilo; + Politetrafluoretileno; **Etileno-propileno fluorado.

Los cables pueden clasificarse además por prefijos y sufijos que se refieren al número de núcleos y a cualquier cubierta protectora. Por ejemplo, "TRINYVIN" indicaría un cable compuesto por tres cables simples de NYVIN, y si lleva como sufijo "METSHEATH" querría ello decir que el cable va encerrado en una camisa (*sheath*) de *metal* trenzado.

Puede observarse en la tabla que sólo se usan dos metales como conductores: cobre (que puede estar estañado, niquelado o plateado, según la aplicación que se le haya de dar) y aluminio. El cobre tiene una baja resistencia específica y se adopta en todos los cables, excepto en los de sección muy grande. Un conductor de aluminio que tenga la misma resistencia que otro de cobre sólo pesa los dos tercios que éste, pero tiene el doble de su sección en área. Esto es una ventaja cuando se trata de circuitos de poca longitud y baja resistencia, como, por ejemplo, los de alimentación de los motores de arranque.

Los materiales aislantes usados para hilos y cables tienen que cumplir varios requisitos estrictos, tales como robustez y flexibilidad en una amplia gama de temperaturas, resistencia a los combustibles, lubricantes y líquidos hidráulicos, facilidad de pelado para su terminación, ininflamabilidad y peso mínimo. Todas estas condiciones, que se especifican en las normas, las cumplen los materiales relacionados en la tabla 7.1 y han de tenerse en cuenta a la hora de elegir el cable correcto para una condición específica ambiental y de trabajo.

Para asegurar una identificación adecuada de los cables, las especificaciones de las normas exigen asimismo que los fabricantes cumplan un código y marquen de acuerdo con él la cubierta protectora exterior. Dicho código suele tener el significado siguiente, por orden: tipo de cable, país de origen ("G" en el caso de los fabricantes ingleses), letra de código del fabricante, año de fabricación (también con una letra) y calibre del hilo. Por ejemplo, NYVIN G-AN 22. También se ha adoptado de modo particular un código de colores como medio de rastrear los núcleos individuales de los cables polinucleares desde y hasta sus puntos terminales. En tales casos es usual que el aislamiento de cada núcleo sea de un color distinto y de acuerdo con la especificación apropiada. Otro método de codificación, que se emplea en los cables de circuitos trifásicos de algunos tipos de aviones, es la intercalación de una traza coloreada en la cubierta exterior de cada núcleo: rojo (fase A), amarillo (fase B) y azul (fase C). El código puede aplicarse también a ciertos cables de un solo núcleo utilizando una cubierta exterior coloreada.

DISTRIBUCION DE HILOS Y CABLES

Como ya se ha dicho en este capítulo, la cantidad de hilos y cables que se necesitan en un sistema de distribución depende del tamaño y la complejidad del sistema. Pero, con independencia de la cantidad, conviene que los hilos y cables se distribuyan por el avión de una manera que resulte segura, evite interferencias con la recepción y transmisión de señales por parte de equipos tales como los de radiocompás y comunicaciones, y que al mismo tiempo permita un tratamiento sistemático de su identificación, instalación y extracción, así como la comprobación de los circuitos. Se han adoptado varios métodos, de acuerdo también con el tamaño y la complejidad, pero en general se pueden agrupar en tres divisiones: mazo al aire, mazo en bandejas y conductos.

Mazo al aire. En este método los hilos o cables que han de ir hasta o salir de los equipos consumidores de las zonas específicas del avión se agrupan paralelos entre sí en un mazo y se sujetan con cuerdas enceradas o tiras de cloruro de polivinilo. Cada mazo se apoya, a intervalos regulares, en todo su recorrido, por medio de bridas sujetas en partes apropiadas de la estructura del avión. Una aplicación de este método a una caja de conexiones en la mostrada en la fig. 7.4.

La composición de los mazos está dictada por factores tales como diámetro general; condiciones de temperatura, es decir aumento de la temperatura de los cables cuando trabajan con su máxima capacidad de conducción de corriente en condiciones ambientales variables; tipo de corriente, o sea, si es alterna, continua, de gran intensidad o pequeña; interferencias debidas a efectos inductivos o magnéticos, y, por último, tipo de circuitos con que se relacionan los cables. Esto último se aplica en particular a los circuitos de la categoría esencial, cuyos cables tienen que estar

Fig. 7.4.– Mazos al aire.

Fig. 7.5.– Mazos en bandejas.

protegidos contra daños en el caso de cortocircuitos originados en cables adyacentes.

Rodeando a los cables que transportan corriente continua existen campos magnéticos, y cuando aquellos cables unen equipos situados en las proximidades de un elemento detector de una brújula magnética hay que contrarrestar los campos mencionados. Esto se consigue colocando juntos los cables de ida y de retorno y conectando este último a un punto de toma de masa situado a una distancia segura del elemento detector magnético de la brújula.

Mazo en bandejas. Este método es básicamente el mismo que el anterior, pero ahora los mazos de cables van contenidos en bandejas que los distribuyen por todo el avión, sujetas a partes apropiadas de su estructura (véase la fig. 7.5). Estas bandejas pueden ser de aleaciones de aluminio, amianto recubierto de resinas o de plástico reforzado con fibra de vidrio y moldeado. En algunas aplicaciones de este método puede usarse una bandeja principal provista de varios canales, cada uno de los cuales lleva un mazo correspondiente a un sistema de consumidores determinado. Con fines de identificación, cada mazo se ata con cuerdas enceradas de colores diferentes.

Conductos. Suelen utilizarse para conducir cables por zonas en las que exista la posibilidad de su exposición a aceite o cualesquiera otros fluidos. Según la aplicación particular de que se trate, los conductos pueden tener la forma de cubiertas de plástico, de metal flexible o de metal rígido. En el caso de necesitarse apantallamiento contra interferencias de señal, los cables correspondientes se llevan por conductos metálicos en contacto con piezas metálicas de la estructura del avión, con el fin de asegurar una buena unión.

Hermetización de cables. En los aviones de cabina presurizada es esencial que muchos de los cables atraviesen las mamparas sin que se produzcan escapes de aire de la cabina. Esto se consigue sellando las aberturas necesarias para el paso de los cables con bitoques de presión o con enchufes herméticos. En la fig. 7.6 se da un ejemplo de conjunto de bitoque de presión, que consta de un

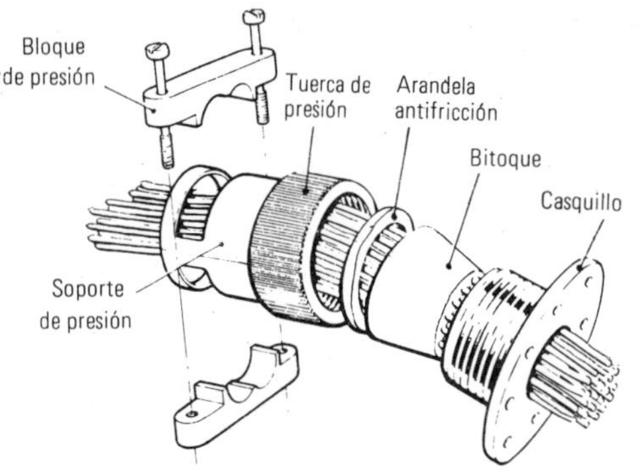

Fig. 7.6.– Conjunto de bitoque de presión.

casquillo, un bitoque perforado de goma sintética, arandela de presión y tuercas de apriete moleteadas. El casquillo tiene reborde y rosca, con orificio cónico para el alojamiento del bitoque. Los orificios del bitoque son de diversos tamaños, para poder admitir cables de varios diámetros, cerrándose cada uno de dichos orificios con una cubierta fina de goma sintética en el extremo de menor diámetro del bitoque. La cubierta se perfora con una herramienta especial al colocar los cables en el bitoque.

Los cables quedan bien apretados en el bitoque, en sus orificios correspondientes, cuando, una vez colocados y obligados en el alojamiento por la tuerca de apriete, el bitoque se comprime herméticamente en el casquillo y alrededor de los cables. La arandela antifricción impide daños en la superficie del bitoque al hacer girar la tuerca de apriete. Al hacer el montaje, los orificios que no están ocupados por cables se rellenan con tacos de plástico.

En los casos en que se necesitan conexiones en la propia mampara de presión, los cables de cada lado terminan en conjuntos especiales herméticos de enchufe o clavija de un tipo parecido al indicado en la fig. 7.11 (elementos 3 y 4).

CABLES PARA FINES ESPECIALES

Para ciertos tipos de sistemas eléctricos se necesitan cables que realicen una función más especializada que los ya mencionados. En los apartados siguientes se dan algunos ejemplos de los que, de forma general, se llaman cables para fines especiales.

Cables de encendido. Son los utilizados para la transmisión de alta tensión en los sistemas de encendido de los motores de pistón y de turbina. Son del tipo de núcleo multifilar, adecuadamente aislado y recubierto con una funda metálica para evitar interferencias. La cantidad de cables exigidos por un sistema dado depende de la de bujías o ignitores que lleve el motor, y por lo general van integrados en un conjunto completo de encendido. Según el tipo de instalación que lleve el motor, los cables pueden ir encerrados en un conducto metálico, que también forma parte del conjunto antes mencionado, o al aire. Los cables se conectan a los componentes apropiados del sistema mediante terminales adecuados que pueden ser de muelle o de capucha.

Cables de termopar. Se emplean para la conexión de los indicadores de temperatura de la cabeza del cilindro y los de temperatura de los gases de salida de las turbinas con sus elementos sensores de termopar correspondientes. Los materiales conductores suelen ser los mismos que se emplean en las combinaciones de elementos sensibles, es decir, hierro y constantán o cobre y constantán para los termopares de las cabezas de los cilindros, y chromel (aleación de cromo y níquel) y alumel (aleación de aluminio y níquel) para los termopares de los gases de salida.

En el caso de los sistemas indicadores de la temperatura de la cabeza de los cilindros sólo se utiliza un elemento sensor termopar, y los cables entre él y un conector de cortafuegos suelen ir recubiertos de amianto. Para la medida de la temperatura de los gases de salida se necesitan varios termopares, dispuestos radialmente en la corriente de aquellos, y por eso es práctica general disponer los cables en forma de mazo, adaptado a la instalación del motor específico de que se trate. El material aislante de los cables del mazo puede ser goma de silicona o fibra de vidrio impregnada de p.t.f.e. Los cables terminan en una caja de conexiones, situada en el motor o en la mampara cortafuegos, desde donde se prolongan hasta el indicador. El material aislante de los cables de prolongación suele ser del tipo de polivinilo, ya que están sometidos a menores temperaturas ambientales que los cables del mazo del motor. En algunas aplicaciones estos cables de prolongación van embebidos en pasta de silicona, dentro de un conducto flexible de trenza metálica.

Cables coaxiles. Los cables coaxiles contienen dos o más conductores separados. El más interno de ellos puede ser del tipo de hilo de cobre macizo o de hilo dividido, y a la vez desnudo, plateado, estañado o incluso dorado en algunas aplicaciones, según el grado de conductibilidad que se necesite. Los demás conductores tienen forma tubular, por lo general de trenza de hilo fino. El aislamiento suele ser de polietileno o teflón. Las cubiertas exteriores o camisas sirven para impermeabilizar los cables y protegerlos contra la acción de fluidos y el daño físico y eléctrico. Los materiales utilizados para las cubiertas se fabrican para resistir el funcionamiento en condiciones variables ambientales.

Los cables coaxiles tienen varias ventajas: En primer lugar, están blindados contra los campos magnéticos y electrostáticos; un campo electrostático no traspasa el conductor externo y los campos debidos a las corrientes que circulan por los conductores interno y externo se anulan mutuamente. Además, como los cables coaxiles no radian, tampoco captan energía alguna ni quedan influidos por otros campos eléctricos fuertes. Las instalaciones en que se usan principalmente los cables coaxiles son las de radio, la conexión de las antenas y los sistemas indicadores de cantidad de combustible del tipo capacitativo para la conexión de las unidades de los depósitos y los amplificadores. La construcción de un cable coaxil típico, junto con el orden adoptado para colocar el conector, se dan en la fig. 7.7. Se corta la cubierta exterior para dejar al aire el conductor de trenza metálica externo (etapa "A"), que a continuación se abre y dobla hacia atrás, sobre el adaptador (etapas "B" y "C"). Al mismo tiempo se corta el aislamiento para dejar libre el conductor interno. La etapa siguiente ("D") consiste en atornillar el subconjunto al adaptador, con lo que el conductor externo queda sujeto firmemente entre esos dos componentes (etapa "E"). Aunque no en todos los casos, el conductor externo puede soldarse al subconjunto, valiéndose para ello de unos orificios de soldadura apropiados. La conexión se completa soldando un contacto al conductor interno y atornillando al subconjunto la tuerca de acoplo del conector.

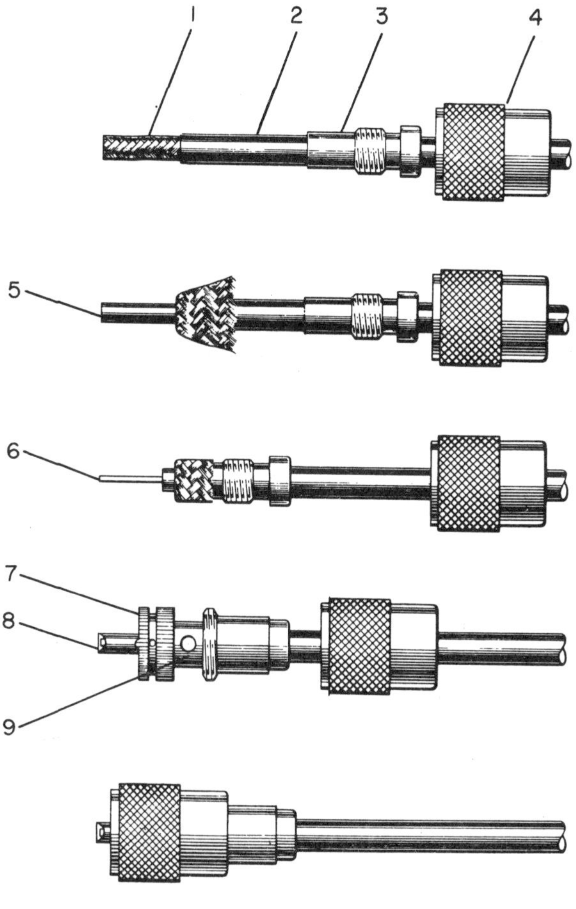

Fig. 7.7.– Cable coaxil típico y conexión del extremo:

1. conductor exterior de malla;
2. cubierta exterior;
3. adaptador;
4. anillo de acoplo;
5. aislamiento;
6. conductor interior;
7. subconjunto de clavija;
8. contacto;
9. orificios para la soldadura.

TOMA DE TIERRA

En sentido literal, la toma de tierra o masa como se le llama a menudo se refiere al retorno de la corriente a la masa conductora de la tierra. Considerada como un solo cuerpo, la tierra es tan grande que cualquier transporte de electrones entre ella y otro cuerpo no produce cambio alguno perceptible de su estado de electrificación. Por eso puede considerarse eléctricamente neutra y como punto de referencia cero para determinar el estado de electrificación de otros cuerpos. Por ejemplo, si dos cuerpos cargados A y B tienen potenciales positivos respecto a tierra, pero el de A es más positivo que el de B, el de este último puede describirse como negativo con relación al de A en una cantidad determinada.

Como ya se ha explicado, las salidas positivas de las fuentes de alimentación de los aviones, y los bornes de entrada positivos de los consumidores, van todos conectados a colectores aislados de la estructura del avión. Como en la mayoría de éstos la estructura es metálica y de una masa suficiente como para quedar eléctricamente neutra, suele hacer el oficio de tierra o *colector negativo*, proporcionando así el retorno de la corriente eléctrica. De ese modo, los circuitos productores y los consumidores pueden completarse llevando todas las corrientes negativas a la estructura en varios *puntos de tierra*, cuyas cantidad y situación estarán adaptadas al tipo particular de aeronave de que se trate. Como esto se traduce en que sólo se necesiten los cables positivos de los circuitos, tales instalaciones se denominan *sistemas de un solo hilo, o monopolares, de retorno a masa.* En los circuitos de alimentación alterna la carcasa metálica del avión sirve asimismo como conexión del punto neutro.

La selección de los tipos de conexión para los cables de retorno de tierra se basa en factores tan importantes como la robustez mecánica, la corriente transportada, los efectos corrosivos y la facilidad con que se pueden hacer las conexiones. Como consecuencia, pueden variar en la forma. Algunos dispositivos típicos son un simple perno que atraviesa una pieza estructural, a la que va unido, y un perno o una serie de ellos que sujetan una placa de toma de tierra prevista para su atornillamiento o remachado a una pieza estructural. Para asegurar un buen contacto eléctrico y una resistencia mínima entre un perno de toma de tierra o una placa y la estructura del avión hay que eliminar la capa protectora que pueda recubrir las superficies en contacto, antes del montaje. La protección contra la corrosión se consigue revistiendo las superficies con un compuesto resistente a la corrosión y a los disolventes o, en ciertos casos, interponiendo una placa galvanizada y aplicando barniz a los bordes de la junta. Un ejemplo de dispositivo en racimo con placa de corrosión se da en la fig. 7.4.

Los cables de retorno a masa se conectan a los pernos de tierra por medio de conectores anulares, pudiendo admitir cada perno cables de varios circuitos. De todos modos, en algunos circuitos hay que conectar los cables por separado, lo que se aplica sobre todo a los del tipo sensible que llevan poca corriente, como es el caso, por ejemplo, de los indicadores de temperatura del tipo resistivo, en los que pueden aparecer errores como consecuencia de las corrientes de retorno a masa de otros circuitos.

En los aviones cuya estructura primaria no sea metálica se incluye un sistema continuo de toma de tierra, que suele consistir en cuatro o más conductores del modelo de pletina, de cobre blando, que recorren toda la longitud del fuselaje, de manera que no estén separados más de 2 m mutuamente en el sentido de la periferia del fuselaje en el lugar de mayor sección. Estas pletinas de toma de tierra van unidas a otras que siguen los bordes de ataque y de salida, desde la base hasta el extremo de las alas y los estabilizadores horizontales, así como a otra situada junto al borde de ataque del estabilizador vertical. También se incluyen pletinas de toma de tierra en los bordes de ataque del timón, los elevadores y los alerones, todas las cuales se conectan a los sistemas del fuselaje y las alas por intermedio de las charnelas exteriores de las superficies de control. Las pletinas se disponen de manera que su recorrido se haga con la menor cantidad posible de dobleces, y se interconectan valiéndose de juntas atornilladas o remachadas.

También se incluyen placas pararrayos, que se prolongan por los extremos de cada ala, los estabilizadores horizontales y verticales, el fuselaje, el morro y la cola, y consisten en pletinas de cobre montadas en el exterior de la estructura.

Conexiones

Para completar las uniones entre las diversas unidades que integran un sistema de distribución de energía hay que prever medios apropiados de conexión y desconexión. La cantidad de conexiones implicadas en cualquier sistema depende como es lógico del tipo y tamaño del avión y de su instalación eléctrica, pero los métodos seguidos en la conexión y que trataremos aquí siguen siempre el mismo patrón básico.

En general hay dos métodos de conexión, que pueden definirse *grosso modo* por la frecuencia con que las unidades hayan de conectarse y desconectarse. Por ejemplo, las conexiones de las cajas de unión, bloques terminales, tomas de tierra, etc., son de naturaleza más permanente, pero las terminaciones de los cables han de ser tales que permitan su desconexión rápida cuando llegue la ocasión. Con equipo de naturaleza más compleja, sometido a averías como consecuencia del fallo de alguno de sus múltiples componentes, las conexiones se hacen mediante algún tipo de enchufe, lo que facilita la sustitución rápida del elemento. Además, el método de enchufes también permite la extracción de equipo que haya de ser revisado y comprobado a intervalos especificados en los planes de conservación.

TERMINACIONES DE CABLES

Hay varios métodos para hacer terminaciones de cables, pero uno de los más comúnmente adoptados en los sistemas de distribución es el de los terminales sin soldadura o de presión. También se adopta el método de soldadura, aunque éste se limita más a las conexiones internas de circuito entre los varios elementos o componentes del equipo consumidor y, en algunos casos, a las conexiones entre cables de núcleo único y los contactos de los enchufes.

Terminales de presión. Son los que se sujetan a su conductor comprimiéndolo de tal forma que los metales de ambos se mezclan íntimamente hasta constituir una masa homogénea. Algunas de sus ventajas son:

1. La fabricación es más rápida y fácil, asegurándose a la vez un funcionamiento uniforme.
2. Se consigue una buena conductibilidad eléctrica con una menor caída de tensión.
3. Las conexiones son más robustas (casi iguales que las obtenidas con soldadura): en realidad, tan robustas como lo sea el conductor.
4. Quedan eliminados los problemas debidos a la salpicadura de la soldadura y la pasta de soldar.
5. No aparecen los problemas de rechazo de la soldadura en el conductor y se eliminan las juntas "secas".
6. Si está bien hecha la unión se forma una barrera para el aire, con lo que se consigue que aquella resulte impermeable a la corrosión.

Un terminal típico (fig. 7.8) comprende dos secciones principales: el barrilete de presión y la lengüeta. Para cada calibre particular de conductor,

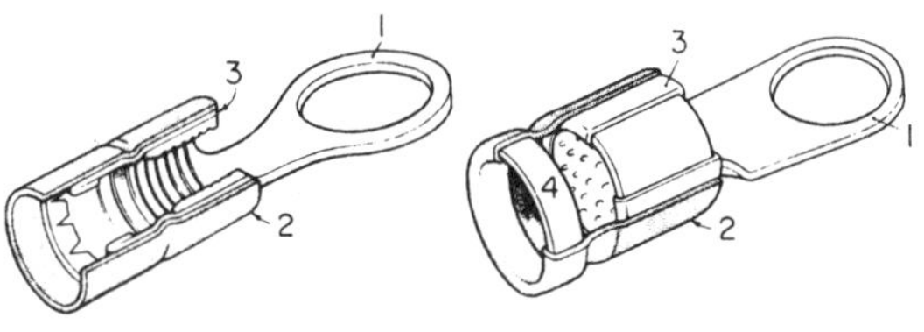

Fig. 7.8.– Terminales de presión:

1. lengüeta;
2. manguito aislante;
3. barrilete;
4. soporte de acero inoxidable (terminales para cables de gran diámetro).

el barrilete de cobre o aluminio se proyecta de modo que encaje perfectamente en él, con lo que una vez aplicada la presión de cierre quedan efectuados una gran cantidad de puntos de contacto. La presión se aplica por medio de una herramienta accionada a mano o hidráulicamente (según el calibre del cable y el terminal), provista de un molde que le da a la junta una forma de sección determinada (por ejemplo, hexagonal, en diamante o en W). Los barriletes están aislados por manguitos de plástico que se prolongan un poco sobre el aislamiento del conductor para permitirle doblarse en cualquier dirección sin que se rasgue el aislamiento o se rompan los hilos del conductor.

En algunos tipos de terminal la superficie interior del barrilete está dentelada, lo que hace que, bajo la presión de cierre, los hilos del conductor "entren" en los dientes con el fin de conseguir una conexión de gran resistencia a la tracción. Estos dientes tienen además la función adicional de ayudar en la ruptura de la capa de óxido que se forma en los hilos del conductor durante la operación de sujeción. Para facilitar la inspección de la junta de presión, el barrilete suele estar abierto por el extremo de la lengüeta o, en algunos casos, ir provisto de un orificio apropiado por el que se puede comprobar la introducción suficiente del conductor en el barrilete.

La forma de la lengüeta depende de dónde y cómo ha de conectarse. Las más comunes son las de ojete y las bifurcadas.

Cuando hay que hacer una conexión entre los extremos de dos cables; por ejemplo, en un recorrido desde la barquilla de un motor hasta el fuselaje del avión, pasando de un cable EFGLAS a otro de NYVIN, se emplea una variante del terminal de presión. Esta variante se conoce con el nombre de *conector en línea* y consta en esencia de dos barriletes de presión en serie, en cada uno de los cuales se sujeta uno de los conductores. El conector se recubre con un manguito aislante. En la fig. 7.9 se da una selección de terminales y conectores en línea.

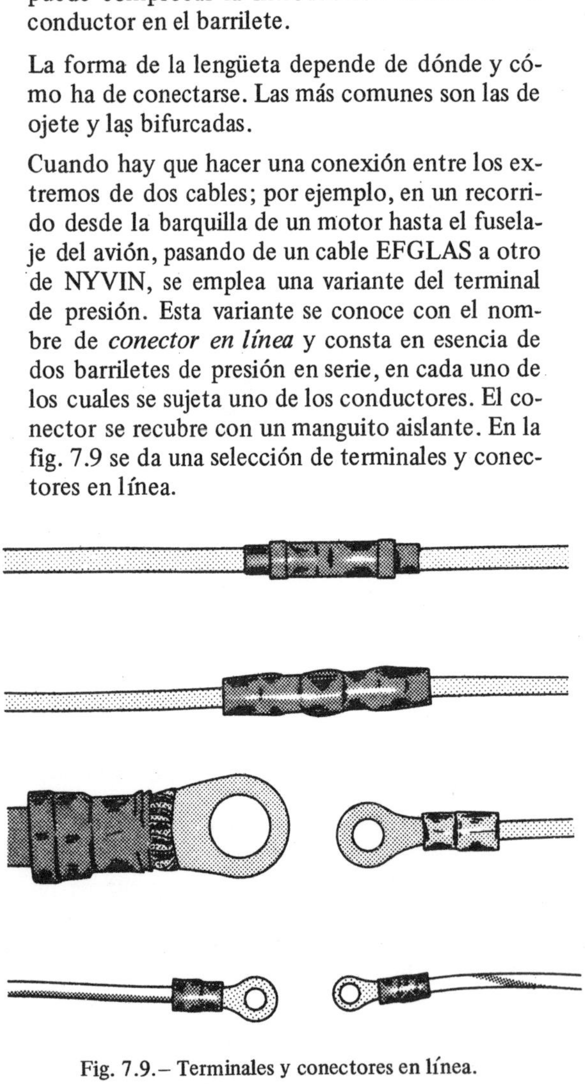

Fig. 7.9.– Terminales y conectores en línea.

Conexiones para cables de aluminio. El empleo de hilos de aluminio como conductores en algunos sistemas se debe sobre todo a la gran ventaja de la reducción de peso con relación a los de cobre. Pero para conseguir conexiones eléctricas satisfactorias hacen falta ciertas técnicas con las que contrarrestar otras características del aluminio como son, por ejemplo, la rapidez con que se oxida y su blandura.

La película de óxido se forma en cuanto se expone el aluminio a la acción de la atmósfera, y no sólo actúa como aislante, sino que también aumenta de espesor a medida que se genera calor por el paso de la corriente, lo que hace que crezca más aún la resistencia eléctrica y produciendo corrosión en las juntas o conexiones. El método más comúnmente empleado para eliminar la capa de óxido es uno en el cual se aplica a los extremos del cable y al terminal adecuado un compuesto granular especial de cinc. Los terminales de aluminio suelen ser del tipo de presión y el barrilete se rellena con ese compuesto. En ciertos casos el propio barrilete contiene un cartucho ya incorporado. Al efectuarse el apriete del terminal en el cable, el compuesto se ve obligado a penetrar alrededor y entre los hilos del cable, atravesando la película de óxido y ayudando a romperla. De este modo se consiguen buenos contactos entre los metales y se proporciona una derivación a la alta resistencia eléctrica de la película de óxido. Al mismo tiempo se obtiene el sellado de la junta cable-terminal, lo que impide que vuelva a formarse la película de óxido.

En los casos en que un terminal de aluminio haya de ser unido directamente a la estructura del avión, a una barra colectora o a la superficie de un componente, la superficie de contacto deberá limpiarse previamente, aplicándole a continuación una capa de compuesto. Para compensar la blandura del aluminio en comparación con el cobre se emplean arandelas planas de diámetros mayores que los de las lengüetas de los terminales, con el fin de ayudar a distribuir la presión de sujeción en una mayor superficie. Asimismo, y con motivo de esa blandura, los pares de apriete aplicados a las conexiones de perno se mantienen dentro de límites específicos.

Enchufes. Los enchufes (bases y clavijas) son dispositivos de conexión que contienen respectivamente conjuntos de contactos hembras y machos, que pueden ser fijos o libres, formando parte en el primer caso de una caja de conexiones, un panel o un componente, o como final de un cable unido a un elemento fijo, en el segundo. Hay muchas variantes del diseño de los enchufes, que dependen principalmente de las exigencias del circuito de distribución, cantidad de conductores y condiciones ambientales. Por lo general, sin embargo, la construcción normal sigue la forma indicada en el despiece de la fig. 7.10. Los cuerpos suelen ser de aleaciones ligeras o acero inoxidable, con acabado general de cadmio, y provistos de rosca macho o hembra.

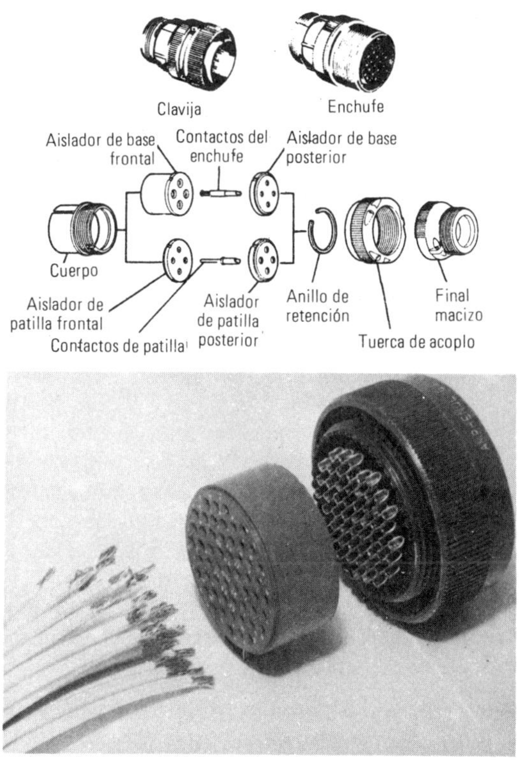

Fig. 7.10.– Construcción de varios enchufes y clavijas.

También suelen ir provistas de patillas o guías de polarización para asegurar que las patillas de la clavija encajan en sus orificios correspondientes del enchufe, a la vez que se impide el movimiento relativo entre las dos partes, sobre todo al apretar los anillos de acoplo. Los cuerpos de los enchufes "libres" se prolongan lo necesario por la adición de salidas o rebordes, que proporcionan un medio de sujetar el cable en el punto de entrada en el enchufe o clavija, con lo que se evitan tensiones en los conductores, desplazamiento de los contactos en los aislantes y la entrada de humedad y suciedad o polvo. En muchos casos se incluye también una brida especial de sujeción (fig. 7.11, elemento 5).

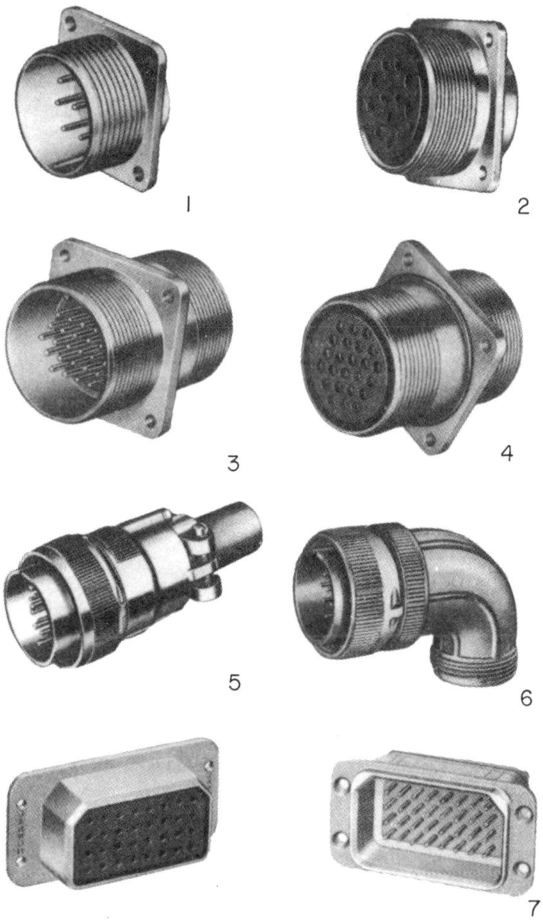

Fig. 7.11.– Enchufes y clavijas típicos.

1. tipo de equipo y panel fijo;
2. fijo del tipo pasante;
3. tipo fijo con sujeción del cable;
4. tipo fijo para conexión en ángulo;
5. tipo fijo para equipo de bastidor;
6. tipo fijo de conexión en ángulo;
7. tipo fijo para equipo en bastidor.

Los contactos de las clavijas suelen ser patillas cilíndricas macizas, y los de los enchufes tienen por lo común una sección flexible, destinada a mejorar el contacto con la patilla de la clavija. Los contactos se mantienen en posición mediante aisladores o inclusiones colocadas en el cuerpo de la conexión y sujetas con anillos de retén o tuercas. Estos aisladores pueden ser de plástico duro, neopreno de distintos grados de dureza, goma de silicona o de fluorosilicona, según la aplicación a que se destine la conexión y las condiciones ambientales en que se hayan de usar.

La unión de los conductores a las patillas y a los contactos del enchufe se hace mediante presión, método que en la actualidad ha desplazado mucho al de la soldadura. Los contactos del enchufe están diseñados de manera que su presión sobre las patillas de la clavija no se reduce con el uso repetido. En la mayor parte de los casos las clavijas y los enchufes se sujetan cuando están conectados por medio de anillos roscados o tuercas, aunque también se usan a veces acoplos de los tipos de bayoneta y de clip.

En la fig. 7.11 damos algunos modelos típicos de enchufes fijos y libres. Las unidades de los modelos de bastidor (elementos 6 y 7) se emplean especialmente para la interconexión de radio y otros equipos electrónicos, que por lo general van montados en bastidores o bandejas especiales. Una de las partes de la conexión (la calvija o el enchufe) va fija a la espalda del equipo y la unidad complementaria se une al bastidor o bandeja: la conexión eléctrica se efectúa al deslizar el equipo por el bastidor o la bandeja.

HERMETIZACION

Se trata de una técnica aplicada normalmente a enchufes y clavijas que han de emplearse en lugares en que existe la posibilidad de que puedan entrar agua o líquidos por la conexión del cable. Este procedimiento elimina la necesidad de complicados mecanismos de cierre, tuercas de bellota, etc., y consta de una mortaja de plástico, de altura suficiente para cubrir las terminaciones. Rellenando la cavidad de un compuesto especial, semifluido al principio, pero que se endurece rápidamente hasta una consistencia semejante a la de la goma, se obtiene un cierre hermético muy eficaz. Además de la hermeticidad proporciona refuerzo a las conexiones de los cables.

El compuesto de hermetización consiste en un material básico y otro alcalino o ácido (llamado *acelerador*) que se mezclan íntimamente en la proporción correcta para dar la consistencia y la dureza deseada al compuesto. Una vez mezclado, éste se inyecta en un molde especial y se deja secar y fraguar. Al quitar el molde, el aislamiento hemisférico flexible se ha difundido bien por toda la clavija o el enchufe, hasta llegar a su propio aislante, rodeando las juntas y contactos de los conductores.

Continuidad eléctrica

CARGAS ESTATICAS

Durante el vuelo se crea en la estructura de los aviones energía eléctrica, que se desarrolla de dos formas: por precipitación de cargas estáticas y por cargas debidas a inducción electrostática. Las primeras aparecen en las superficies exteriores del avión como consecuencia de la fricción con partículas de lluvia, nieve y cristales de hielo, polvo, humo y otros contaminantes del aire. Al recorrer estas partículas el exterior de la estructura del avión dejan en ella cargas negativas y a la vez de ella se desprenden cargas positivas que se van con el aire. Además, otras partículas de impurezas extrañas, que están cargadas , hacen contacto físico con la superficie del avión y le transfieren esas cargas, con lo que crece o disminuye el estado de carga ya existente a causa de la fricción.

Las cargas del tipo electrostático son las inducidas en un avión al volar por campos eléctricos creados por ciertos tipos de formaciones nubosas. Esta condición de carga es el resultado de la descomposición de las partículas de agua, que aumenta la intensidad del campo y crea una tensión tan alta que se produce una descarga en la forma familiar del rayo. Esta descarga puede efectuarse entre bolsas de cargas opuestas de una misma nube, o una sección cargada negativamente y la parte superior de aquella, o entre una bolsa cargada positivamente y tierra. Una nube muy desarrollada puede tener zonas con cargas opuestas entre sí, lo que producirá varios campos eléctricos, tanto en los planos horizontal como vertical, en los que se pueden alcanzar tensiones hasta de 10.000 V por centímetro. El peligro relativo creado por estos potenciales tan elevados puede apreciarse sin más que decir que por inducción electrostática pueden dejarse pasar por el avión hasta 10 millones de voltios, con corrientes posibles de varios miles de amperios, cuando aquél vuela en las proximidades de las condiciones mencionadas.

Con independencia de cómo adquiera un avión sus cargas estáticas, la diferencia de potencial resultante entre él y la atmósfera produce una descarga que tiende a ajustar el potencial del avión al de ésta. Por eso la carga se disipa casi lo mismo que se produce y por medios naturales.

Sin embargo, hay un riesgo, como es la posibilidad de que se produzcan descargas dentro del avión, como consecuencia de las diferencias de potencial de las distintas partes que componen el aparato y todos los sistemas necesarios para su funcionamiento. Por eso es esencial incorporar un sistema que constituya un camino de baja resistencia entre todas las partes y que al hacerlo así:

1. limite la diferencia de potencial entre todas las partes;
2. elimine las descargas de arco y los riesgos de incendio;
3. conduzca las tensiones y las corrientes tan elevadas de modo que puedan descargarse a la atmósfera por los extremos del avión;
4. reduzca la interferencia con las señales de radio y de los sistemas de navegación;
5. evite la posibilidad de descargas eléctricas a personas en contacto con equipos y partes del avión.

A este sistema se le llama *de continuidad eléctrica* y, aunque difieren en sus funciones principales, se deduce de su propia constitución que las exigencias de este sistema coinciden con las del sistema de toma de tierra descrito antes.

La unión continua se consigue mediante tiras metálicas que conectan entre sí partes metálicas fijas, como, por ejemplo, los tubos unidos a extremos opuestos de un acoplo no metálico, y con conductores cortos de trenza flexible que unen partes móviles tales como varillas de control, superficies de control de vuelo y componentes colocados en montajes flexibles, tales como los paneles de instrumentos y los bastidores de los equipos electrónicos. En la fig. 7.12 se dan algunos ejemplos típicos de tiras de unión o *puentes*, como también se les llama a veces.

Siempre es posible que en el avión quede alguna carga estática, por lo que una vez aterrizado puede aparecer una diferencia de potencial entre él y tierra. Como es natural, esta situación es de todo punto indeseable, ya que crea un peligro de descarga eléctrica para las personas que entren o salgan del aparato y puede ocasionar chispas entre éste y los equipos de superficie que a él se conecten. Para proporcionar un camino de escape apropiado a esas cargas suelen adoptarse dos métodos, bien por separado o en combinación: En uno de ellos el avión va provisto de una rueda de morro o de cola, según el caso, cuya goma de la cubierta contiene un compuesto que le confiere buena conductibilidad eléctrica; el segundo consiste en proporcionar un camino de descarga por medio de hilos metálicos de acero cortos y flexibles, unidos a la rueda de morro o al eje de las principales y que hacen contacto físico con el suelo en cuanto aterriza el avión.

Durante la maniobra de repostar combustible hay que extremar las precauciones para reducir al mínimo los riesgos de incendio y explosión a causa de la presencia de cargas estáticas. Puede estar cargado el avión, así como el tanque de combustible, y además al pasar éste por la manguera y la boquilla puede producir potenciales eléctricos. Por eso hay que prevenir la formación de diferencias de potencial, que de lo contrario podrían traducirse en la producción de chispas, con el riesgo de inflamación de los vapores del combustible. La igualación de los potenciales se consigue proporcionando una conexión eléctrica entre el avión y el tanque que a su vez se une a tierra, y poniendo la boquilla en contacto con un punto especialmente destinado a ello en la estructura del avión. Durante la operación de repostar el aparato se mantiene siempre el contacto físico entre la boquilla de la manguera del combustible y el tanque.

TRENZAS DE DESCARGA ESTATICA

Como ya se ha dicho, la descarga de los estáticos se efectúa de modo continuo, con el fin de igualar los potenciales de las cargas atmosféricas y el

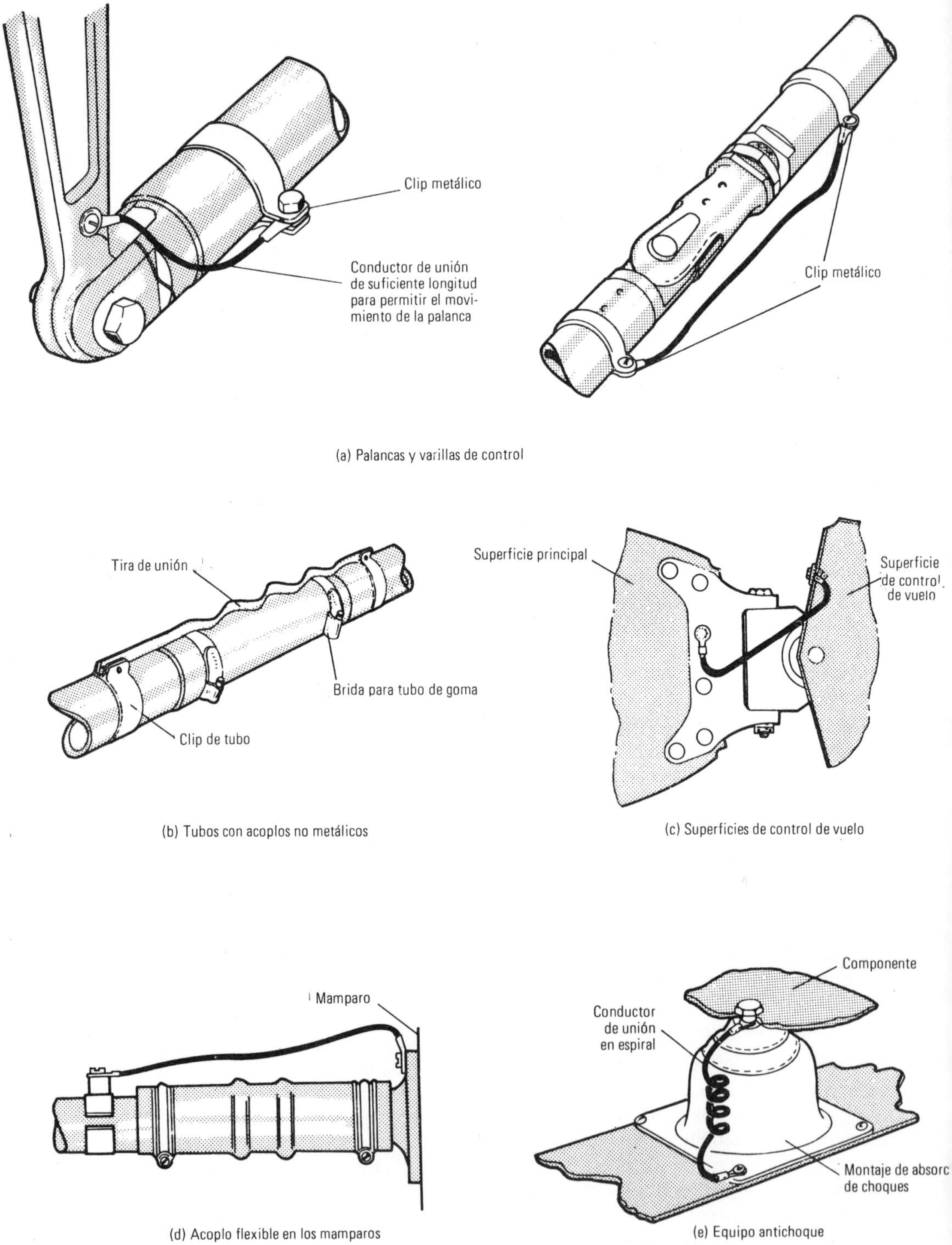

Fig. 7.12.– Métodos para conseguir la continuidad eléctrica.

avión. Pero a veces ocurre que el ritmo de la descarga es menor que el real de la carga, con el resultado de que el potencial de carga de la aeronave alcanza un valor tal que en condiciones de poca luz o en la noche se hace visible lo que se llama *descarga por efecto corona.* Esta descarga se efectúa principalmente en las curvas y secciones del avión que tienen radios mínimos, tales como puntas de las alas, bordes posteriores de éstas, extremos de las hélice, estabilizadores horizontales y verticales, antenas de radio, tubos Pitot, etc.

La descarga por efecto corona puede ocasionar graves interferencias con las señales de radiofrecuencia, por lo que habrá que arbitrar medios para asegurar que dicha descarga se produzca en puntos en los que la interferencia sea mínima. Esto se consigue mediante dispositivos llamados *descargadores estáticos*, que constituyen un camino relativamente fácil para la salida de la carga, lo que hace que las descargas corona se efectúen en puntos determinados, en lugar de hacerlo en los más favorables para su producción. Los descargadores estáticos se fijan en los bordes posteriores de alerones, elevadores y timón. Un descargador típico consta de hilos de nicrom dispuestos a la manera de cepillo o trenza, con lo que proporcionan muchos puntos de descarga. En algunos casos los descargadores estáticos pueden tener asimismo forma de varillas metálicas pequeñas para su adaptación al borde posterior y cortas chapas metálicas para su encaje en los picos de alas y estabilizadores. Unas agujas de volframio muy afiladas se prolongan en ángulo recto con la punta de los descargadores, con el fin de mantener bajo el potencial corona y asegurar de ese modo que la descarga sólo se efectuará en esos puntos.

APANTALLAMIENTO

El apantallamiento tiene por objeto una función similar a la de la continuidad eléctrica: proporcionar un camino de baja resistencia a las tensiones que producen interferencia de las frecuencias de radio. Pero mientras un sistema de continuidad eléctrica es un enlace de conducción para las tensiones producidas por la creación de cargas estáticas, las tensiones que ha de conducir el apantallamiento son las dispersas debidas al acoplo de campos externos originados por ciertos elementos de equipo eléctrico y circuitos en funcionamiento. Como ejemplos típicos podemos mencionar los generadores de c.c., los sistemas de encendido de los motores, los motores de c.c., los conmutadores de tiempo y otros aparatos similares destinados a conectar y desconectar circuitos con un ritmo determinado.

Los métodos adoptados para el apantallamiento suelen ser de los tres tipos principales, gobernados sobre todo por el equipo o circuito que origina los campos interferentes. En los equipos por el estilo de generadores, motores y conmutadores de tiempo se conectan varios condensadores, que proporcionan un camino de baja resistencia, en la propia fuente interferente (por ejemplo, escobillas, colectores y contactos). La unidad así constituida suele llamarse *supresor.* Los otros métodos adoptados son los que consisten en encerrar el equipo y los circuitos en cajas metálicas y rodear los cables con una funda hecha de trenza metálica, método éste que se sigue especialmente para el apantallamiento de los cables de los sistemas de encendido. Los supresores y las pantallas metálicas se conectan al sistema principal de tierra o masa del avión.

Esquemas eléctricos y de identificación

En todos los casos en que intervienen el montaje, la interconexión y el mantenimiento de varios componentes que forman un sistema específico se necesita un esquema que constituye una guía práctica de dicho sistema. Las instalaciones eléctricas de los aviones, como es natural, no constituyen una excepción de esta regla, y las prácticas de dibujo correspondientes son temas especializados que exigen la normalización por separado de los detalles, con el fin de asegurar una cierta uniformidad en la preparación y la presentación.

Las normas con que se dibujan por lo general todos los esquemas son las establecidas por los organismos nacionales apropiados, tales como, por ejemplo, la British Standards Institution, la Society of British Aerospace Constructors (S.B.A.C.) y la Specification 100 de la Air Transport Association (A.T.A.) de América. Por lo general hay tres tipos de esquemas para los aviones: los de circuito, los de conexionado y los mapas de localización.

Esquemas de circuito. Son de naturaleza teórica y presentan la disposición que en el circuito llevan los componentes eléctricos y electrónicos, tanto individual como colectivamente, como un sistema completo de distribución o de consumo, con los detalles necesarios para entender el principio de funcionamiento de los componentes y el sistema.

Los circuitos suelen dibujarse en la situación de *avión en tierra*, con la fuente principal de alimentación en reposo. Por lo general, los conmutadores e interruptores se presentan en su posición de *desconectado,* y todos los componentes por el estilo de relés y contactores se indican en su estado de relajamiento. En el caso de ser necesario salirse de estas condiciones normales hay que añadir una nota en el esquema, para explicar con claridad las condiciones elegidas.

Esquemas de conexionado. Son de naturaleza más práctica, ya que presentan los componentes y cables de cada sistema individual tal como van en la instalación, con sus conexiones mutuas, su situación en la aeronave y grupos de letras y cifras destinadas a la identificación directa de todos los componentes.

Mapas de localización. Estos mapas tienen funciones similares a las de los esquemas de conexionado, pero están trazados de tal manera que los componentes y cables se dibujan con indicaciones de *situación,* lo que permite seguir fácilmente por todo el avión la ruta de distribución correspondiente. En algunos casos pueden combinarse las dos funciones en un solo esquema (véase, por ejemplo, la fig. 7.13).

Los esquemas de conexionado y los mapas de localización están destinados a su empleo por parte de los técnicos de conservación, con el fin de ayudarles en su tarea práctica de probar los circuitos, localizar las averías y hacer la instalación. La cantidad de esquemas o mapas necesarios para un avión determinado depende lógicamente de su tamaño y de su instalación eléctrica propia, y puede variar entre unas pocas páginas al final del manual de conservación, en el caso de un avión ligero de poco tamaño, y varios volúmenes gruesos, cuando se trata de grandes aviones de transporte de pasajeros.

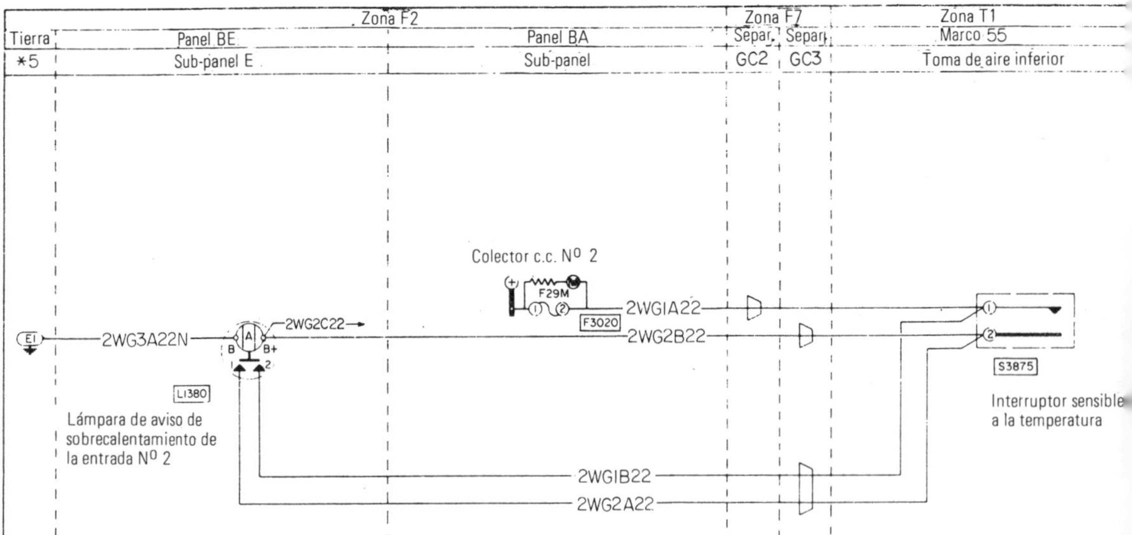

Fig. 7.13. Aplicación práctica de la codificación.

ESQUEMAS DE CODIFICACION

Como ayuda para la correlación de los detalles ilustrados en un esquema particular y las condiciones físicas reales, es decir, dónde están situados los elementos, calibres de los cables usados, etc., los fabricantes de aviones adoptan también un esquema de codificación para su identificación, aparte de los adoptados por los fabricantes de cables. Este esquema puede estar adaptado a la propia especificación del fabricante o a otro que se haya utilizado como normalizado. Con el fin de ilustrar de una forma general los principios de los esquemas se describirán algunos ejemplos de aplicaciones de uno de los códigos normalizados más usados.

En este esquema, expuesto por la Air Transport Association of America en su especificación nº 100, la codificación para los cables en las instalaciones consta de una combinación alfa-numérica de seis lugares, que se anota en todos los esquemas de conexionado y mapas de localización, y se imprime en la funda exterior de los cables. En los casos en que no se pueda fijar al cable el código, se imprimirá en manguitos no metálicos que se pondrán en los extremos de los cables. El código se imprime a lo largo del cable, a intervalos regulares, haciéndole pasar por máquinas impresoras especiales. El ejemplo siguiente servirá para ilustrar el significado de cada lugar del código:

1 P 1 A 22 N

Lugar 1. El número que aparece en este lugar se llama *número de unidad* y sólo se usa cuando los componentes tienen circuitos idénticos, es decir, cuando se trate de componentes de un sistema doble de generadores. En este caso, la cifra 1 se refiere a los cables de interconexión de los componentes del primer sistema. El número en cuestión se omite en los cables que se emplean solos.

Lugar 2. En este lugar se usa una letra para indicar la función del circuito, es decir, designa el circuito o sistema a que está conectado el cable. Cada sistema tiene su propia letra. Cuando un circuito forma parte del equipo de radio, radar o uno electrónico especial se emplea otra letra más para definir mejor ese circuito.

Lugar 3. El número correspondiente a este lugar es el del cable y se usa para diferenciar entre cables que no tengan un terminal común en el mismo circuito. A este respecto, los contactos de conmutadores, relés, etc. no se clasifican como comunes. A cada cable se le da un número diferente, que empieza por el más bajo y va aumentando hasta donde haga falta.

Lugar 4. La letra que aquí se utiliza significa el segmento del cable (es decir, la parte de cable comprendida entre dos terminales o conexiones) y diferencia entre segmentos de un circuito particular cuando se emplea el mismo número de cable en todo él. Cuando se pueda, los segmentos se ordenan alfabéticamente (con exclusión de las letras "I" y "O"), correspondiendo la letra "A" al primer segmento de cada cable, empezando en la fuente de alimentación. En cada segmento de cable se usa una letra distinta, aunque tengan un terminal o conexión común.

Lugar 5. En este lugar el número indica el calibre del cable y corresponde a la serie de American Wire Gauge (AWG). Esto no se aplica al caso de los cables coaxiles, en los que se omite este número, ni a los de termopar, en los que como sustutito se utiliza un guión (-).

Lugar 6. Una letra en este lugar indica si el cable se usa como conexión a neutro o tierra, fase de c.a. o termopar. La letra "N" indica conexión a tierra; "V", cable de alimentación en un circuito monofásico, en tanto que los trifásicos se identifican con las letras "A", "B" y "C", según las fases correspondientes. Los cables de termopar se marcan con letras que indican el tipo de material del conductor, o sea: AL (alumel), CH (chromel), CU (cobre), CN (constantán).

La aplicación práctica del esquema de codificación puede comprenderse mejor valiéndose de la fig. 7.13, donde se da el conexionado de un sistema sensor de temperatura con interruptores y lámparas de aviso. El esquema sirve asimismo como ejemplo de cómo se pueden presentar las interconexiones siguiendo el principio del mapa de localización, indicando en la parte superior del esquema las situaciones correspondientes de los componentes y los cables.

El sistema está relacionado con la toma de aire del motor nº 2, su función de circuito está designada por las letras "WG" y emplea cables de hilo del calibre 22 en todo él. Empezando en la fuente de alimentación, es decir, en la barra colectora nº 2 de c.c., el primer cable va desde la conexión 2 del fusible hasta el terminal 1 del conmutador, pasando por un tapón de presión. Por consiguiente, el código de este cable es 2 WG 1 A 22. El borne 1 sirve también como conexión común de la fuente de alimentación al contacto 2 del dispositivo de "apriete para probar" de la lámpara de aviso, por eso el cable de interconexión, que pasa asimismo por un tapón de presión, es un cable de segundo segmento y su código se convierte en 2 WG 1 B 22. El borne 2 del conmutador sirve como conexión común para la salida de c.c. del contacto 1 del dispositivo de apretar para probar, y el conmutador sensor, en sus contactos, y como los cables son el segundo par del circuito y sus segmentos respectivos primero y segundo, sus números de código son 2 WG 2 A 22 y 2 WG 2 B 22. El cable que aparece pasando más allá del borne B+ de la lámpara es un tercer segmento que conecta una alimentación a una lámpara de un sistema centralizado de aviso, y por consiguiente lleva código 2 WG 2 C 22. El circuito se completa con el cable número 3 y como éste está conectado a tierra lleva el código de seis lugares completo, o sea, 2 WG 2 A 22 N.

Los esquemas de codificación adoptados para los elementos de equipo eléctrico tales como paneles de control, grupos de conectores, cajas de conexión, etc., están relacionados con los lugares físicos del avión, y para este fin la aeronave se divide en zonas eléctricas, a cada una de las cuales se les asigna una letra de referencia y un número, así como el equipo, conectores, paneles, etc., de manera que puedan identificarse dentro de sus zonas correspondientes. Las letras y números de referencia se dan en los esquemas apropiados de conexionado y se corresponden con la representación esquemática de todos los elementos (véase la fig. 7.13). En el propio avión las referencias van marcadas en los elementos correspondientes o muy cerca de ellos.

Cuestionario

1. ¿Cuál es la función de las barras colectoras y que forma suelen tener?
2. ¿Qué quiere decir sistema de colectores divididos?
3. Definan los tres grupos que por lo general ordenan la importancia de los servicios consumidores.
4. Describan tres tipos diferentes de cables eléctricos de uso normal en los aviones, exponiendo sus propiedades, limitaciones e identificación. Expongan un ejemplo típico de cada uno de ellos. (S.L.A.E.T.)
5. ¿Cuáles son los tres métodos principales para la colocación de los cables en un avión?
6. Describan un método de pasar hilos y cables desde una zona presurizada de un avión hasta otra que no lo esté.
7. Nombren algunos de los materiales usados en los cables para termopares y expliquen sus aplicaciones.
8. ¿Qué se entiende por toma de masa o tierra?
9. ¿Cómo se constituye un sistema de tierra en un avión cuya estructura primaria no sea metálica?
10. ¿Qué es un terminal de presión?
11. ¿Cuál es la función de un conector en línea?
12. ¿Qué precauciones hay que tomar al hacer conexiones con cables de aluminio?
13. ¿Cómo se asegura que una clavija ha de hacer un buen contacto con su enchufe?
14. Expliquen brevemente el proceso de hermetización de un cable en una clavija o un enchufe.
15. ¿Cuál es la función principal de un sistema de continuidad eléctrica?
16. Expongan algunas de las aplicaciones de las uniones primarias y secundarias.
17. Describan brevemente el método adoptado por lo general para la descarga de electricidad estática.
18. ¿Qué objeto tiene el apantallamiento?
19. ¿Qué cifra y letra (o grupos) del código de cable 3-R-123-S-20-C indican: 1) el calibre del cable; (2) la función del circuito; (3) un segmento del cable?
20. ¿Qué letra se emplea en los códigos para indicar que el cable es parte de un circuito de alimentación alterno monofásico?

Capítulo 8

Dispositivos de control de circuitos

En las instalaciones eléctricas de los aviones, la función de iniciar y después controlar el orden de funcionamiento de los circuitos constituyentes se efectúa principalmente por interruptores y relés, cuyos construcción y accionamiento forman el tema de este capítulo. Puede observarse que aunque los disyuntores pueden entrar también en la clasificación funcional anterior, son en esencia dispositivos de protección, y como tales se describen en el capítulo adecuado.

Los interruptores y relés se construyen en una gran variedad de formas, y aunque no es exhaustiva en modo alguno, los detalles expuestos en la Tabla 8.1 pueden considerarse totalmente representativos de los métodos de funcionamiento empleados comúnmente.

Tabla 8.1

METODO PRIMARIO DE ACTUACION DE CONJUNTOS DE CONTACTOS

Dispositivo	*Manual*	*Mecánico*	*Eléctrico*	*Electromagnético*	*Observaciones*
INTERRUPTOR					
de palanca	X				
de empuje	X			X	Ciertos tipos incluyen una bobina de retención; luces.
giratorio	X				
micro	X	X	X		
reóstato	X				
de tiempo		X			Dispositivo de actuación mecánica por tiempo, accionado a su vez por un motor eléctrico.
mercurio		X			
presión		X			
térmico		X	X		Efectos de expansión metálica y de corriente eléctrica.
proximidad		X	X		
RELES				X	Electromagnético, controlado a su vez por un circuito que incorpora uno o más interruptores manuales, mecánicos o una combinación de éstos.
CONTACTORES				X	

Interruptores

En su forma más simple, un interruptor consta de dos superficies de contacto que se pueden aislar mutuamente o unirse, según convenga, mediante una pieza móvil. Esta pieza de conexión a la que se le suele llamar *palanca,* cuando sólo interrumpe un camino para la corriente eléctrica (como en la fig. 8.1. (a)) es un simple *interruptor monopo-*

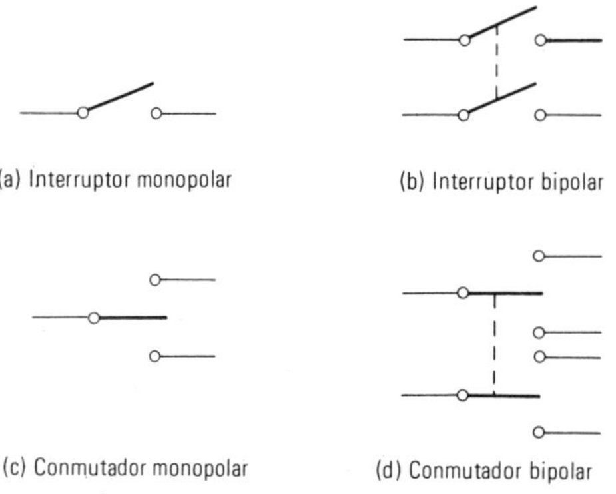

Fig. 8.1.– Disposiciones de los contactos de un conmutador.

lar. En algunos circuitos se necesitan combinaciones de varios interruptores a la vez, y para facilitar el cierre y la apertura de los circuitos, los conjuntos de contactos de los interruptores (y de ciertos relés) pueden construirse en forma de unidades integradas. Por ejemplo, el interruptor (b) de la fig. 8.1 puede accionar dos circuitos a la vez con una sola operación de cerrar o abrir, por lo que se le llama *interruptor bipolar,* estando los polos apropiadamente aislados entre sí. Otros dos ejemplos ilustrados en esa misma figura (c) y (d) se denominan respectivamente *conmutador monopolar* y *conmutador bipolar.*

Además de la cantidad de polos, los conmutadores se denominan de acuerdo con las posiciones que tienen, y así se dice que un conmutador es *de tres posiciones* o más. En este caso también se les llama *selectores.*

INTERRUPTORES DE PALANCA

Los interruptores y conmutadores de palanca realizan funciones "generales" y se emplean mucho en algunos circuitos. Un modelo típico es el que se ilustra en la fig. 8.2.

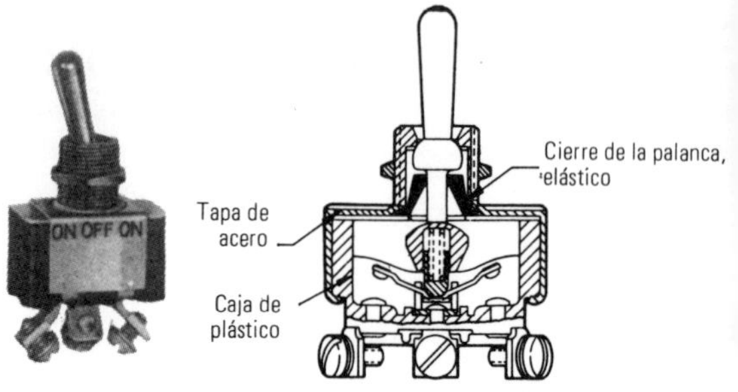

Fig. 8.2.– Conmutador de palanca dactilar.

En algunas aplicaciones puede haber necesidad de que varios circuitos independientes se accionen a la vez. Esto se consigue colocando en tándem sus conmutadores respectivos, por medio de una barra o cualquier otro elemento que una sus palancas, como se indica en la fig. 8.3 (a). En otros casos se usa una variación de este método

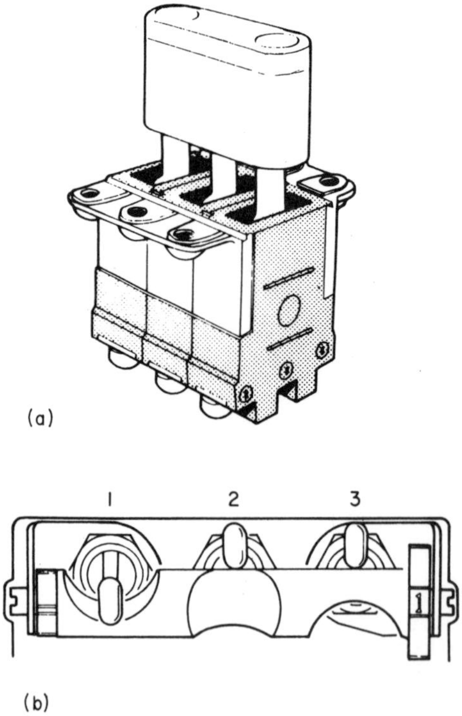

Fig. 8.3.– Conmutadores en tándem y con fijación.

cuando se necesita la acción simultánea de las palancas de los conmutadores, pero sólo en un sentido (por lo general, a la posición de "sistema desconectado"). Para ello se recurre a una barra especial, montada en el panel de control de manera que se pueda apretar, bajándola contra las palancas de los conmutadores, a los que coloca en la posición buscada. Al soltar la palanca vuelve a su lugar mediante la acción de un muelle.

Otra variación de este método es aquella en la cual se necesita el funcionamiento de un conmutador determinado, o todos los de una serie. Una aplicación típica de un sistema generador triple es la mostrada en la fig. 8.3 (b), en la cual los conmutadores se utilizan para la disposición alternativa de las cargas de los colectores en el caso de fallo de alguno de dichos generadores.

Una barra de sujeción puede girar en sus bridas de montaje, anclada por las tuercas de apriete de los conmutadores 1 y 2. A lo largo de la barra hay muescas, a 90° entre sí, en lugares que coinciden con las palancas de cada conmutador. Un muelle de acero proporciona la tensión de la barra en cada una de las posiciones seleccionadas y se inserta en la circunferencia del extremo de la derecha. Las marcas 1, 2, 3 y "N" corresponden a las posiciones de las muescas de la barra relativas a las palancas de los conmutadores. Por ejemplo, si hay un fallo en el generador nº 1, la barra se hace girar a la posición 1, lo que permite el funcionamiento del conmutador de fallo nº 1, pero retiene las palancas de los otros dos. La acción para las posiciones 2 y 3 es similar. De este modo, las cargas de las barras colectoras del generador que haya fallado pueden distribuirse entre los que quedan en servicio, al mismo tiempo que se impide el accionamiento inadvertido de otros conmutadores. Cuando es visible la letra "N", las muescas quedan en una posición tal que no se puede accionar ningún conmutador.

INTERRUPTORES DE PULSADOR

Se destinan principalmente para el accionamiento durante un tiempo breve, por ejemplo cuando hay que cerrar o interrumpir momentáneamente algún circuito, o cuando hay que proporcionar un camino o trayecto diferente durante un instante. Otras variantes están destinadas a cerrar uno o varios circuitos (por intermedio de contactos separados) a la vez que se abre otro, y en estos tipos puede incluirse una previsión para que la acción de los contactos de los circuitos individuales se produzca en un orden determinado, en lugar de ser simultánea.

En su forma básica, un interruptor de pulsador consiste en un botón accionado por un muelle, que mueve una o más placas de contacto, las cuales sirven para establecer conexión eléctrica entre superficies fijas. Los interruptores en cuestión pueden estar previstos para "apretar para cerrar" o "apretar para abrir" o para acción doble. En algunos circuitos de indicación o aviso se incluyen tipos que llevan lamparitas miniatura situadas detrás de una pantalla traslúcida que lleva el propio pulsador. Al iluminarse se hacen visibles letreros por el estilo de "activo", "cerrado", "avería" en la pantalla, de los colores correspondientes.

La construcción de un tipo sencillo de interruptor de "apretar para cerrar", junto con la disposición de un tipo iluminado, se dan en la fig. 8.4.

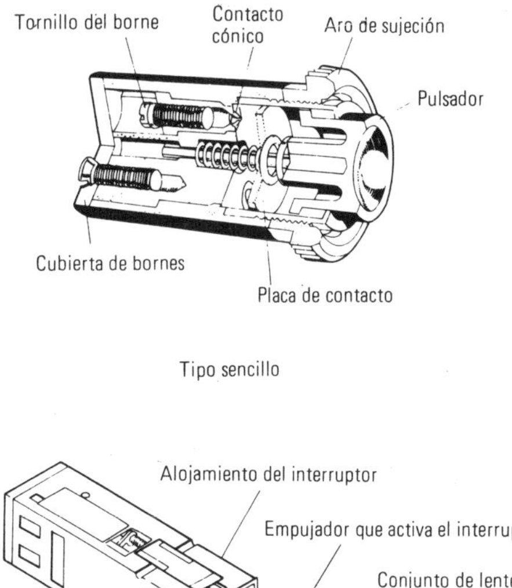

Tipo sencillo

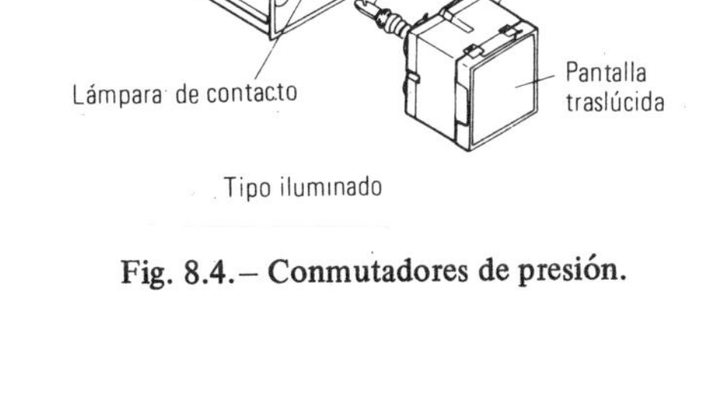

Tipo iluminado

Fig. 8.4.– Conmutadores de presión.

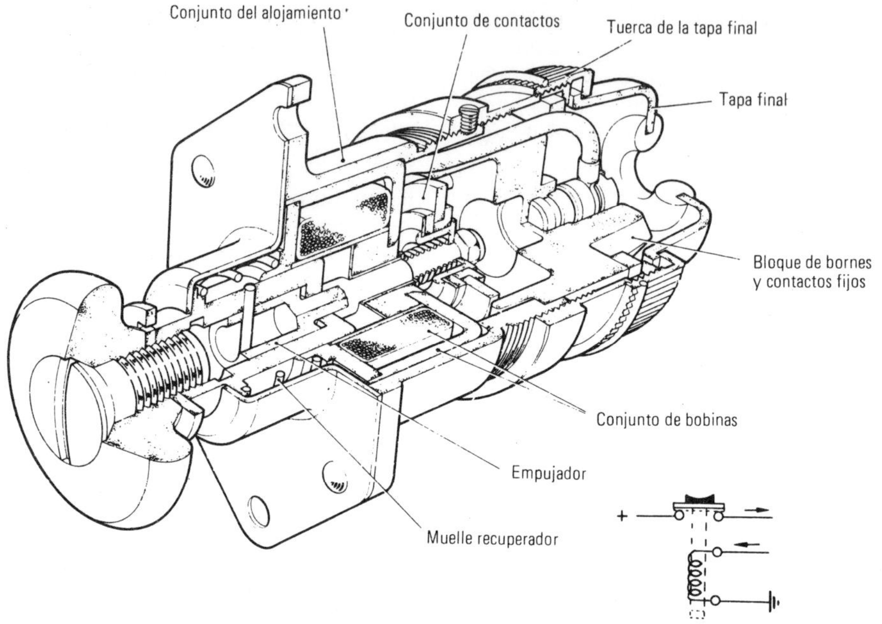

Fig. 8.5.– Conmutador de presión con solenoide.

En algunos circuitos, por ejemplo en el de arranque del motor de un turbohélice, los interruptores están diseñados de manera que se pueden accionar a mano o mediante electroimanes. Un ejemplo típico, llamado por lo general "interruptor de solenoide por pulsador", es el que se da en la fig. 8.5. Los componentes van encerrados en un alojamiento de aluminio, provisto de un borde de montaje, un manguito y una tapa. La bobina está situada en el extremo del alojamiento correspondiente al borde y tiene una varilla que la atraviesa. Un extremo de ésta sobresale del borde del alojamiento y tiene un botón fijo a él, en tanto que el otro extremo termina en un conjunto de contactos provisto de muelle. Al final del alojamiento va un bloque combinado de terminal y contacto fijo y el conjunto se mantiene mediante una tapa roscada.

Al apretar el botón unido a la varilla que hace de núcleo móvil del solenoide y mantenerlo en esa posición, el conjunto provisto de muelle se apoya contra los contactos fijos y aplica alimentación continua al motor de c.c. de puesta en marcha. El inicio del ciclo de arranque proporciona una corriente a la bobina de retención del interruptor que se activa y elimina de ese modo la necesidad de control manual ulterior. El interruptor se mantiene en la posición de "activado" hasta que se completa el ciclo de arranque. En ese instante, la corriente que atraviesa la bobina habrá descendido lo suficiente para permitir que el muelle vuelva los contactos y el núcleo móvil a la posición de "desactivado".

CONMUTADORES DE BALANCIN

Los conmutadores de balancín combinan la acción de los interruptores de palanca y de pulsador, y se emplean para el control de circuitos de algunos sistemas. En la fig. 8.6 se representa la

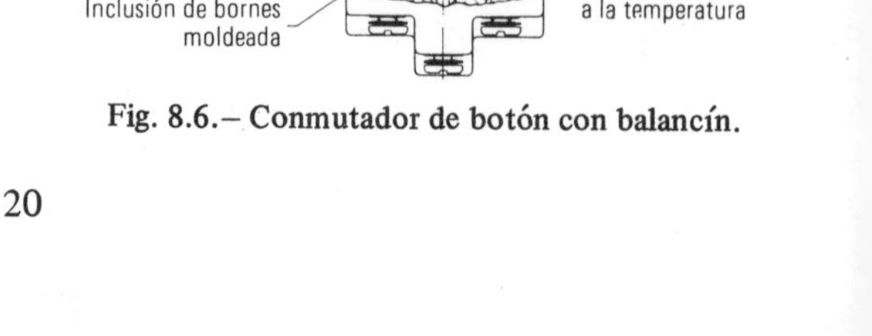

Fig. 8.6.– Conmutador de botón con balancín.

sección de uno de ellos. En algunos casos de aviso e indicación se usan ciertos tipos, provistos de presentadores o capuchas coloreadas, donde aparecen letreros, iluminados por lamparitas miniatura.

CONMUTADORES GIRATORIOS

Son accionados a mano, y en algunas ocasiones suelen tener ventaja sobre los de palanca, ya que son menos propensos a su accionamiento accidental. Además, el principio rotativo y el enganche positivo de los contactos permitido por sus características constructivas hacen que estos conmutadores resulten más adaptables para la selección de varios circuitos que los del tipo de palanca.

Una aplicación típica es la selección de un solo voltímetro para leer la tensión existente en varias barras colectoras.

En su forma básica, un conmutador giratorio consta de un eje central que lleva una o más placas de contactos o cuchillas que encajan en los contactos fijos correspondientes, montados en la base del conmutador. El movimiento suele estar determinado por unos muelles que lo retienen en los lugares apropiados, junto con algún dispositivo de excéntrica, para conseguir una acción por pasos y un buen contacto de las superficies activas.

MICROINTERRUPTORES

Son éstos una categoría especial de los interruptores y constituyen uno de los dispositivos más ampliamente utilizados en la electricidad de los aviones, realizando en ellos una gran variedad de funciones destinadas a asegurar el control de múltiples sistemas y componentes. El término *microinterruptor* designa un elemento de conmutación en el que el recorrido entre las posiciones "activada" y "desactivada" del mecanismo actuante es del orden de las décimas de milímetro e incluso de las centésimas. La ampliación y la acción de balancím de los movimientos del mecanismo de contacto se deben a un muelle pretensado y mecánicamente cargado, cuyo principio se indica en la fig. 8.7.

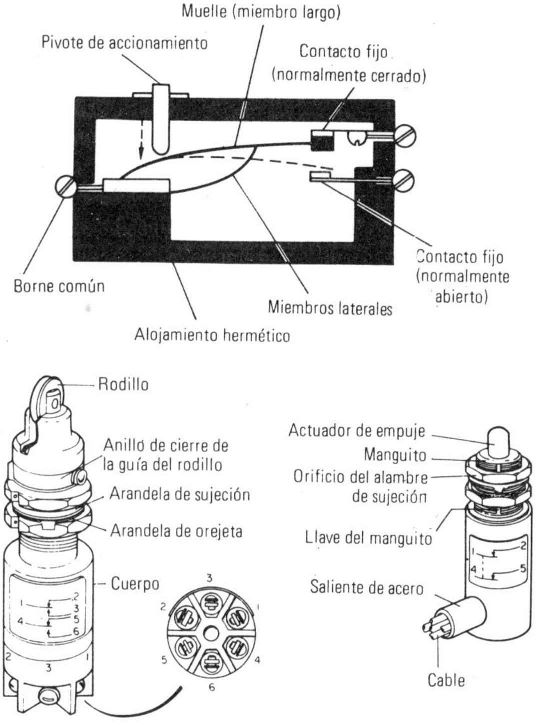

Fig. 8.7.– Microinterruptores.

La parte larga del muelle de una pieza está sujeta en voladizo y el botón actuador se apoya contra ella. Otras dos partes más pequeñas, o miembros laterales del muelle, están sujetas de tal modo que quedan arqueadas por compresión. En la posición inoperante el contacto montado en el extremo libre del muelle se apoya contra el contacto fijo superior debido al par resultante de la tensión y la compresión. La depresión del botón desvía hacia abajo la parte larga del muelle, ocasionando con ello una inversión del par, que arrastra hacia abajo el muelle y el contacto de su extremo. Al quitar la fuerza ejercida sobre el botón, la acción primitiva restablece el muelle y el sistema de contactos a su posición inicial, de un modo brusco.

El método de accionamiento de los microinterruptores depende mucho del sistema al que estén aplicados, pero por lo común suele ser mediante una palanca, un rodillo o una leva, los que a su vez se mueven manual o eléctricamente. El ciclo de funcionamiento de un microinterruptor se define en función del movimiento del émbolo actuante, el cual tiene una cantidad específica de recorrido neutro antes de accionar el conmutador. Más allá del punto de funcionamiento hay algo de recorrido extra, en tanto que en el trayecto de retorno el punto de accionamiento está antes de efectuarse la acción del interruptor. Los contactos de los conmutadores se indican en la fig. 8.7 y funcionan en recintos en que se ha hecho el vacío y rellenos de un gas inerte tal como el nitrógeno, por ejemplo.

REOSTATOS

Son dispositivos de control que contienen una resistencia cuya magnitud puede modificarse, con lo que se ajusta la corriente del circuito al que se ha conectado. Un ejemplo típico de este método de control es el adoptado para alterar la intensidad de la iluminación del panel de control y otros alumbrados de la cabina de mandos del avión.

Los reóstatos suelen ajustar la resistencia de circuito sin abrirlo, aunque en algunos casos están construidos de modo que sirvan como interruptor y resistencia variable combinados.

CONMUTADORES TEMPORIZADOS

Algunos servicios de consumo necesitan funcionar en orden y momentos determinados, lo que exige la conexión y desconexión de varios componentes o secciones de circuito, para lo que se emplean mecanismos accionados automáticamente por el tiempo. El principio de funcionamiento del conmutador temporizado varía, pero en general se basa en uno en el cual un conjunto de contactos está accionado por una leva movida con velocidad constante, bien por un motor eléctrico de velocidad controlada, bien por un mecanismo de cuerda. En algunos servicios especializados se emplean conmutadores que funcionan basados en un principio térmico. En ellos, el conjunto de contactos se acciona por la deformación de un elemento térmico al pasar por él una corriente dada durante un período predeterminado.

Un ejemplo de unidad conmutadora temporizada acciona por motor es la representada en la fig. 8.8, destinada a activar relés, los cuales a su vez controlan la alimentación de corriente alterna a los elementos calefactores de un sistema de deshielo. Las señales a los relés se les aplican en ciclos de tiempo repetidos, que pueden ser de duración breve o larga, correspondiendo respectivamente a las selecciones "rápida" y "lenta" hechas en el conmutador de control del sistema pertinente.

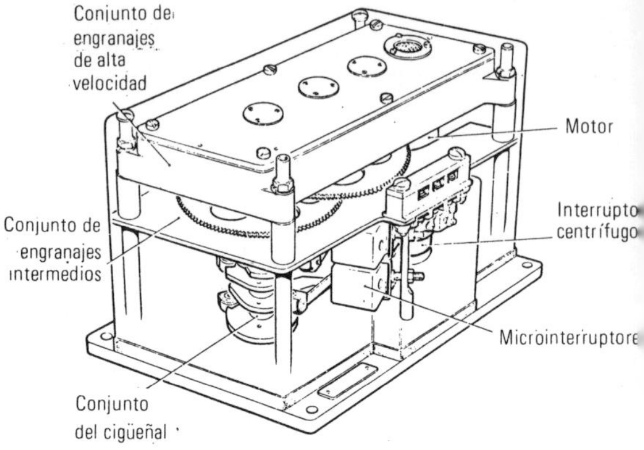

Fig. 8.8.– Unidad de conmutación de tiempo.

La unidad comprende un conjunto de cinco microinterruptores c.a. a través de un engranaje reductor. El motor gira con velocidad constante y arrastra el eje a razón de una revolución cada 240 segundos. Dos de las levas son del tipo trilobulado y accionan los microinterruptores tres veces en cada revolución, correspondiendo cada período de "activado" a 20 s. Otras dos levas son del tipo unilobulado y accionan los microinterruptores correspondientes una vez cada revolución, correspondiendo en este caso los períodos de "activado" a 60 s. De este modo, los anteriores funcionamientos de levas y microinterruptores corresponden respectivamente a selecciones "rápidas" y "lentas" de energía para los elementos calefactores, que de acuerdo con ello se calientan durante períodos cortos o largos. La quinta leva y su microinterruptor constituyen lo que se llama un circuito de control de retorno al origen, que tiene por objeto poner a cero el conmutador temporizado después de su uso, de modo que empiece siempre en el principio de un ciclo de funcionamiento.

Al cerrarse el microinterruptor de control de retorno al origen completa un circuito de relé exterior cuya función es seguir la marcha del motor aunque el sistema de deshielo se haya desconectado. Al terminar una revolución completa del eje de levas, el microinterruptor en cuestión se abre, con lo que se para el motor y se pone a cero el temporizador para el próximo ciclo de funcionamiento.

INTERRUPTORES DE MERCURIO

Los interruptores de mercurio son tubos de vidrio en los que se han incluido unos contactos fijos o electrodos y un poco de mercurio líquido, todo ello herméticamente cerrado. Al inclinarse el tubo, el mercurio se desplaza a una posición en la que cierra o abre el circuito entre los electrodos, estableciendo contacto con ellos o interrumpiéndolo.

que hay que controlar la posición angular de un componente dentro de una banda de funcionamiento muy estrecha, y en los que la fuerza mecánica necesaria para inclinar el interruptor es muy pequeña. Una aplicación típica es en los circuitos de motor de par de los giroscopios horizontales, en los que los giroscopios tienen que precesionarse a y mantenerse en la posición vertical.

Los interruptores de mercurio son esencialmente monopolares, pero como se observa en la fig. 8.9 pueden emplearse algunas variaciones en la disposición de la conmutación.

INTERRUPTORES DE PRESION

En muchos sistemas de a bordo en los que interviene la presión hay que disponer lo necesario pa-

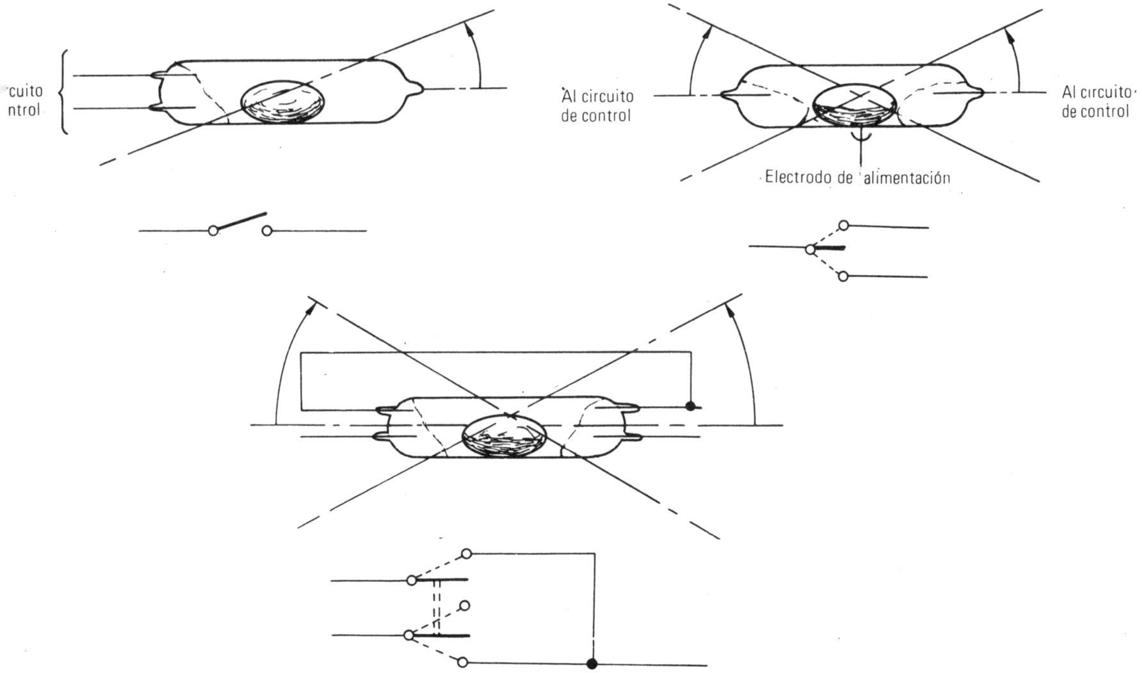

Fig. 8.9.– Interruptores de mercurio.

La rapidez de la conexión y la desconexión depende de la tensión superficial del mercurio más que de las fuerzas aplicadas. Por eso los interruptores de mercurio se aplican en sistemas en los

ra que se dé un aviso cuando aparezca una presión baja o alta que pueda constituir una condición de funcionamiento en precario. También en algunos sistemas la frecuencia de funcionamiento puede ser tal que no se justifique el empleo de un instrumento medidor de la presión porque sólo se necesite alguna indicación de que se ha alcanzado una presión de funcionamiento en el período en que el sistema está en marcha. Para cumplir esta condición se instalan interruptores de presión, también llamados presóstatos, en los sistemas correspondientes, que se conectan a luces de indicación o aviso situadas en los paneles de la cabina.

En la fig. 8.10 se da un interruptor típico de esta clase. Consta de un diafragma metálico encajado entre los flancos de las dos secciones del cuerpo del interruptor. Como puede verse, en un lado del diafragma queda formada una cámara, que queda abierta a la fuente de presión. En el otro lado, una varilla de empuje, que se desplaza por una guía, choca contra los contactos incluidos en un bloque de terminales conectado al conjunto de luces indicadoras o de aviso. Los contactos pueden estar dispuestos para "cerrarse" al aumentar o al disminuir la presión, y sus recorridos neutros pueden ajustarse de acuerdo con las presiones en las que se necesite aviso o indicación.

Los interruptores de presión también se pueden aplicar a sistemas que necesiten aviso o indicación de los cambios de presión respecto a una dada. En este caso se tiene un dispositivo de aviso de presión diferencial. La construcción y el funcionamiento son básicamente los mismos que en el tipo normal, con la excepción de que el diafragma está sometido a una presión en cada una de sus caras.

INTERRUPTORES TERMICOS

Los interruptores térmicos se aplican a sistemas en los que se necesita un aviso visual de condiciones de temperatura excesiva, el control automático de la temperatura y el funcionamiento automático de dispositivos de control. Ejemplos de

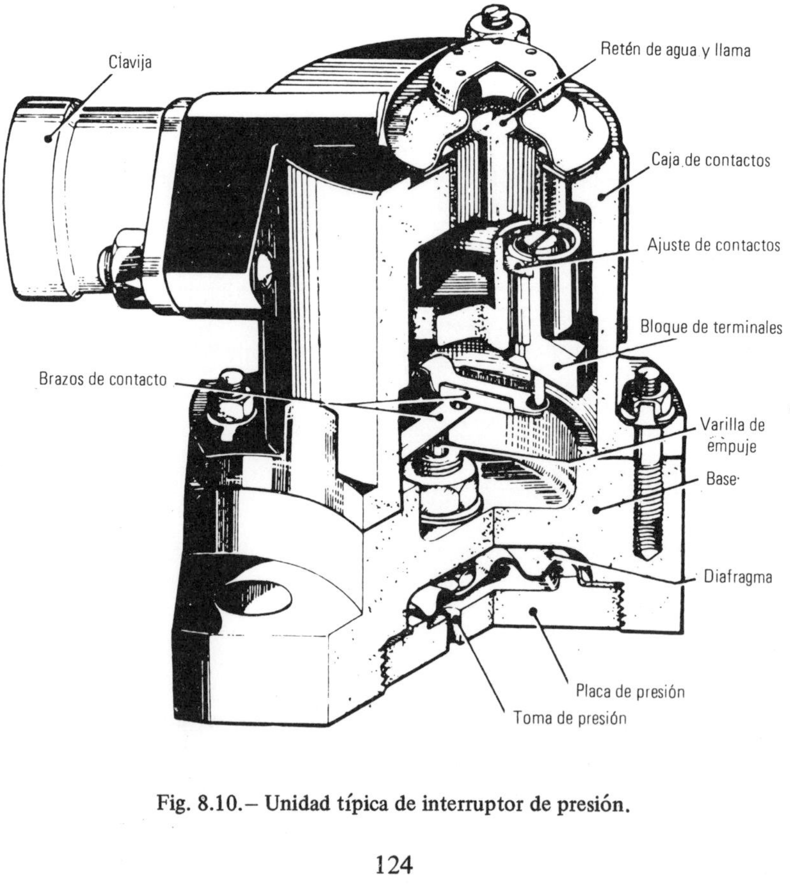

Fig. 8.10.– Unidad típica de interruptor de presión.

tales aplicaciones son, respectivamente, el sobrecalentamiento de un generador, el control de las válvulas de un sistema térmico de deshielo y el funcionamiento automático de los extintores de incendios.

El principio más comúnmente adoptado para el funcionamiento de los interruptores térmicos es el que se basa en los efectos de las distintas dilataciones de dos metales, por lo general invar y acero. En algunos casos pueden emplearse interruptores de mercurio. La construcción general y del interruptor y que sirve como guía para la varilla. El elemento interruptor consta en esencia de un contacto fijo y otro móvil controlado por un muelle, conectado al circuito de una luz de aviso. Con el elemento en frío, la longitud de la varilla de invar es tal que el contacto permanece abierto.

Al someterse el elemento sensible a un aumento de temperatura, el tubo de acero crecerá en longitud, en tanto que la varilla de invar se conservará prácticamente sin cambio alguno. Como es-

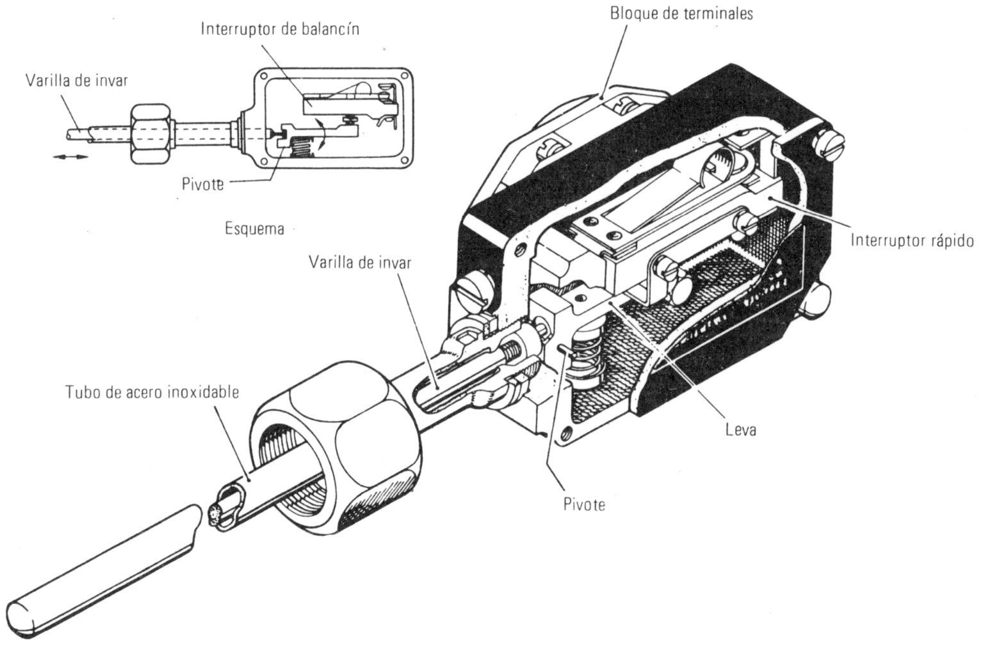

Fig. 8.11.– Dispositivo de aviso de sobrecalentamiento.

los detalles de funcionamiento de algunos de los interruptores térmicos típicos se dan en los párrafos siguientes.

El ilustrado en la fig. 8.11 es un ejemplo de unidad basada en el principio de la dilatación diferencial y se emplea como dispositivo de aviso de sobrecalentamiento en un sistema de deshielo. El elemento termosensible consiste en un tubo de acero inoxidable con una varilla de invar concéntrica con él. El tubo va soldado a la varilla en un extremo, mientras que el otro lo está a una pieza de collarín, de invar, conectada al alojamiento tá fija en un extremo del tubo, se separará del elemento interruptor, y tras un movimiento de preajuste correspondiente a la temperatura para la que se ha previsto, el contacto móvil se desplazará bajo la influencia de su contacto de muelle y se cerrará el circuito de la lámpara de aviso. Al enfriarse la temperatura el elemento termosensible se contrae y el interruptor vuelve a abrir el circuito.

En la fig. 8.12 se representa otro ejemplo de interruptor basado en la diferencia de dilatación, que se utiliza como elemento detector de fuego.

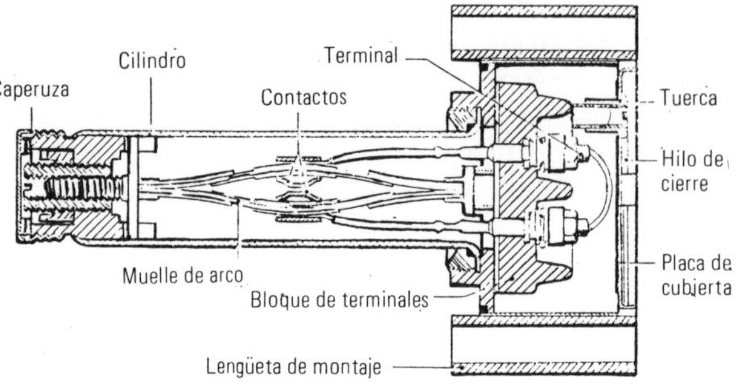

Fig. 8.12.– Interruptor detector de incendio.

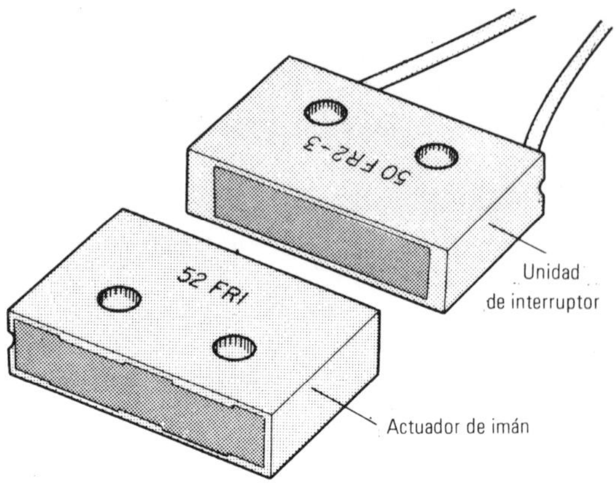

Fig. 8.13.– Interruptor de proximidad.

El elemento termosensible es una barra de acero aleado que incluye un conjunto de muelle de arco de bajo coeficiente de dilatación. Cada pieza del doble arco lleva un contacto de plata-rodio unido por un cable resistente al fuego al bloque de terminales que hay dentro de una caja de acero.

En el caso de un incendio o un aumento suficiente de la temperatura en el lugar en que se ha instalado el interruptor (una temperatura típica es la de 300 °C), el barrilete se expande, eliminando la fuerza compresora de los arcos, que los mantiene separados, con lo que éstos se cierran y los contactos establecen el circuito de la lámpara de aviso correspondiente. Al disminuir otra vez la temperatura el barrilete se contrae de nuevo, comprime los arcos y separa los contactos.

INTERRUPTORES DE PROXIMIDAD

Se emplean en varios tipos de aviones como parte de circuitos que tienen por objeto avisar si, por ejemplo, las puertas de entrada de pasajeros o de carga, etc., están bien cerradas o no. Como carecen de partes móviles ofrecen ciertas ventajas sobre los microinterruptores, que también se aplican en estos circuitos de aviso.

Un interruptor típico de proximidad es el representado en la fig. 8.13, formado por dos componentes principales, uno de los cuales es un actuador de imán permanente hermético y el otro, una unidad interruptora que comprende dos lengüetas, cada una de las cuales lleva contactos rodiados, conectados al circuito de aviso. Los dos componentes están montados de tal forma que cuando se ponen en contacto mutuo el campo del imán permanente cierra las lengüetas y los contactos, completando así el circuito del indicador de "puerta cerrada".

Relés

Los relés son en sí dispositivos electromagnéticos de conmutación, por medio de los cuales un circuito eléctrico puede ser controlado indirectamente por un cambio en él o en otro circuito, también eléctrico.

Hay varios tipos de relés, cuyos construcción, funcionamiento, potencia nominal, etc. están relacionados directamente con sus aplicaciones, que también son variadas y numerosas. De todos modos, en su forma básica un relé puede considerarse integrado por dos elementos principales: uno que detecta los cambios eléctricos y actúa el mecanismo del relé y otro que controla los cambios. El elemento sensor y actuador es un solenoide que lleva montada una armadura, en tanto que el elemento controlador es un par de contactos o varios de ellos.

Como en el caso de los interruptores, los relés se denominan de acuerdo con la disposición de sus contactos, que pueden ir del simple interruptor monopolar a complejos conjuntos de contactos que controlan una gran variedad de circuitos, pero siempre accionados por el solenoide y la armadura móvil.

En muchas aplicaciones el solenoide se activa directamente con la fuente de alimentación del avión, mientras que en otros puede ser activada por señales procedentes de un elemento automático, tal como un amplificador de un sistema de control de la temperatura de la cabina, o una unidad de detección de incendio. Cuando el solenoide se activa, se crea un campo magnético y aparece un determinado nivel de tensión (llamado *de atracción*), con lo que la armadura se desplaza hasta una pieza polar, venciendo la fuerza de un muelle recuperador, y acciona el conjunto de contactos, los cuales a su vez completan o interrumpen el circuito que se trata de controlar. Cuando se interrumpe el circuito de la bobina del solenoide, en lo que se llama *tensión de relajamiento,* el muelle atrae a la armadura, separándola de la pieza polar e interrumpiendo los contactos.

Además de la designación basada en el conjunto de contactos, ya mencionada, los relés se clasifican también por el orden con que cierran o abren los contactos, si están normalmente abiertos ("NO") o normalmente cerrados ("NC") cuando el relé está relajado, la corriente nominal que pueden aguantar los contactos, en amperios, y la tensión de la fuente de alimentación de activación. El diseño de los relés está dictado por la función que ha de realizar en un sistema o componente determinado, y como resultado de ello hay muchos tipos disponibles, por lo que resulta difícil agruparlos en clases específicas. Ello no obstante, en unas bases muy amplias la clasificación suele referirse a la forma básica de construcción, es decir, núcleo atraído, armadura atraída, armadura polarizada, y la capacidad nominal de corriente de los contactos del elemento controlador, es decir, si se trata de pequeñas o grandes corrientes. Las descripciones que se dan en los apartados siguientes se apoyan por ello en esas bases antes citadas, y los relés seleccionados son típicos y por lo general representativos de aplicaciones en los aviones.

RELE DE NUCLEO ATRAIDO, DE GRAN CORRIENTE

La denominación "de gran corriente" se refiere específicamente a la intensidad soportada por los contactos. Por eso, los relés en cuestión se aplican en circuitos en que se usen motores de gran consumo, que pueden necesitar corrientes de arranque de 100 a 1500 A, tanto en plazos breves, tal en los motores de puesta en marcha, como en funcionamiento continuo.

En la fig. 8.14 se da un relé del tipo usado para el control de un motor de puesta en marcha de otro

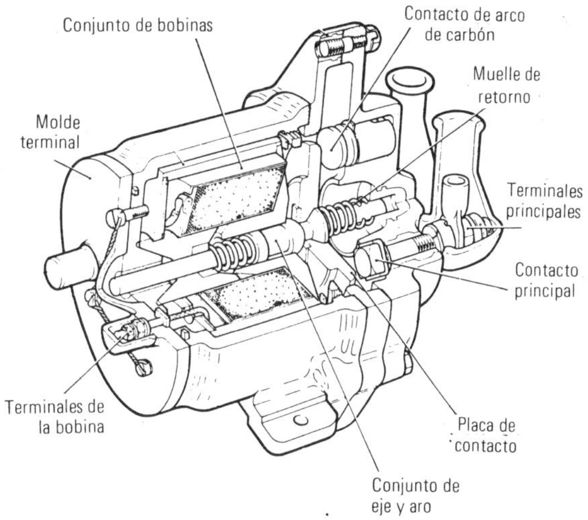

Fig. 8.14.– Relé de gran potencia, de núcleo atraído.

clásico de turbohélice. El conjunto de contactos consiste en una gruesa placa y dos contactos fijos aislados conectados a los bornes de alimentación. La placa de contacto va montada en un eje de soporte que también lleva un núcleo interior blando dentro de la bobina solenoide. Todo el componente móvil está retenido por un muelle que mantiene la placa de contacto alejada del contacto fijo y el núcleo en la parte superior de la bobina. Al activarse la bobina, las polaridades de los campos magnéticos creados en la bobina y el núcleo son tales que éste se desplaza hacia abajo, venciendo la presión del muelle, hasta que su movimiento queda detenido por la placa de contacto, que se apoya contra los contactos fijos, cerrando así el circuito principal. Para absorber la gran corriente inicial y reducir con ello al mínimo la formación de arcos, hay unos contactos de carbón en los que se apoya la placa antes de hacer contacto con los metálicos principales.

RELE DE ARMADURA ATRAIDA, DE PEQUEÑA CORRIENTE

Presentamos en la fig. 8.15 un relé destinado a su empleo en un circuito de 28 V, c.c., y con una capacidad de corriente de 3 A en sus contactos. Estos son de una aleación de plata y se accionan en la forma indicada en el esquema incluido en la parte inferior izquierda de la figura, mediante una armadura pivotante. De acuerdo con la práctica adoptada en muchos relés usados corrientemente, los elementos principales van encerrados en una caja hermética, llena de hidrógeno seco, y la conexión al circuito se hace mediante una base del tipo enchufable, provista de patillas. En la fig. 8.16 se representa otro ejemplo de relé de armadura atraída, del tipo no hermético y conectado al circuito correspondiente por medio de bornes provistos de rosca incluidos en la base del relé.

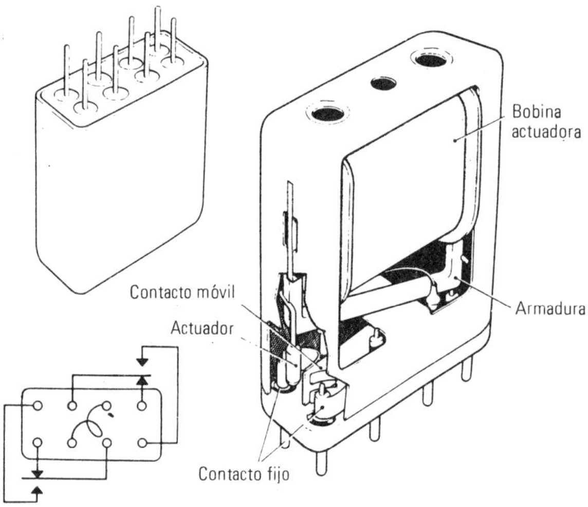

Fig. 8.15.– Relé de poca potencia, de armadura atraída (hermético).

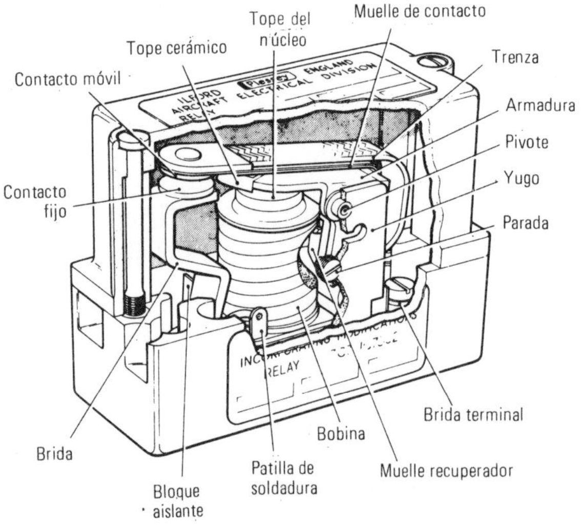

Fig. 8.16.– Relé de armadura móvil (tipo no hermético).

RELES DE ARMADURA POLARIZADA

En ciertas aplicaciones especiales, el vapor de las corrientes de los circuitos de control, así como de sus tensiones, puede ser de sólo unos pocos miliamperios o milivoltios, lo que hace que se necesiten relés de una gran sensibilidad. Esta exigencia no siempre puede ser cumplida por los relés que usan armaduras controladas por muelles, porque aunque la carga pueda reducirse hasta el punto de permitir el accionamiento con una tensión de atracción muy baja, disminuye al mismo tiempo el control eficaz de los contactos y se corre el riesgo de que vibren. Una solución práctica a este problema ha dado como resultado un relé en el que los efectos de atracción y repulsión de las fuerzas magnéticas son los que se aprovechan en sustitución del control clásico por muelles del conjunto de la armadura y los contactos. En la fig. 8.17 se indican de modo diagramático las características esenciales y el principio de funcionamiento de esa clase de relés.

La armadura es un imán permanente que puede bascular entre dos juegos de caras polares formadas por una estructura de material de gran permeabilidad (por lo general, mumetal). Dicha armadura está ligeramente polarizada a un lado, con el fin de que en situación estática lleve el conjunto de contactos a la posición representada en la fig. 8.17 (a). La rama central de la estructura magnética va provista de un devanado de baja corriente y poca inductancia, que ejerce una fuerza magnetizante pequeña en la estructura cuando se activa desde una fuente apropiada de corriente continua. Con la armadura en la situación estática, las caras polares de la estructura adquieren, gracias a la inducción de la armadura, las polaridades indicadas en los dibujos, y las fuerzas

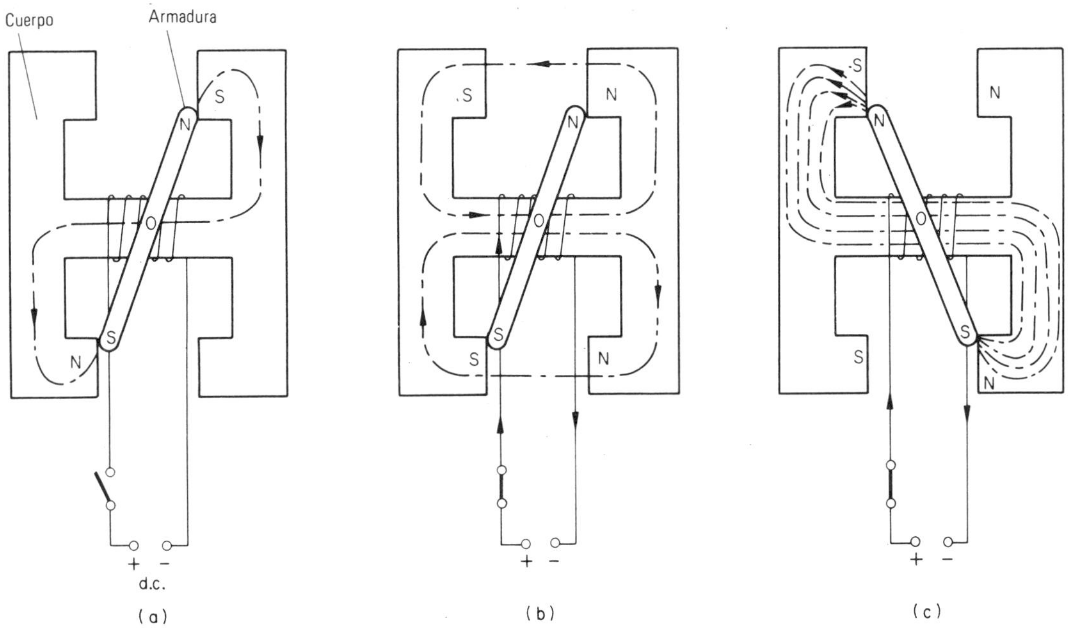

Fig. 8.17.– Principio de un relé de armadura polarizada.

resultantes de la atracción magnética retienen la armadura firmemente en su lugar.

Al aplicar una tensión continua a la bobina, la estructura se convierte en realidad en el núcleo de un electroimán. El flujo establecido en el núcleo se opone y sobrepasa al debido a la armadura de imán permanente, con lo que las caras polares de la estructura adquieren las polaridades indicadas en la fig. 8.17 (b). Como en ese momento las caras polares y los polos de la armadura son de igual polaridad, esta última se lleva a la posición mostrada en la fig. 8.17 (c) por las fuerzas de repulsión. En esta posición se observará que los polos y las caras polares son ahora de polaridades opuestas, por lo que en la situación de funcionamiento hay grandes fuerzas de atracción que mantienen en su lugar la armadura y el conjunto de contactos. Los flujos debidos a la bobina y a la armadura actúan en el mismo sentido, dando una distribución de flujo tal como se indica en la fig. 8.17 (c). Al interrumpirse la alimentación de la bobina excitadora, sigue habiendo el flujo del imán permanente, pero la fuerza a él debida es pequeña, menor que la de polarización de la armadura, por lo que ésta y los contactos vuelven a la posición estática (fig. 8.17 (a)).

RELES FRENADOS

En algunas aplicaciones se pone la condición de que los relés en ellas empleados sean lentos en el accionamiento del conjunto de contactos, tanto al atraer la armadura como al soltarla.

Esto ha obligado al diseño de relés en los que se usa un sencillo principio por el que la formación y la desaparición del flujo electromagnético principal se frena mediante otra fuerza magnética opuesta. Este procedimiento se llama de frenado, y el relé basado en él, frenado o perezoso. El relé suele incorporar un aro de cobre u otro material conductor no magnético (el freno) en el circuito magnético del relé, de manera que las variaciones del flujo magnético actuante unido con el freno produzcan la fuerza magnética opuesta que se necesita. En ciertos relés frenados se obtiene el resultado apetecido agregando un devanado adicional sobre el núcleo del relé y disponiendo una provisión para su cortocircuito (el del devanado), cuando haga falta, por medio de contactos independientes incluidos en los conjuntos de contactos principales.

Cuestionario

1. El número de circuitos que se pueden completar con los polos de un interruptor queda indicado por el término:
   (a) polo;
   (b) posición;
   (c) contacto.
2. ¿Qué se entiende por "posición" al hablar de conmutadores de palanca?
3. ¿A qué circuitos se aplican normalmente:
   (a) los interruptores de pulsador;
   (b) los conmutadores giratorios?
4. Describan la construcción y el funcionamiento de un microinterruptor.
5. ¿Cuáles son las tres etapas principales del movimiento del activador de un microinterruptor?
6. Describan la construcción y el funcionamiento de un interruptor de mercurio dispuesto para interrumpir un circuito.
7. En un interruptor térmico provisto de elementos de acero e invar, el accionamiento de los contactos como consecuencia del aumento de la temperatura está causado por:
   (a) la expansión del elemento de acero únicamente;
   (b) la contracción del elemento de invar unicamente;
   (c) la expansión del elemento de acero, que origina el desplazamiento del elemento de invar.
8. ¿Cuáles son los principales modos de clasificar los relés?
9. ¿Qué se entiende por tensión de atracción y de relajamiento?
10. Esbocen la sección de un interruptor típico de presión y expliquen su funcionamiento.
11. ¿Qué tipo de relé se necesita para un circuito en el que la corriente del circuito de control tiene un valor muy bajo? Describen brevemente el relé y su funcionamiento.
12. (a) ¿Para qué se emplean los relés frenados?
    (b) Describan los métodos normalmente adoptados para obtener el efecto de frenado.

Capítulo 9

Dispositivos de protección de circuitos

En el caso de un cortocircuito, una sobrecarga u otra condición anómala cualquiera que aparezca en un circuito formado por cables y componentes de un sistema eléctrico, es posible que se produzcan averías y daños. Por ejemplo, la corriente excesiva originada por un cortocircuito, si se deja circular libremente por no haber sido detectada, producirá en el cable un calor creciente, hasta que se funda él o cualquier otro componente del circuito. Si es el cable el que se funde, interrumpiendo el circuito, el único daño causado será el propio cable. Pero existe la posibilidad de que se le infiera al equipo un daño mayor: el calor desarrollado puede tostar y quemar el aislamiento del cable y el de otros adyacentes, formando un pegote, con lo que se ocasionarán nuevos cortocircuitos y crearán las bases para el establecimiento de un incendio eléctrico.

Por eso es esencial proporcionar e incluir en la red de distribución de energía eléctrica dispositivos que tengan como objetivo la protección de sus circuitos, cables y componentes. Estos dispositivos protectores suelen ser fusibles, disyuntores y limitadores de corriente. Además se incluyen otros elementos que sirven como protección contra condiciones anormales tales como corriente inversa, sobretensión, infratensión, frecuencia excesiva o escasa, desequilibrio entre fases, etc. Estos dispositivos pueden considerarse de modo general parte integrante de los sistemas generadores principales, y los asociados con la generación de energía de c.c., en particular, suelen estar integrados en la unidad de control del generador.

FUSIBLES

Un fusible es un elemento térmico destinado en principio a proteger los cables de un circuito contra el paso de corrientes de cortocircuito y sobrecarga. En su forma básica consta de un elemento fusible, de bajo punto de fusión, encerrado en una cápsula de vidrio o cerámica que no sólo lo protege sino que limita la "explosión" que pueda producirse en el momento de la fusión. El elemento fusible va unido a capuchones metálicos situados en los extremos de la cápsula, que sirven al mismo tiempo para conectar el dispositivo con el circuito al que ha de proteger.

En situaciones de corriente excesiva como consecuencia de un cortocircuito o una sobrecarga se origina calor, pero antes que éste pueda afectar a los cables u otros elementos del circuito, el elemento fusible, que tiene mucha menor capacidad de conducción de corriente, salta e interrumpe el circuito. Los materiales usados más corrientemente en esos elementos son el estaño, el plomo, aleaciones de estaño y bismuto, plata o cobre, tanto en estado puro como en aleaciones.

La construcción y la corriente nominal de los fusibles varían, para permitir la elección apropiada en cada instalación eléctrica específica y la protección adecuada de los circuitos individuales. En la fig. 9.1, (a) y (b), se dan ejemplos típicos de fusibles empleados corrientemente en circuitos de alumbrado y de gran capacidad, respectivamente. El primero se atornilla en su soporte (en algunos tipos se usa un casquillo de bayoneta), que se sujeta al panel de fusibles mediante una tuerca. Los cables del circuito se conectan a bornes situados en el soporte, los cuales hacen contacto con las conexiones correspondientes del cartucho fusible. En el centro del capuchón hay un orificio destinado a la inserción de una sonda de prueba.

El fusible de gran capacidad de ruptura está destinado a su instalación en puntos de la red de distribución de energía (por medio de pletinas y pernos de montaje) y consta de un cartucho cerá-

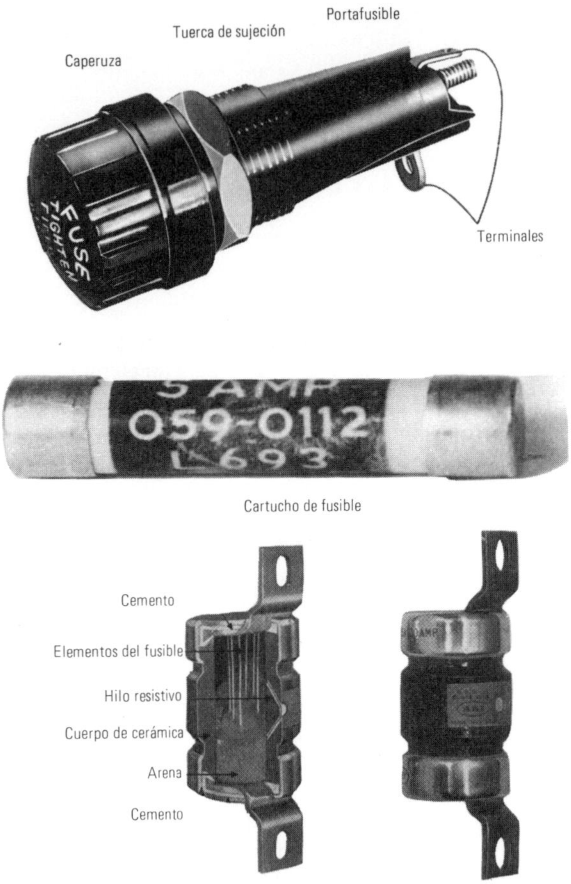

Fig. 9.1.– Fusibles típicos.
(a) de poca intensidad;
(b) de gran capacidad de ruptura.

mico tubular en el cual hay varios elementos fusibles idénticos en paralelo, conectados a los contactos de los extremos. Un cemento refractario y capuchones metálicos cierran de modo eficaz los extremos del cartucho, que se rellena completamente con un aglomerante destinado a amortiguar el efecto expansivo del arco creado con la ruptura de los elementos fusibles. El material usado para empaquetar el fusible ilustrado en la figura es cuarzo granular. Otros materiales igualmente válidos son la magnesita (óxido de magnesio), el kieselguhr y el carbonato cálcico (creta). Al aparecer una situación de sobrecarga (gran corriente), los elementos se calientan hasta un punto cercano al de fusión, y el que primero se funde transfiere su carga a los restantes, que al sobrecargarse se funden asimismo en rápida sucesión.

En algunos aviones de transporte los portafusibles son del tipo autoindicador, con una lámpara y una resistencia conectadas de manera que la primera se enciende al interrumpirse el elemento fusible.

LIMITADORES DE CORRIENTE

Como su nombre indica, están destinados a limitar la corriente a un valor previamente determinado. Son también dispositivos térmicos, pero a diferencia de lo que ocurre en los fusibles tienen un alto punto de fusión, por lo que su característica corriente/tiempo les permite admitir una corriente de sobrecarga considerable antes de la ruptura. Por esta causa su aplicación está confinada a la protección de circuito de distribución de energía de gran capacidad.

Un limitador de corriente clásico (fabricado con el nombre de "Airfuse") es el ilustrado en la fig. 9.2, que incorpora un elemento fusible que es en realidad una tira de cobre estañado, conformado

Fig. 9.2.– Limitador de corriente típico ("Airfuse").

en sus extremos para proporcionar orejetas de conexión, con su parte central "adelgazada" hasta la anchura necesaria para constituir la zona fusible. Esta parte central va encerrada en una cápsula rectangular cerámica, una de cuyas caras va provista de una ventanilla de inspección que, según el tipo del limitador, puede ser de vidrio o de mica.

RESISTENCIAS LIMITADORAS

Proporcionan otro tipo de protección, sobre todo en circuitos de c.c. en los que la corriente inicial es muy grande, como sucede, por ejemplo, en los motores de arranque y en los circuitos inversores, que contienen cargas de elevada capacidad. Al conectar a la red estos circuitos absorben corrientes de tal magnitud que hacen bajar la tensión de todo el sistema durante un período de tiempo cuya duración es función de la respuesta en el tiempo del sistema regulador de tensión y del de generación. Por eso, para mantener los impulsos de tensión dentro de unos límites, las secciones de arranque de los circuitos apropiados incluyen un elemento resistivo que se conecta automáticamente en serie y se elimina una vez que la corriente ha alcanzado un valor seguro.

En la fig. 9.3 se da la aplicación de una resistencia limitadora al circuito del motor de arranque de una turbina, en el que se ha incluido un inte-

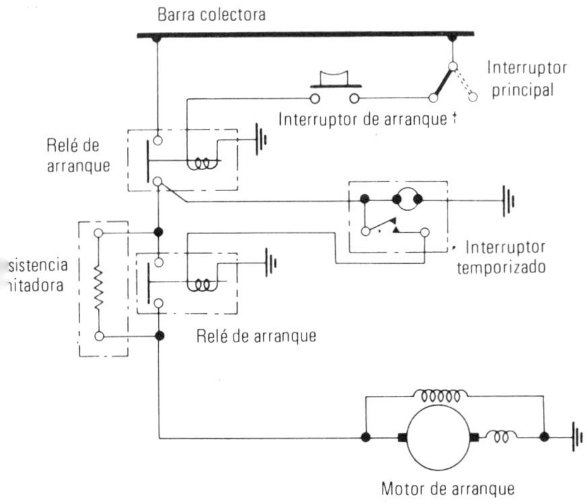

Fig. 9.3.– Aplicación de una resistencia limitadora.

rruptor de tiempo: la corriente inicial puede llegar a alcanzar valores de 1500 A. La resistencia está derivada entre los contactos de un relé, controlado por el interruptor de tiempo. Al accionar el botón de la puesta en marcha, la corriente de la barra colectora pasa por la bobina del relé de arranque, con lo que éste se activa. El cierre de los contactos del relé completa un circuito que va al motor de conmutación de tiempo, así como al de arranque por la resistencia limitadora, que reduce la corriente de pico y el par inicial del motor. Al cabo de un período de tiempo determinado, suficiente para que se alcance la velocidad de régimen del motor, la carga del par ejercida sobre el motor de puesta en marcha disminuye y el conmutador de tiempo activa un juego de contactos que cierran un circuito que va al relé de derivación de la resistencia limitadora.

Como se deduce de la fig. 9.3, con el relé activado la corriente del colector pasa directamente al motor de arranque y la resistencia limitadora queda fuera de servicio. Una vez iniciado el encendido y alcanzada por el motor de combustión su *velocidad de automantenimiento,* se desconecta la alimentación del motor eléctrico de arranque.

DISYUNTORES

Los disyuntores, de modo distinto que los fusibles o los limitadores de corriente, aíslan los circuitos defectuosos y los equipos por medio de un dispositivo de enclavamiento mecánico accionado por el calentamiento de un elemento bimetálico por el que la corriente pasa a una unidad interruptora. Podemos pues considerarlos como una mezcla de fusible e interruptor. Se usan para la protección de cables y componentes, y, como pueden volver a conectarse una vez resuelta la avería o el defecto, ahorran algunos de los problemas de repuesto inherentes a los fusibles y limitadores de corriente. Además, pueden conseguirse tolerancias muy estrictas, ya que la unión entre el elemento bimetálico y el mecanismo interruptor puede ajustarse en fábrica para que se adapte perfectamente a la corriente nominal del elemento. El mecanismo es del tipo de recorrido libre, es decir, que no permite que los contactos de la unidad interruptora se mantengan cerrados mientras exista una corriente excesiva en el circuito.

El diseño y la construcción de los disyuntores varían, pero en general constan de tres conjuntos principales: un elemento térmico bimetálico, una unidad interruptora del tipo de contacto y un mecanismo de sujeción mecánica. También se incorpora un botón para la reposición manual después de producida la interrupción térmica, así como para la interrupción manual cuando haga falta desconectar la alimentación al circuito correspondiente. La construcción y el funcionamiento quedan ilustrados esquemáticamente en la fig. 9.4. En (a) se representa el disyuntor en su posición normal de funcionamiento. La corriente pasa por los contactos de la unidad interruptora y el elemento térmico, que de ese modo recibe toda la corriente aplicada a la carga que se trata de proteger. Con valores normales de la corriente, el calor producido en el bimetal se radia sin mayores problemas, y tras el aumento inicial su temperatura se mantiene constante.

Pero si por alguna causa esa corriente sobrepasa el valor normal, la temperatura del elemento crece y como los metales que constituyen el elemento térmico tienen distintos coeficientes de dilatación, éste se arquea, según queda indicado en la fig. 9.4 (b). Esta deformación puede hacerse lo suficientemente grande para activar el mecanismo de sujeción, con lo que el muelle recuperador abrirá los contactos del interruptor, aislando así la carga de la fuente. Al mismo tiempo, el botón sale y en muchos tipos queda visible una banda blanca para dar una indicación visual de la situación de desconexión del circuito.

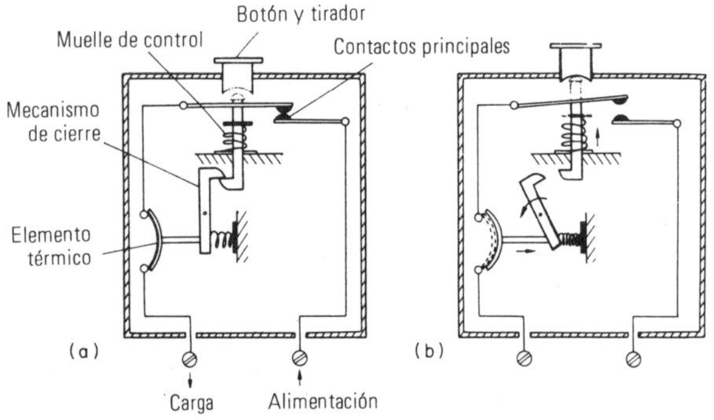

Fig. 9.4.– Esquema del funcionamiento de un cortacircuito.
(a) cerrado;
(b) abierto.

El aumento de temperatura y el grado de deformación producido en el elemento térmico son proporcionales al valor de la corriente y al tiempo durante el cual está aplicada. La temperatura ambiente con la que trabaja el disyuntor tiene también su influencia sobre el funcionamiento de éste, y junto con los valores de la corriente y el tiempo de actuación se deduce de las curvas características suministradas por el fabricante.

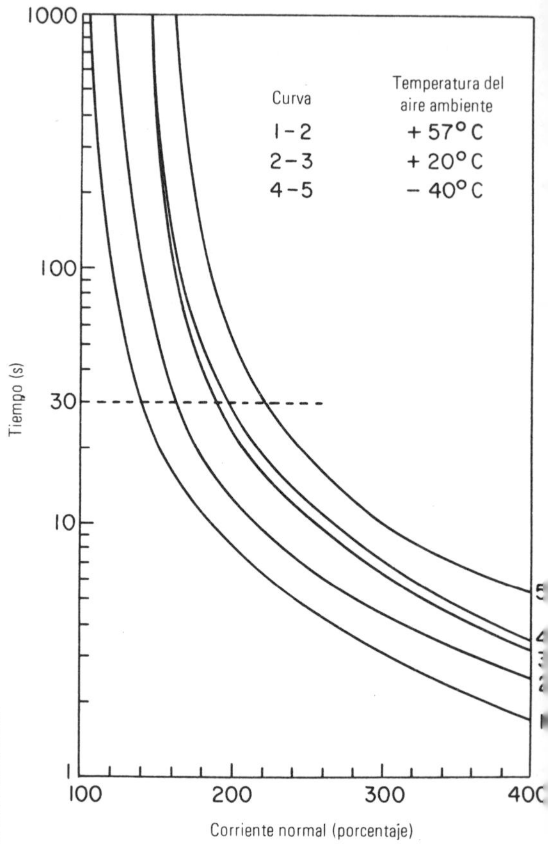

Fig. 9.5.– Curvas características de un cortacircuito.

En la fig. 9.5 se da una familia típica de curvas de un disyuntor de 6 A. Los valores de la corriente se expresan en porcentaje del nominal del disyuntor, y las curvas están trazadas para cubrir bandas de tolerancia especificadas de corriente y tiempo con tres temperaturas ambientales. Por ejemplo, si el disyuntor estuviese funcionando con una temperatura ambiente de 57°C, en 30 segundos se dispararía cuando la corriente alcanzase un valor comprendido entre 140 y 160 por ciento del nominal, o sea, entre 8,4 y 9,6 A. Con una temperatura ambiente de 20 °C se activaría en 30 s, entre 160 y 190 por ciento de la corriente nominal (de 9,6 a 11,4 A), en tanto que en -40°C esa corriente debería alcanzar un valor del 195 al 215 por ciento de la nominal (de 11,7 a 12,9 A) para que el disyuntor se disparase en el mismo intervalo de tiempo.

Una vez activado un disyuntor, el elemento bimetálico deformado empieza a recuperar su estado normal al enfriarse, volviendo a su lugar el enganche. Reparada la avería causante del corte de la corriente, se completa otra vez el circuito apretando el botón del disyuntor. La acción de reposición cierra los contactos principales y traba el botón con el mecanismo de cierre. Si se quiere aislar la fuente de alimentación de un circuito porque se sospeche de su funcionamiento defectuoso, o para una prueba, basta con tirar del botón de accionamiento del disyuntor. En algunos modelos hay un botón separado para esta función.

El aspecto exterior de dos disyuntores monopolares de recorrido libre es el que se representa en la fig. 9.6. El de (b) incluye un botón separado para

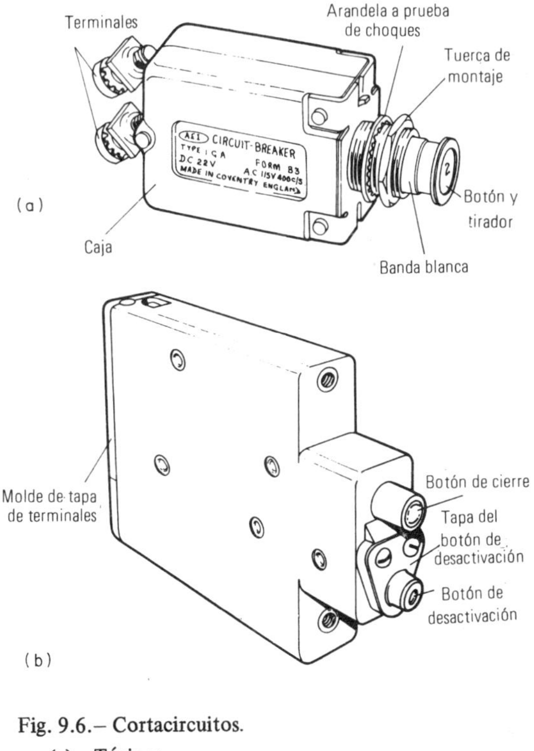

Fig. 9.6.– Cortacircuitos.

(a) Típico;
(b) cortacircuito con botón de desconexión manual.

desactivación. En ocasiones, éste va protegido por una cubierta, con el fin de impedir que se pueda accionar inadvertidamente.

En los circuitos de c.a. trifásica se emplean disyuntores tripolares, y sus mecanismos están dispuestos de forma tal que en el caso de un fallo de corriente o una corriente defectuosa en cualquiera de las fases, o en todas ellas, se disparan los tres simultáneamente. Una desconexión similar se producirá en cuanto aparezca una situación de desequilibrio entre las fases. Los tres mecanismos se controlan con un solo botón.

Protección contra corrientes inversas

En todos los tipos de sistemas eléctricos, el paso de la corriente se efectúa, como es lógico, en el sentido de la fuente de alimentación al sistema de barras de distribución, y de éste a los equipos consumidores. La interconexión de todos ellos se efectúa por medio de dispositivos automáticos tales como reguladores de tensión y unidades de control, así como interruptores accionados a mano.

Ahora bien, en condiciones anómalas puede suceder que la corriente circule en sentido opuesto, y como esto iría en detrimento del circuito y sus componentes, hay que prever algún medio automático de protección. Para ilustrar los principios básicos podemos considerar dos métodos muy utilizados: el relé y el disyuntor, ambos de corriente inversa.

RELE DE CORRIENTE INVERSA

Este tipo de relés se emplea principalmente en los sistemas generadores de c.c., bien como unidad separada o formando parte de un regulador de tensión. Una disposición típica, aplicada a un sistema generador que alimenta varios modelos de aviones pequeños, es la mostrada en la fig. 9.7. El relé lleva dos bobinas devenadas sobre su núcleo, junto con una armadora accionada por un muelle y un juego de contactos. El devanado en paralelo está constituido por muchas espiras de hilo fino, conectado al generador, por lo que tiene siempre tensión. El devanado en serie, de pocas espiras de hilo grueso, va en serie con la línea de alimentación y está previsto para que por

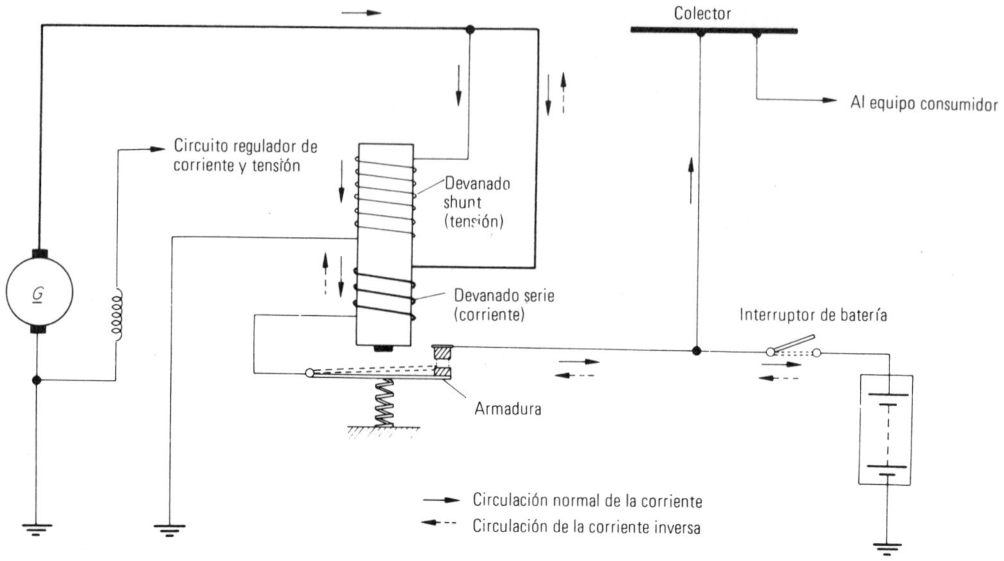

Fig. 9.7.– Funcionamiento de un disyuntor de corriente inversa.

él circule toda la corriente de la línea. Este devanado está unido también al juego de contactos, que en situación estática se mantienen abiertos por medio de un muelle.

Al empezar a funcionar el generador y alcanzar la tensión un valor superior al de la batería, el devanado paralelo del relé produce en su núcleo un magnetismo suficiente para atraer la armadura, cerrando con ello los contactos. Por lo tanto, el relé actúa como interruptor automático para conectar el generador a la barra colectora y a la batería, que así se alimenta con una corriente de carga. El campo producido por el devanado serie ayuda al paralelo a mantener cerrados los contactos.

Cuando se para el generador, o se produce una avería en su salida, la tensión producida desciende por debajo del valor de la batería, y llega un momento en el cual se inicia la descarga de ésta, es decir, se produce una situación de corriente inversa desde la batería, la cual pasa por el devanado serie. Como esto origina a su vez una inversión del campo magnético, el campo del devanado serie será opuesto al existente, lo que reducirá la imanación del núcleo del relé, hasta que el muelle abre los contactos. De este modo el generador queda desconectado de la línea y protegido de los efectos perniciosos que podrían resultar de la corriente procedente de la batería.

DISYUNTORES DE CORRIENTE INVERSA

Estos elementos están proyectados para proteger los sistemas de alimentación de energía y los circuitos a ellos conectados contra corrientes espurias de una magnitud superior a aquellas con que normalmente funcionan los disyuntores normales. Además, se mantienen en la situación de "desconectados" con el fin de asegurar el aislamiento completo del circuito hasta que se haya reparado la avería.

Un ejemplo de disyuntor utilizado en sistemas de c.c. es el que se da en la fig. 9.8, que consta de una unidad magnética en la que la intensidad de campo y su dirección están controladas por una bobina de una sola espira, conectada entre la salida positiva del generador y la barra colectora por intermedio de un juego de contactos. También se incluye otro juego de contactos auxiliares, que proporcionan la conexión en serie con el devanado de campo paralelo del generador.

La apertura de los dos juegos de contactos está controlada por un mecanismo de cierre, activado por la unidad magnética en situaciones de corriente inversa grande. Lo mismo que en los disyuntores normales, la reposición tras el accionamiento de interrupción del circuito ha de efectuarse a mano y se lleva a cabo con una palanca, accionada asimismo por el mecanismo de enclavamiento. Un indicador coloreado proporciona aviso visual de la situación de desconexión, que se ve por una ventanilla practicada en la cubierta del disyuntor. La desconexión manual de la unidad se realiza mediante un botón situado junto a la palanca de reposición.

La fig. 9.9 se basa en un circuito de sistema generador de c.c. utilizado en un tipo particular de avión, y es un ejemplo de la aplicación de los disyuntores de corriente inversa en combinación con un relé interruptor. De modo distinto a como sucedía en el circuito de la fig. 9.7, el relé controla el funcionamiento de un contactor de línea conectado en serie con la bobina del disyuntor del circuito de corriente inversa. En condiciones normales, el cierre del relé activa el contactor de línea, cuyos contactos de gran corriente conectan la salida del generador a la barra colectora por intermedio de la bobina y los contactos principales del disyuntor de corriente inversa, normalmente cerrados. El campo magnético creado por el paso de la corriente ayuda al de la unidad magnética, manteniendo así los contactos del disyuntor cerrados. El campo shunt del generador se alimenta a través de los contactos auxiliares.

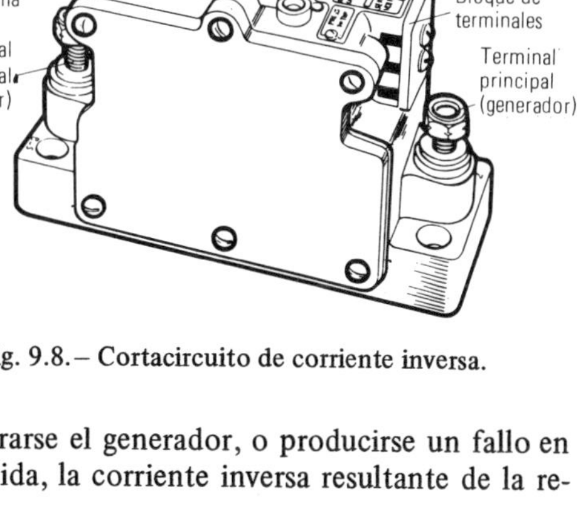

Fig. 9.8.– Cortacircuito de corriente inversa.

Al pararse el generador, o producirse un fallo en su salida, la corriente inversa resultante de la reducción de la salida a un valor inferior al de la batería pasa por el circuito según se indica, y se acciona el relé, desactivando el conector de línea, que deja el generador desconectado de ella. En tales circunstancias el disyuntor del circuito de corriente inversa permanecerá cerrado, ya que la magnitud de la corriente es mucho menor que la normal de funcionamiento con la que un tipo específico de disyuntor se activa normalmente (algunos valores normales son de 200 a 250 A y de 850 a 950 A).

Consideraremos ahora lo que sucedería en el caso de que el relé o el contactor de línea dejasen de abrirse en la situación mencionada de una corriente inversa de poca magnitud, por ejemplo, porque los contactos se hayan pegado como consecuencia del desgaste o de arcos excesivos entre ellos. En ese supuesto, la corriente inversa volvería al generador, donde, además de su efecto de motor, invertiría la polaridad del campo magnético. La corriente inversa que circula por la bobina del disyuntor del circuito seguiría aumentando, en su intento de vencer las cargas mecánicas debidas al acoplo de motor y generador, con lo que el campo inverso creciente reduciría la intensidad de la unidad magnética. Al alcanzar esa corriente inversa el valor previsto de desactivación del disyuntor, el campo de la unidad magnética queda neutralizado y repelido, haciendo que el mecanismo de retención suelte los contactos principales y auxiliares, completando así el aislamiento del generador de la barra colectora. El disyuntor puede ponerse otra vez en funcionamiento después de haber reparado la avería causante de su disparo.

Protección contra sobretensiones

La sobretensión es una condición que puede aparecer en un sistema generador en el caso de una avería en el circuito de excitación de campo; por ejemplo, la derivación interna a masa de los devanados de campo o un circuito abierto en las líneas sensoras del regulador de tensión. Por eso hay que prever los dispositivos necesarios para proteger los equipos contra las tensiones superiores a las suyas de funcionamiento. Los métodos adoptados varían entre los diversos sistemas de los aviones, así como de tratarse de c.c. o c.a. En la fig. 9.10 se da un ejemplo de método de relé de sobretensión, aplicado a un sistema de c.c.

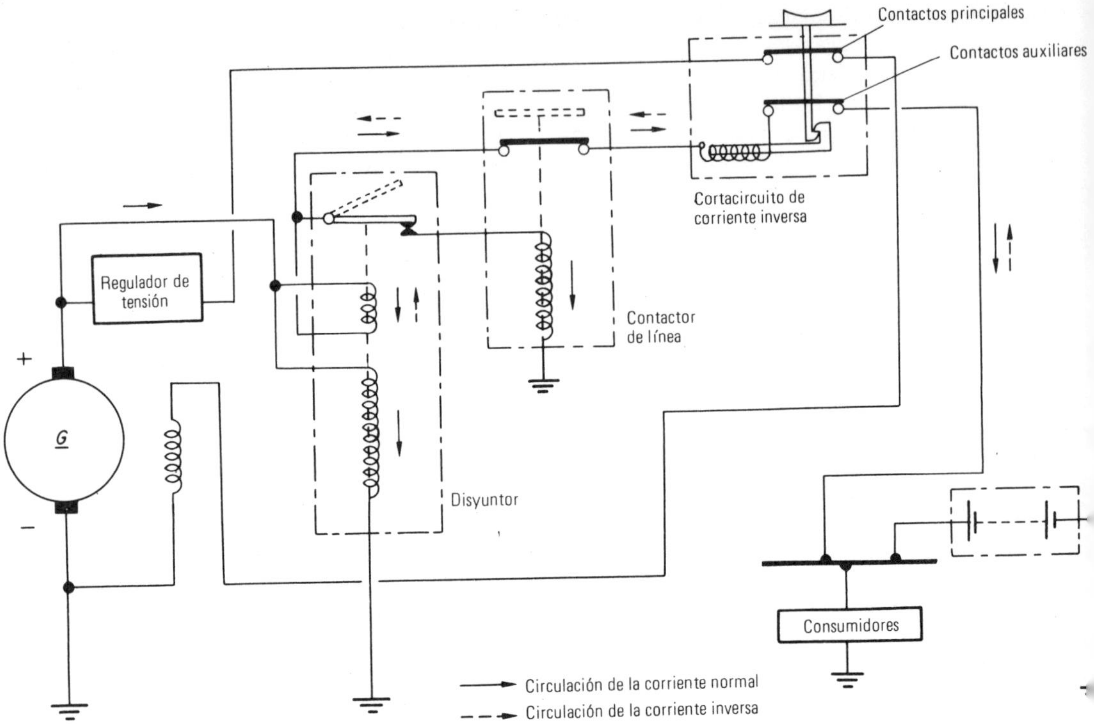

Fig. 9.9.– Funcionamiento de un cortacircuito de corriente inversa.

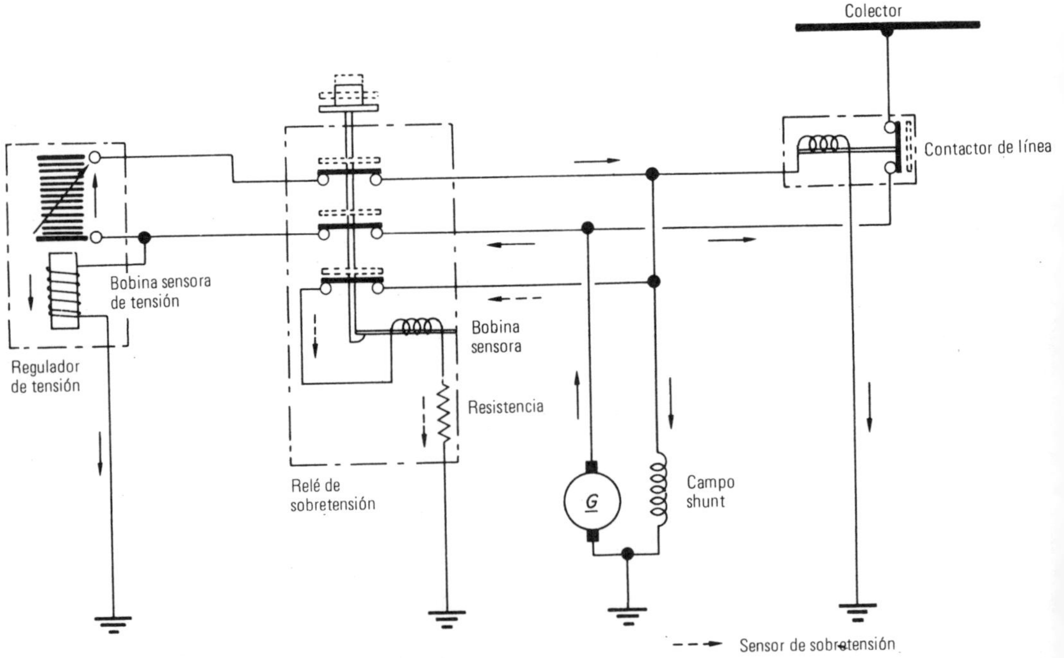

Fig. 9.10.– Protección contra sobretensiones de un sistema generador de c.c.

te retrasada en cuadratura, o potencia reactiva, que es el equivalente de la corriente inversa en los de c.c. La función protectora la lleva a cabo el circuito de distribución de carga reactiva del sis-
El relé lleva varios juegos de contactos, unidos a los circuitos esenciales del sistema generador y acoplados mecánicamente a un dispositivo de enclavamiento. Este a su vez está controlado electromagnéticamente por un conjunto sensor de bobina y armadura, la primera de las cuales va conectada al circuito de campo shunt del generador y en serie con una resistencia, cuyo valor disminuye conforme aumenta la corriente que por ella pasa. En condiciones normales de tensión regulada, la resistencia del circuito de bobina sensora es lo suficientemente elevada para impedir que la corriente de campo shunt del generador suelte el mecanismo de retención del relé, por lo que los contactos quedan cerrados y el generador conectado a la barra colectora. Por lo contrario, si se produce un cortocircuito en la línea de la bobina sensora de la tensión del regulador, la corriente del campo shunt crece y, como consecuencia de las características inversas de la resistencia de la bobina sensora del relé, el campo electromagnético creado por la bobina hace que se suelte el mecanismo de retención, con lo que se abren todos los contactos y el sistema queda aislado de la barra colectora. Una vez reparada la avería, los contactos pueden volver a cerrarse apretando el botón de reposición.

En la fig. 9.11 se ilustra un método empleado en un sistema generador de c.a. de frecuencia variable, cuyo control total está proporcionado por unos amplificadores magnéticos (véase también el Capítulo 3). La salida del amplificador magnético que protege contra las sobrecargas se aplica a un rectificador en puente y a la bobina de un relé por intermedio de un devanado de reacción. Los contactos principales del relé van conectados al contactor de línea del circuito de conmutación de alimentación de c.c. normal.

En condiciones normales de tensión de salida, la impedancia del amplificador magnético es tal que su salida alterna y la corriente continua de la bobina del relé mantienen a éste desactivado. Al producirse una situación de sobretensión la corriente que pasa por la bobina del relé aumenta hasta un valor determinado de antemano, y la apertura de los contactos del relé interrumpe la

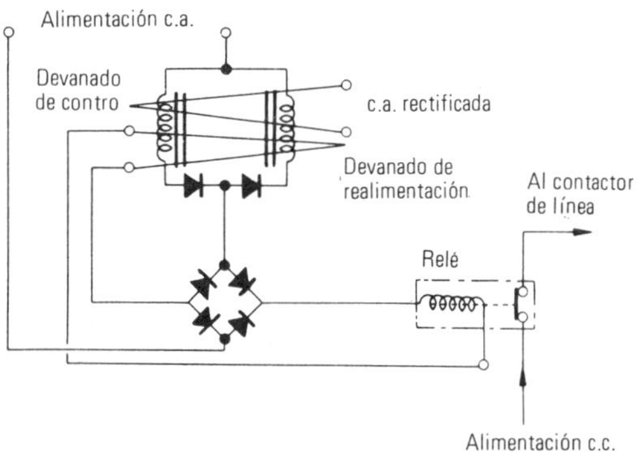

Fig. 9.11.– Protección contra sobretensiones de un sistema generador de c.a.

alimentación de c.c. al contactor de línea, que entonces desconecta el generador de la barra colectora. Al mismo tiempo, la unidad de control principal interrumpe la alimentación de la corriente de autoexcitación al generador haciendo con ello que la c.a. baje a cero. El relé se repone y una vez reparada la avería puede restablecerse la salida del generador, conectándola a la barra colectora efectuando el ciclo normal de puesta en marcha.

Protección contra subtensiones

La subtensión se produce durante el funcionamiento normal cuando se para un generador, y el paso de corriente inversa del sistema al generador suele ser una indicación de tal situación. En un sistema de un solo generador de c.c. la protección contra subtensiones no resulta esencial, ya que la corriente inversa queda detectada y contrarrestada por el disyuntor de corriente inversa. Pero sí lo es en los sistemas de varios generadores provistos de método de ecualización de las cargas, y como los circuitos ecualizadores de carga actúan siempre para elevar la tensión de un generador retrasado, el circuito de protección contra las subtensiones se integra en el de reparto de cargas.

Un circuito típico suele constar de un relé polarizado que desconecta el circuito de reparto de cargas y a continuación deja que el disyuntor de corriente inversa desconecte el generador de la barra colectora. En los sistemas de c.a:, una situación de subtensión se traduce en una corrien-

tema generador, un ejemplo del cual se describió ya en el Capítulo 3.

Protección contra frecuencia excesiva o escasa

Este tipo de protección sólo se aplica en los sistemas generadores de c.a. y se efectúa con el circuito de reparto de cargas del sistema generador (véase el Capítulo 3).

Cuestionario

1. Esbocen y describan la construcción de dos tipos de fusibles apropiados para su empleo en aviones. Indiquen de qué modo influye su construcción sobre las características de funcionamiento. (S.L.A.E.T.)
2. ¿Cuáles son las diferencias principales entre un fusible y un limitador de corriente, por cuanto se refiere a su funcionamiento y sus aplicaciones?
3. Expliquen el funcionamiento de una resistencia limitadora, y, valiéndose de un esquema, describan una de sus aplicaciones prácticas.
4. Un cortacircuitos es un dispositivo para:
   (a) proteger un circuito eléctrico contra sobrecargas de corriente.
   (b) anular el circuito primario de una magneto;
   (c) cerrar un circuito sin quedar afectado por el paso de la corriente.
5. Con ayuda de un croquis, describan la construcción y expliquen el principio de funcionamiento y las características de un cortacircuitos térmico.
6. ¿Qué se quiere significar con "recorrido libre" cuando se habla de un disyuntor térmico?
7. ¿En qué condiciones podríamos decir que se admite el uso de un cortacircuitos como interruptor?
8. ¿Qué se entiende por "corriente inversa"?
9. Describan el funcionamiento de un disyuntor de corriente inversa.
10. ¿Cuál es la función de un cortacircuito de corriente inversa?
11. Describan brevemente el principio de funcionamiento de un cortacircuito de corriente inversa.
12. Describan un método típico de proteger un sistema generador de c.c. contra las sobretensiones.

Capítulo **10**

Utilización de la energía. Componentes

Hasta el momento, el estudio de los sistemas eléctricos se ha limitado en esencia a los principios fundamentales de los métodos de producción y distribución de la energía, así como los métodos de protección de los circuitos generalmente adoptados. Como se comprende, este estudio no puede terminarse sin decir algo acerca de los diversos medios de utilización de la energía en los aviones. Esta utilización puede abarcar zonas muy amplias, según el tamaño y tipo del avión y que los sistemas empleados necesiten el uso total o parcial de energía eléctrica. Por eso, para mantenernos en el tema del libro, nos limitaremos a algunos aspectos y aplicaciones prácticos.

A título de explicación, el tema se trata en este capítulo y el siguiente, en dos subtítulos generales: (I) los *componentes* usados con los sistemas mecánicos, tales como un motor eléctrico que acciona una válvula de un sistema de aportación de combustible, o los componentes usados en los sistemas eléctricos (alumbrado, etc.); (II) los *sistemas*, que son principalmente eléctricos en su totalidad, como sucede con los de puesta en marcha de los motores y el encendido.

Motores

Hay una gran variedad de componentes y sistemas que dependen de la energía mecánica proporcionada por motores, y la cantidad de éstos instalados en los aviones depende de la amplitud con que en ellos se utilice la energía eléctrica. En la Tabla 10.1 se da un resumen de algunas de las aplicaciones típicas de los motores.

En la mayoría de las aplicaciones anteriores los motores y las secciones mecánicas del equipo forman unidades integradas. La alimentación necesaria para el funcionamiento es de 28 V, c.c., o 26 ó 115 V, c.a. de frecuencia constante, y se aplica casi sin excepción mediante conmutación directa y sin equipo especial de puesta en marcha. Muchos motores sólo funcionan durante breves intervalos de tiempo en cada vuelo, y son muy corrientes períodos comprendidos entre 15 y 90 segundos. Tras el funcionamiento con la carga nominal suele necesitarse un tiempo de enfriamiento que puede ser de 10 a 20 minutos en algunos casos, como, por ejemplo, el motor de la bomba de regulación de la hélice.

Los motores previstos para su funcionamiento continuo suelen ir provistos de un ventilador de refrigeración, y en el caso de los de las bombas de combustible, que son del tipo de inmersión, el calor se transmite desde la carcasa hermética del motor al combustible. Las velocidades de funcionamiento son altas, y en los casos en que la energía de los motores debe convertirse en movimiento mecánico se incluyen en el sistema de transmisión cajas de velocidades o de reducción.

Tabla 10.1

	Función
Actuadores	Compensación de combustible. Accionamiento de la puerta de carga. Accionamiento del control del cambiador de calor. Accionamiento de los alerones de aterrizaje.
Válvulas de control	Mezcla de aire frío y caliente para el acondicionamiento y el deshielo.
Bombas.	Aporte de combustible. Regulación de la hélice. Aporte del fluido deshelador.
Sistemas de control e instrumentos de vuelo.	Funcionamiento del giroscopio. Control de los servomecanismos.

Motores de c.c.

El funcionamiento y el principio de accionamiento de los motores de c.c. son inversos a los de los generadores; es decir, que si se aplica a sus bornes una tensión exterior se producirá el movimiento del inducido, convirtiéndose pues la energía eléctrica en mecánica. Esto queda claro en la fig. 10.1, que representa un motor en su forma más sencilla, es decir, una sola espira de hilo "AB" colocada de forma que pueda girar entre las piezas polares de un imán. Los extremos del hilo se conectan a las delgas del colector, las cuales están en contacto con las escobillas que suministran la energía eléctrica de c.c. y los motores: los dos constan de las mismas partes esenciales (inducido, devanados de campo, colector y escobillas), los mismos métodos de clasificación según las diversas disposiciones de la excitación de campo y, en la mayoría de los motores, los devanados del inducido y de campo se alimentan de una misma fuente de energía o, lo que es igual, son autoexcitados.

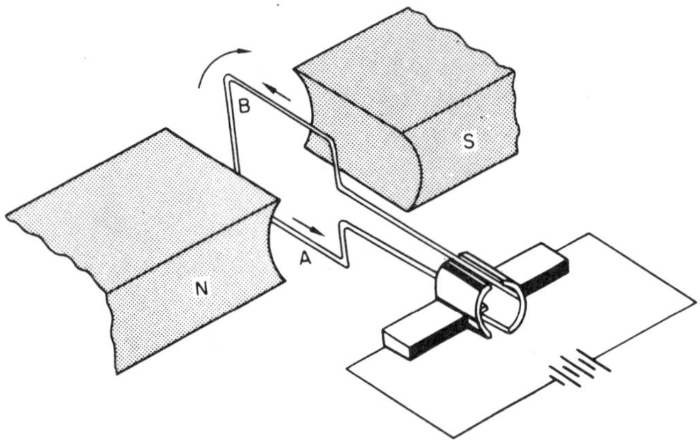

Fig. 10.1.– Principio del motor de c.c.

Al circular la corriente en el sentido indicado por las flechas se producen campos magnéticos alrededor del hilo, los cuales ejercen acciones con el campo principal ya existente y producen fuerzas que hacen que la espira se mueva en el sentido de las agujas de un reloj. Al aproximarse la espira a la posición en la que el colector invierte la polaridad de la corriente aplicada a la espira, se invierte asimismo la circulación de esa corriente por el hilo, pero debido a la posición relativa del campo alrededor del hilo y del existente entre los polos en ese instante, la espira sigue moviendose en el mismo sentido; Esta acción continúa mientras haya energía aplicada a la espira.

En cuanto se refiere a los principios constructivos, hay poca diferencia entre los generadores de

CARACTERISTICAS DE LOS MOTORES

La aplicación de un motor a una aplicación determinada está regida por dos características principales: la de *velocidad* y la de *par*. La primera se refiere a la variación de la velocidad del motor con la corriente del inducido, que está determinada por la fuerza contraelectromotriz, la cual a su vez depende de la carga mecánica impuesta al motor. La característica de par es la relación entre el par necesario para mover una carga dada y la corriente del inducido.

TIPOS DE MOTOR

Hay tres tipos básicos de motores y, lo mismo que en el caso de los generadores, se clasifican de acuerdo con la disposición de la excitación de campo: serie, shunt y compuesto o compound. Estas disposiciones, junto con otras variantes, se adoptan en varias de las funciones enumeradas en la Tabla 10.1 y que se ilustran en la fig. 10.2.

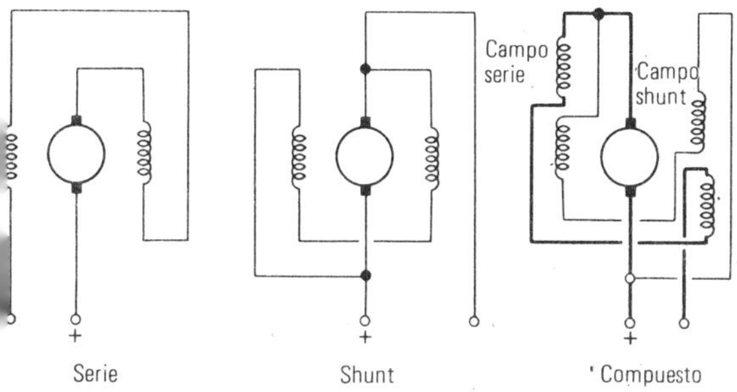

Fig. 10.2.– Tipos de motores de c.c.

Los motores con *devanados en serie* llevan los devanados del inducido y de campo conectados en serie entre sí y con la fuente de alimentación. Las corrientes que pasan por los devanados y los campos magnéticos producidos son por tanto iguales. Los bobinados son de baja resistencia, lo que hace que los motores serie puedan absorber una gran corriente en el arranque, eliminando así el retraso de la formación del campo, ya que éste adquiere rápidamente su intensidad. Con ello obtiene sus ventajas principales: alto par instantáneo de arranque y buena aceleración, con una formación rápida de la fuerza contraelectromotriz inducida en el inducido para limitar el paso de corriente por el motor.

La característica de velocidad de un motor con devanados serie es tal que las variaciones de carga mecánica van acompañadas de otras sustanciales de velocidad: una carga pequeña hace que gire con gran velocidad y una carga grande le hace girar con una velocidad reducida.

El par es proporcional al cuadrado de la corriente del inducido, y como un aumento de la carga se traduce en una reducción de la fuerza contraelectromotriz, se produce un crecimiento de la corriente del inducido y un aumento rápido del par de arrastre. Por consiguiente, la característica de par es tal que el motor puede arrancar con toda la carga aplicada.

En los motores con *devanados shunt*, los de campo van dispuestos lo mismo que en los generadores de este tipo: en paralelo con el inducido. La resistencia del devanado es alta, y como está conectado directamente a la fuente de alimentación la corriente que lo atraviesa es constante. Los devanados de inducido de algunos motores son de una resistencia relativamente alta, y aunque su rendimiento total es bajo, comparado con el de la mayoría de los motores shunt, pueden ponerse en marcha conectándolos directamente a la fuente de alimentación. Para el arranque de los motores cuyos devanados de inducido tienen baja resistencia hay que conectar en serie con ellos una resistencia variable. En el momento de la puesta en marcha tiene que estar toda la resistencia incluida en el circuito, para limitar la corriente del inducido a un valor previamente determinado. Conforme va creciendo la velocidad, la corriente del inducido se reduce como consecuencia del aumento de la fuerza contraelectromotriz, y la resistencia se va reduciendo progresivamente hasta que, una vez alcanzada la velocidad de régimen del motor, la resistencia queda completamente fuera del circuito del inducido.

Funcionando desde la situación "sin carga" o "en vacío" hasta la de "plena carga", la variación de velocidad de un motor de inducido de baja resistencia es pequeña, y puede considerarse que el motor tiene una característica de velocidad constante. En el caso de un motor de inducido de gran resistencia hay una diferencia más acusada de velocidad entre los dos extremos de funcionamiento antes mencionados.

El par es proporcional a la corriente del inducido hasta cerca de la situación de plena carga, donde el aumento de la reacción del inducido debido a la corriente de plena carga tiene un efecto debilitante. El par de arranque es pequeño, dado que la intensidad de campo crece lentamente; por consiguiente, la característica de par es tal que los motores de devanado shunt tienen que arrancarse con cargas pequeñas o en vacío.

MOTORES COMPUESTOS

En muchas aplicaciones hay que emplear las características principales de los motores serie y shunt conjuntamente, pero sin algunas de sus características indeseables. Por ejemplo, puede necesitarse un motor que desarrolle el elevado par de arranque de un tipo serie, pero sin la tendencia a embalarse al quitarle la carga. Otras aplicaciones pueden exigir un motor capaz de reducir la velocidad al aumentar la carga hasta un punto suficiente para impedir una demanda excesiva de energía de alimentación, al mismo tiempo que conserve el control suave de la velocidad y una característica de marcha en vacío propios del motor shunt.

Estas y otras exigencias puede cubrirlas el motor llamado *compuesto*, en el que se combinan devanados de campo serie y shunt en una sola máquina. En la mayoría de estos motores compuestos los devanados serie y shunt están enrollados de modo que produzcan la misma polaridad en las caras polares, para que cada devanado ayude al otro. Este método de conexión se denomina *compuesto acumulativo* y hay tres formas en las que puede utilizarse: shunt normal, estabilizado y limitado.

El normal es un motor polarizado hacia el tipo de bobinado shunt, produciendo el devanado shunt casi del 60 al 70 por ciento del flujo total, quedando el resto para el devanado serie. Las características buscadas de los motores serie y shunt se conservan perfectamente.

El *estabilizado* está también polarizado hacia el tipo shunt, pero tiene un devanado serie menor que venza la tendencia del motor shunt a estabilizarse cuando gira con su mayor velocidad o muy cerca de ella y se somete a un aumento de la carga.

El limitado está polarizado hacia el motor serie y tiene un devanado shunt menor incluido en el sistema de campo. El objeto de ese devanado es limitar la velocidad máxima cuando gira en condiciones de vacío, conservando al mismo tiempo inalteradas las características generales de velocidad y par. La limitación del shunt se aplica sólo a los tamaños mayores de motores compuestos, de los que son ejemplos típicos los de puesta en marcha de los motores de aviación (véase la fig. 10.3).

MOTORES DE CAMPO DIVIDIDO

En numerosas aplicaciones en que intervienen los motores se necesita que pueda invertirse su sentido de giro para realizar alguna función particular como, por ejemplo, la apertura y el cierre de una válvula mediante un actuador. Esto se consigue invirtiendo el sentido de circulación de la corriente y la polaridad del campo magnético, tanto en los devanados de campo como en los del inducido.

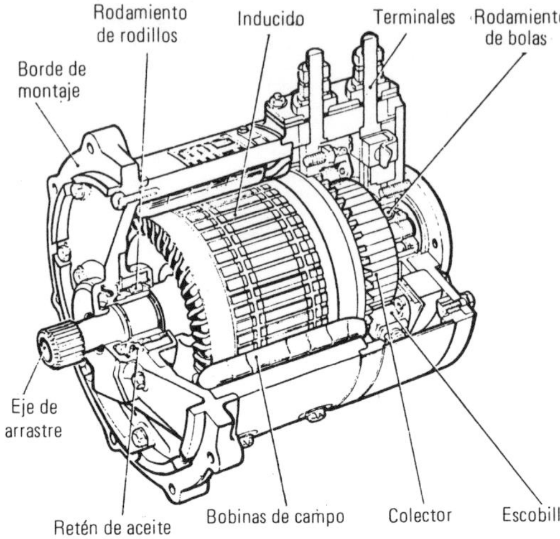

Fig. 10.3.– Motor de arranque típico.

Un método basado en este principio, y uno de los más comúnmente adoptados en los motores de devanado serie, consiste en dividir el devanado de campo en dos secciones eléctricas separadas, que crean campos magnéticos circulando en sentidos opuestos. Cada uno de los devanados se usa para uno de los dos sentidos de giro y se controla mediante un conmutador monopolar de dos posiciones, según se aprecia en el esquema de la fig. 10.4. Con este conmutador en la posición "adelante" la corriente circulará por la sección "A" del devanado de campo, estableciendo en el núcleo de hierro un campo de la polaridad apropiada. La corriente también pasa por el inducido en un sentido tal que la interacción de su campo con el creado por la sección "A" hace que gire en sentido directo. Cuando se elige la posición "atrás" del motor con el conmutador, la sección "A" queda aislada y la corriente pasa por la "B" del devanado de campo, creando uno de polaridad opuesta al del caso anterior. La corriente que atraviesa el inducido es del mismo sentido que antes, pero como las polaridades de las piezas po-

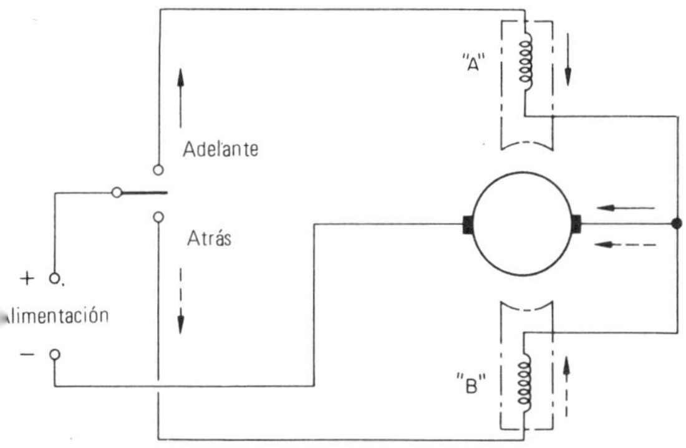

Fig. 10.4.– Circuito de un motor de campo dividido.

lares están invertidas ahora, la interacción resultante de los dos campos hace que el inducido gire en sentido opuesto.

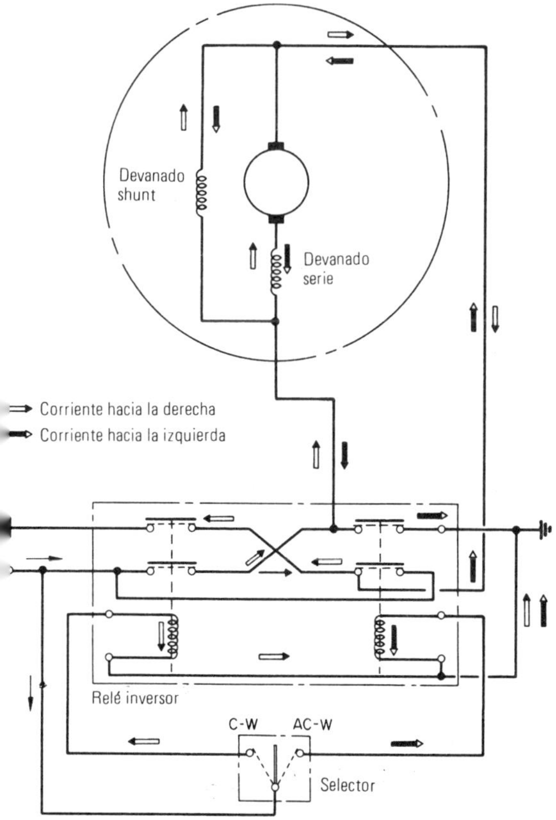

Fig. 10.5.– Inversión de un motor compuesto.

Algunos motores de campo dividido se construyen con dos devanados de campo separados, montados en piezas polares alternativas. El inducido de estos motores (llamados tetrapolares reversibles) gira en un sentido cuando la corriente pasa por un juego de piezas polares, y en el opuesto cuando lo hace por el otro.

La inversión del giro de los motores intercambiando las conexiones del inducido es un método que también se usa en algunas aplicaciones, sobre todo cuando se necesitan las características de las máquinas compuestas. El esquema de la fig. 10.5 se basa en la disposición adoptada en un motor compuesto proyectado para la elevación y descenso de los alerones o frenos de aterrizaje de un avión (véase la fig. 10.6). La corriente pasa al devanado del inducido por los contactos de un relé, ya que el consumo del motor es bastante elevado.

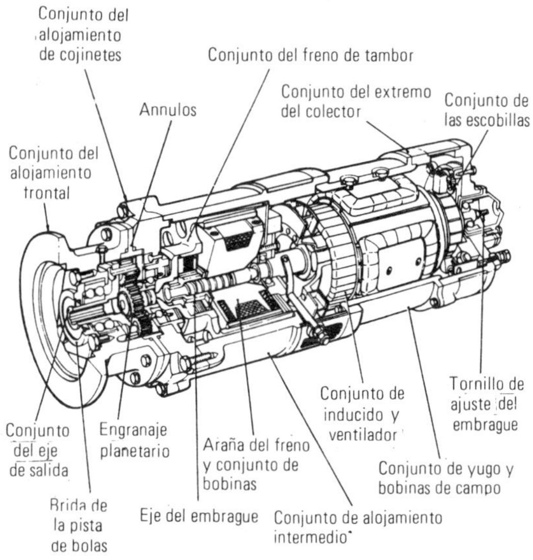

Fig. 10.6.– Motor compuesto reversible.

ACTUADORES DE MOTOR

Los actuadores o equipos de maniobra accionados por motor son unidades autónomas en las que se combinan dispositivos eléctricos y mecánicos capaces de ejercer tracciones lineales reversibles a distancias cortas o esfuerzos de giro reversibles de baja velocidad. Por eso, los actuadores se clasifican en lineales y giratorios, y pueden estar accionados por motores de c.c. o de c.a. En la mayoría de los casos los motores de c.c. son del tipo de campo dividido, devanado en serie.

ACTUADORES LINEALES

Los actuadores lineales pueden variar en algunas de sus características de diseño y constructivas, de acuerdo con la aplicación, las exigencias de la carga y las ideas del fabricante. Pero en general constan de un motor, acoplado por intermedio de engranajes reductores a un tornillo que al girar aleja o acerca un empujador o un émbolo. Según el tamaño del actuador, el empuje o la retracción se consiguen por la acción de una varilla roscada o por lo que se llama "rosca de rodamiento". En el primer caso, la varilla roscada va provista en toda su longitud de una rosca cuadrada, que encaja en la correspondiente del émbolo. Al funcionar el motor, el movimiento giratorio del tornillo se convierte en desplazamiento lineal del émbolo, unido a su vez a la pieza móvil de que se trate.

El método de rosca de rodamiento proporciona un efecto más exacto y es por lo general el adoptado en los actuadores grandes destinados a desplazar cargas considerables. En este caso, las roscas clásicas macho y hembra se han sustituido por dos surcos de hélice semicircular, y el espacio comprendido entre los surcos va lleno de bolas de acero. Conforme gira la rosca matriz, las bolas ejercen su empuje sobre el émbolo, empujándolo o atrayéndolo, según el caso, y al mismo tiempo un dispositivo de recirculación asegura la alimentación continua de bolas a las ranuras o surcos. En la fig. 10.7 se indica un actuador lineal típico.

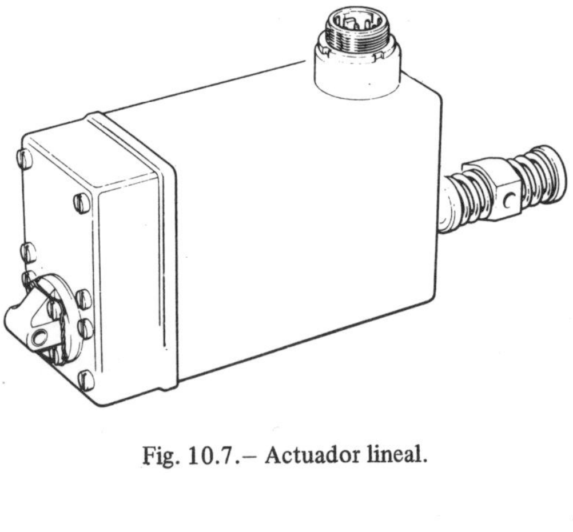

Fig. 10.7.– Actuador lineal.

ACTUADORES GIRATORIOS

Se utilizan por lo general en componentes cuyos elementos mecánicos tienen que girar con baja velocidad o recorriendo un trayecto angular limitado. Como en el caso de los actuadores lineales, el arrastre del motor se transmite por intermedio de unos engranajes de reducción, cuyo árbol de salida se acopla directamente al componente móvil correspondiente (por ejemplo, la válvula que acciona los alerones). Algunos ejemplos típicos de la aplicación de actuadores giratorios son las válvulas de reparto del sistema de aire acondicionado y las llaves de paso de combustible.

ENGRANAJES DEL ACTUADOR

Los engranajes de reducción suelen tener forma de trenes de engranajes rectos de varias etapas en los tipos pequeños de actuadores lineales y giratorios, en tanto que en los tipos mayores es más corriente el empleo de engranajes epicíclicos. Las relaciones de los engranajes varían según los tipos de actuador y las aplicaciones específicas.

INTERRUPTORES DE FIN DE RECORRIDO

Tanto los actuadores lineales como los giratorios van equipados con interruptores limitadores, con el fin de parar sus motores correspondientes cuando el émbolo o el eje de salida –según el caso– haya alcanzado el final de su recorrido útil. Los interruptores suelen ser del tipo microinterruptor y están accionados por una leva movida por un eje de la caja de engranajes reductores. En algunos casos, los contactos del interruptor de final de recorrido se aprovechan para cerrar circuitos de luces de aviso o indicadores magnéticos. La interconexión de los interruptores es como se indica en la fig. 10.8, que se basa en el circuito de un sistema típico de válvulas accionadas por actuador.

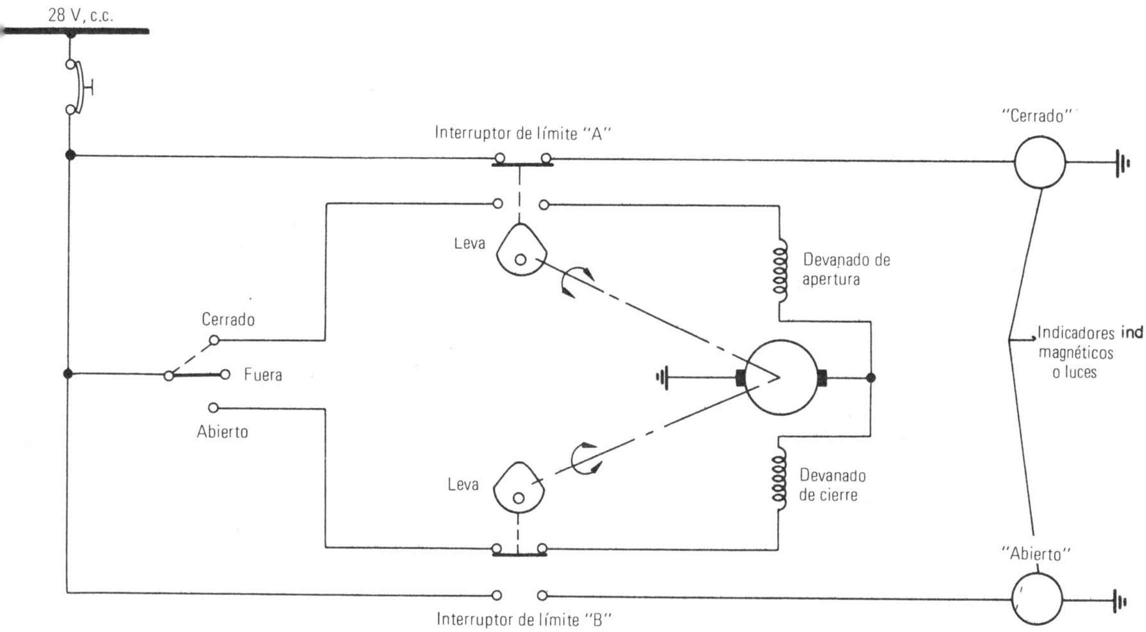

Fig. 10.8.– Funcionamiento de los interruptores de final de recorrido.

En la posición "cerrado", la leva acciona el microinterruptor "A", que abre el circuito del devanado de cierre del motor y completa un circuito en el que se encuentra el indicador "cerrado". En ese momento, los contactos del microinterruptor "B" quedan conectados al devanado de apertura del motor, por lo que cuando se seleccione con el conmutador de mando la aplicación de energía a ese devanado el motor empezará a funcionar con ese fin. Al girar hacia la posición de "abierto", la leva hace que los contactos del microinterruptor "A" se cambien, interrumpiendo el circuito del indicador y conectando el devanado de cierre, con lo que el motor siempre queda listo para funcionar en una de las dos direcciones. En cuanto se alcanza la posición "abierto", la leva acciona el microinterruptor "B", cuyos contactos cierran el circuito del indicador "abierto".

FRENOS

La mayoría de los actuadores van provistos con frenos electromagnéticos, para impedir que se exceda el recorrido al parar el motor. El diseño de un sistema de frenos varía con el tipo y el tamaño del actuador, pero en todos los casos los frenos se mantienen mediante muelles en la posición "activo" cuando los motores están desactivados, y los solenoides de funcionamiento están conectados en serie con el inducido, por lo que los frenos se quitan en cuanto se aplica energía al motor.

EMBRAGUES

Los embragues de fricción, que suelen ser del tipo monodisco o polidisco, dependiendo del tamaño del actuador, van incorporados en los sistemas de transmisión de los actuadores para protegerlos contra los efectos de sobrecargas mecánicas.

MOTORES DE INSTRUMENTOS

Los motores de c.c. no se emplean mucho en los instrumentos de aviación, y en los sistemas actuales suelen estar confinados a uno o dos tipos de indicador de giro e inclinación para formar el elemento giroscópico. El inducido del motor, junto con un aro exterior montado concéntricamente, forman el rotor del giroscopio, siendo el objeto del aro el de aumentar la masa del rotor y el radio de giro. El inducido gira dentro de un estator de imán permanente bipolar y cilíndrico, sujeto al aro de suspensión. La corriente se lleva a las escobillas y el colector mediante muelles flexibles, con el fin de permitir el movimiento del aro de suspensión. Una condición esencial para el funcionamiento del instrumento es que se mantenga una velocidad constante del rotor, lo que se consigue mediante un regulador centrífugo del tipo disyuntor, que consta de un contacto fijo y otro móvil, mantenidos cerrados normalmente por un muelle ajustable y en serie con el devanado del inducido. Una resistencia va en paralelo con los contactos.

Al alcanzarse la velocidad máxima, la fuerza centrífuga que actúa sobre el contacto móvil vence la resistencia del muelle y hace que se abran los contactos. Con ello, la corriente que va al inducido pasa por la resistencia y se reduce, disminuyendo al mismo tiempo la velocidad del rotor hasta que vuelve a tomar su valor nominal.

Motores de c.a.

En los aviones que emplean corriente alterna de frecuencia constante como fuente primaria o secundaria de energía eléctrica es lógico que se utilicen motores de c.a., y aunque éstos no siempre sirven como sustitutos completos de las máquinas de c.c., las ventajas y las características especiales de funcionamiento de algunos tipos se han aplicado a varios sistemas que dependen en cuanto a energía mecánica de una fuente de alimentación electromotriz.

El motor de c.a. más usado es el del tipo de inducción, y según su aplicación puede estar proyectado para su funcionamiento con alimentaciones trifásicas, bifásicas o monofásicas.

MOTORES DE INDUCCION

Los motores de inducción deben su nombre a que la corriente producida en el miembro giratorio, o rotor, se debe a la *f.e.m. inducida* creada por un campo magnético giratorio establecido por una c.a. que circula por los devanados del miembro fijo o estator. La interconexión entre los dos miembros es pues únicamente magnética y, como resultado, no hay necesidad de colector, anillos ni escobillas.

El rotor consta de un núcleo cilíndrico de chapas de hierro laminado, provisto de un cierto número de barras longitudinales de cobre o aluminio, distribuidas uniformemente por la periferia del cilindro. Estas barras están unidas en sus dos extremos por aros de cobre o aluminio, de modo que formen una estructura que se conoce con el nombre de *jaula de ardilla*. El estator consta de varias chapas anulares provistas de ranuras en su parte interior, en las que van alojadas bobinas conectadas en serie. La cantidad de devanados y su disposición en el estator dependen directamente de la cantidad de polos y fases de la fuente de alimentación. Así, por ejemplo, hacen falta más devanados en un motor tetrapolar que en otro bipolar, alimentados ambos por una fuente trifásica.

El principio de funcionamiento puede comprenderse con ayuda de la fig. 10.9, que representa un motor trifásico bipolar. Suponiendo que la rela-

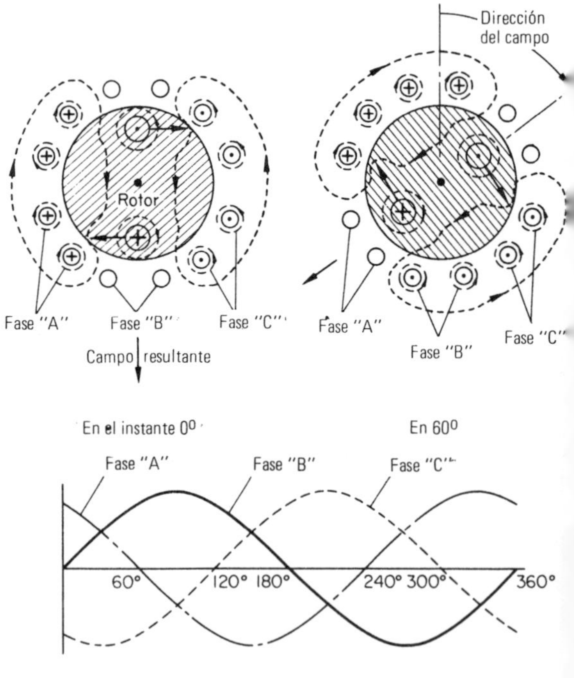

Fig. 10.9.– Principio del motor de inducción.

ción entre fases sea la indicada (rotación de fases), en el instante O las fases "A" y "C" son las dos únicas que llevan corriente y forman campos magnéticos que al combinarse crean un campo resultante que actúa hacia abajo, a través del núcleo del rotor. El campo pasa pues atravesando las barras de la jaula de ardilla y, como éstas forman un circuito cerrado de baja resistencia, la f.e.m. inducida en las barras hace que circule una corriente relativamente grande en la dirección indicada. Como resultado de la corriente se producen campos magnéticos alrededor de las barras, cada uno de los cuales interaccionará con el principal, produciendo pares en el rotor. Esta acción es en realidad la misma que se efectúa en los motores de c.c. y en los indicadores de bobina móvil.

Supongamos ahora que la frecuencia de la fuente de alimentación haya avanzado 60°. En ese caso, la fase "A" tendrá una corriente que ha caído a cero, en tanto que ahora son las fases "B" y "C" las dos que llevan corriente, por lo que el campo resultante también se habrá adelantado 60°. Dicho de otro modo, el campo empieza a girar en sincronismo con la frecuencia y hace aparecer pares de giro en las barras del rotor en jaula de ardilla, haciendo con ello que el rotor gire en la misma dirección que el campo giratorio del estator. Esta acción continúa a lo largo de todo el ciclo de la alimentación, efectuando el campo una revolución completa. En el caso de un motor de cuatro polos el campo sólo gira 180° durante un ciclo completo, y un motor hexapolar sólo 90°

Conforme crece la velocidad del rotor hay una reducción correspondiente de la f.e.m. inducida y del par hasta que este último equilibra el par resultante de la fricción de los cojinetes, la resistencia del viento, etc., y la velocidad se estabiliza, permaneciendo constante. Por eso el rotor no se acelera nunca hasta la velocidad síncrona del campo del estator, porque de hacerlo así las barras no quedarían cortadas por el campo giratorio, no habría f.e.m. inducida ni circulación de corriente y, por tanto, tampoco par que mantuviese el giro.

La velocidad síncrona de un motor de inducción está determinada por el número de polos para el que está devanado el estator y la frecuencia de la fuente de alimentación, es decir:

$$\underset{\text{(rev./min.)}}{\text{Velocidad síncrona}} = \frac{f\,(\text{Hz}) \times 60}{\text{N}^{\text{o}} \text{ de pares de polos}}$$

La diferencia entre las velocidades síncrona y del rotor, medida en r.p.m., se llama velocidad de deslizamiento, y la razón de ésta a la velocidad síncrona, expresada en porcentaje, es lo que se conoce como *deslizamiento.*

MOTORES DE INDUCCION MONOFASICOS

Como su nombre indica, estos motores sólo tienen un devanado de estator, y como él solo no puede producir un campo giratorio para mover el rotor se necesita algún otro método de puesta en marcha automática. El más utilizado es uno en el que el devanado principal del estator está dividido para producir otro devanado de arranque. De este modo conseguimos lo que se llama un motor de fase dividida, y desplazando los devanados 90° entre sí y haciendo que la corriente del devanado de arranque esté adelantada o atrasada respecto a la del principal se puede generar un campo rotatorio del mismo modo que en un motor bifásico. Una vez que el motor ha alcanzado un determinado porcentaje de su velocidad de régimen, el devanado de arranque puede dejarse fuera de servicio y aquél seguirá funcionando como motor monofásico.

El atraso o adelanto de las corrientes de los devanados se consigue haciendo que la razón de la reactancia inductiva a la resistencia de un devanado difiera considerablemente de la del otro devanado. Las variaciones de razón pueden alcanzarse por uno de estos cuatro métodos: arranque de resistencia, arranque de inductancia, arranque de resistencia-inductancia o arranque de capacidad. La aplicación de cada uno de estos métodos dependerá de la potencia nominal de cada motor.

Por ejemplo, las potencias en caballos de los motores de arranque de condensador suelen ser de fracciones de ellos e inferiores a los 2 h.p.

Los tres métodos primeros se emplean únicamente durante el arranque de un motor, porque si los dos devanados quedan en circuito durante el funcionamiento el rendimiento quedaría afectado adversamente. Además, un motor puede girar como máquina monofásica una vez alcanzada una determinada velocidad. El circuito del devanado de arranque suele desconectarse mediante un interruptor centrífugo. El cuarto método puede utilizarse en el arranque y durante la marcha, y con condensadores apropiadamente calculados el rendimiento en funcionamiento de los motores de condensador –que es como se les llama– se acerca al de los bifásicos.

En la fig. 10.10 se ilustra la aplicación de un motor de condensador del tipo de jaula de ardilla a

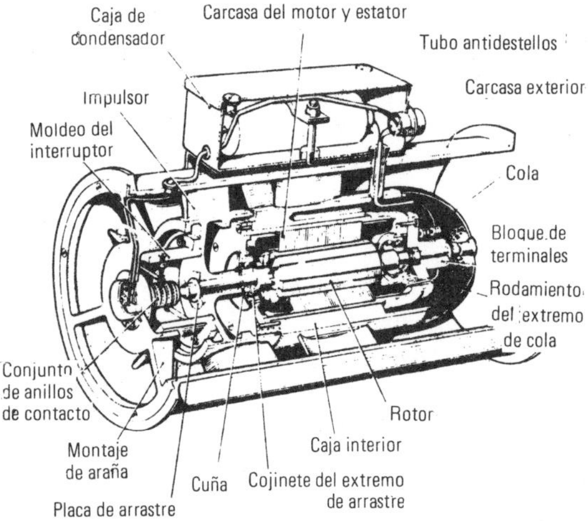

Fig. 10.10.– Ventilador accionado por motor.

un ventilador axil proyectado para la refrigeración de un bastidor de radio o la circulación general de aire. Emplea dos condensadores conectados en paralelo y funciona con una alimentación monofásica de 115 V, 400 Hz. La reactancia capacitiva de los condensadores es mayor que la inductiva del devanado de arranque, y por lo tanto la corriente que pasa por este devanado está adelantada respecto a la de alimentación. La corriente del devanado de funcionamiento está retrasada respecto a la de alimentación y el desfase origina la rotación del campo, ya que es la suma de los dos ángulos de retraso y de adelanto.

MOTORES DE INDUCCION BIFASICOS

La mayor aplicación de estos motores se encuentra en sistemas que necesitan un servoconductor de dispositivos síncronos, tal como los servomotores de los sistemas de apoyo síncronos para el suministro de energía. Los devanados están también desplazados 90° entre sí, pero, de modo distinto a lo que sucede en los motores descritos hasta el momento, van conectados a fuentes de tensión diferentes. Una es la principal de alimentación del sistema, y por ser de magnitud constante sirve de referencia; la otra sirve como tensión de control y se extrae de un amplificador de señal, por lo que es variable en magnitud y su fase puede estar adelantada o retrasada respecto a la de la tensión de referencia: por eso controla la velocidad y el sentido de giro del campo y el motor.

MOTORES DE HISTERESIS

Los motores de histéresis constan también de un conjunto de estator y rotor, pero a diferencia de los demás motores de c.a. su funcionamiento depende directamente del magnetismo inducido en el rotor y de las características de histéresis del material (por lo general, acero al cobalto) de que está hecho.

El estator produce un campo giratorio, y si el rotor está estacionario o gira con una velocidad menor que la síncrona, todos sus puntos quedan sometidos a ciclos de imanación sucesivos. Como el campo del estator se reduce a cero en cada ciclo, en el material queda una cierta cantidad de flujo (en el rotor); y como está retrasado respecto al campo del estator produce un par en el eje del rotor, par que se mantiene constante mientras el rotor se acelera hasta la velocidad síncrona del campo del estator. Esta última característica es una de las principales ventajas de los motores de histéresis, y por ella se han elegido para aplicaciones tan dispares como servomotores de piloto automático, que producen movimientos mecánicos en las superficies de control de vuelo de los aviones.

Cuando el rotor gira y alcanza la velocidad síncrona deja de estar sometido a los ciclos sucesivos de imanación antes mencionados, y en esa situación se comporta como un imán permanente.

Alumbrado

El alumbrado tiene un papel importante en el funcionamiento de un avión y muchos de sus sistemas. Por lo general se divide en dos grupos: alumbrado exterior y alumbrado interior.

Algunas de las aplicaciones principales de las luces en esos grupos son:

Alumbrado exterior

(1) Fijar la posición de un avión por medio de luces de navegación.
(2) Marcar la posición por medio de luces intermitentes.
(3) Iluminación delantera para el aterrizaje y el desplazamiento por pistas de servicio.
(4) Iluminación de alas y motores (entradas de aire) para comprobar la formación de hielo.
(5) Iluminación que permita la evacuación de los pasajeros tras un aterrizaje forzoso.

Alumbrado interior

(6) Iluminación de los instrumentos de la cabina y los paneles de control.
(7) Iluminación de las cabinas de los pasajeros y los signos de información para éstos.
(8) Indicación de aviso de los sistemas para dar a conocer sus condiciones de funcionamiento.

ALUMBRADO EXTERIOR

La vista en planta del alumbrado exterior de la fig. 10.11 está basada en el Boeing 747, y aunque no todas las luces indicadas serán normales en todos los restantes tipos de aviones sirven para ilustrar la disposición general de las luces exteriores.

LUCES DE NAVEGACION

Las exigencias y características de las luces de navegación se acuerdan internacionalmente y se establecen en los reglamentos Rules of the Air y Orders for Air Navigation and Air Traffic Control. En breve, estas exigencias son que todos los aviones en movimiento en el suelo o volando durante las horas de la noche deben presentar:

(a) Una luz verde en la punta del ala de estribor o cerca de ella visible en el plano horizontal desde un punto directamente delante del avión y en un arco de 110° a estribor.
(b) Una luz roja en la punta del ala de babor o cerca de ella, con un arco de visibilidad semejante a babor.
(c) Una luz blanca visible desde la parte posterior del avión en el plano horizontal en un arco de 140° La situación clásica de esta luz es la cola del aparato, pero en ciertos casos, como en el Douglas DC-10 y el Lockheed 1011 "Tristar", se montan luces blancas en las secciones del borde posterior de cada una de las aletas de cola.

Los ángulos anteriores quedan bien visibles en el gráfico de la fig. 10.11.

La construcción de las armaduras para las luces varía, con el fin de cumplir las exigencias de instalación de los diferentes tipos de aviones; pero por lo general constan de una lámpara de filamento, su armadura apropiada y una cubierta transparente coloreada, o una pantalla. La pantalla está conformada de un modo especial, y junto con el método de disponer el filamento de la lámpara se consigue un corte brusco en el ángulo necesario de visibilidad. La energía eléctrica necesaria para estas luces suele ser de 28 V, c.c., pero en varios tipos corrientes de aviones "todo c.a." las luces se alimentan con 28 V alternos por intermedio de un transformador. El funcionamiento de las luces de navegación y la disposición de sus circuitos son factores que vienen dictados principalmente por los reglamentos establecidos para el vuelo de los aviones que se trate. Al principio las luces tenían que ser del tipo fijo, pero con el fin de mejorar la función de marcación de posición, se introdujeron dispositivos para que las luces produzcan destellos en un orden determinado.

De todos modos, a continuación de la adopción de balizajes intermitentes anticolisión, se abandonó la exigencia de luces de navegación con destellos y se han vuelto a introducir las condiciones de alumbrado continuo en navegación. Sin embargo, es posible que se observen todavía luces de navegación intermitentes en ocasiones, ya que

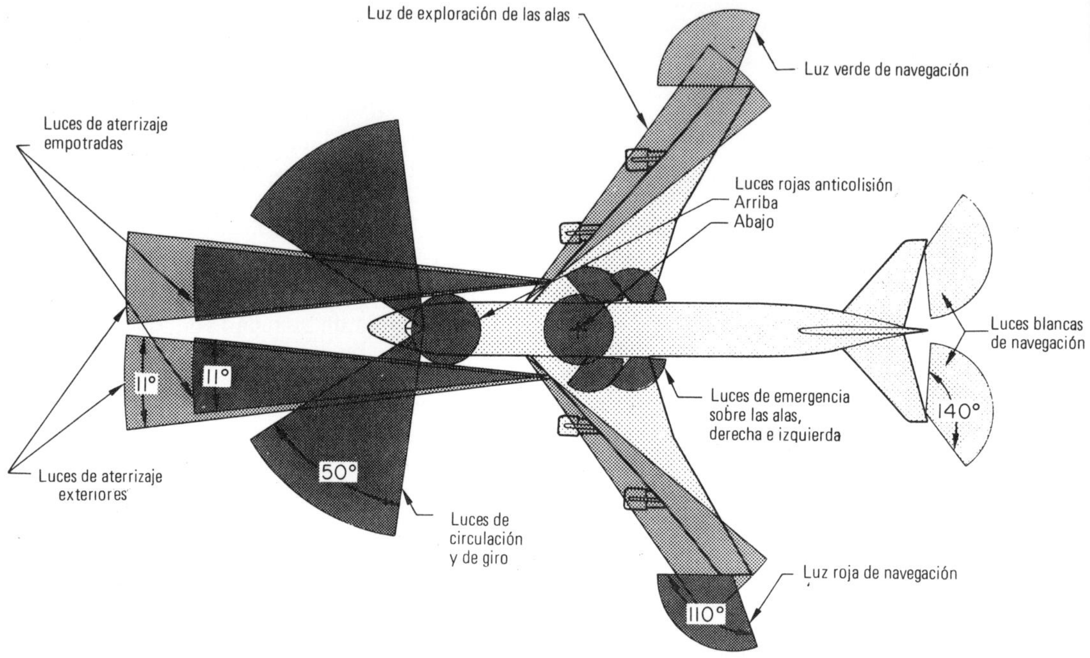

Fig. 10.11.– Disposición del alumbrado exterior.

están instaladas en algunos aviones por debajo de cierta categoría de peso, matriculados antes de entrar en vigor las actuales condiciones.

ALUMBRADO ANTICOLISION

El alumbrado anticolisión cumple una función de marcación de posición, y junto con las luces de navegación permanentes permiten la determinación rápida de la posición de una aeronave. Un sistema de alumbrado puede ser del tipo que emite un haz giratorio de luz, o del tipo estroboscópico, en el que se producen destellos breves de gran intensidad. En algunos tipos de aviones corrientes se usan los dos tipos combinados, formando las luces intermitentes lo que se conoce con el nombre de *alumbrado suplementario.*

Luces de haz giratorio. Estas luces o balizas, como suelen llamarse, consisten en una unidad provista de una lámpara de filamento y un motor, que en ciertos casos mueve un reflector y en otros la propia lámpara. El sistema de transmisión para este arrastre suele ser del tipo de engranaje y piñón, con una reducción determinada. Todos los componentes van encerrados en un recipiente cubierto con vidrio rojo. La energía necesaria para el funcionamiento de las balizas suele ser de 28 V, c.c., pero algunos tipos están proyectados para trabajar con red de alimentación alterna, necesitando el motor 115 V, y la lámpara 28 V, por medio de un transformador reductor. La velocidad del motor y el juego de engranajes de reducción tienen una relación tal que la unidad reflectora o la lámpara funcionan produciendo un haz luminoso que gira con una velocidad constante. Velocidades típicas son las de 40 a 45 r.p.m., que dan frecuencias de 80 a 90 ciclos por minuto.

Hay diferencias en el diseño de las balizas, pero los dos tipos descritos a continuación resultan útiles como ejemplos de cómo se aplican las técnicas del reflector giratorio y de la lámpara giratoria.

La baliza representada en la fig. 10.12 emplea un reflector en V que gira aproximadamente a 45 r.p.m., arrastrado por un motor de c.c. por encima y alrededor de una lámpara y coaxil con ella.

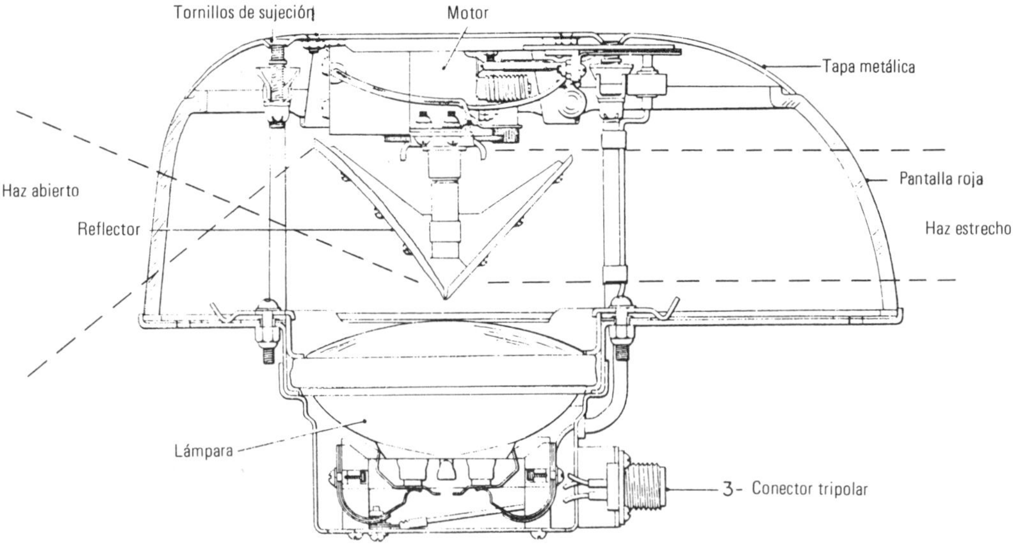

Fig. 10.12.– Baliza de reflector giratorio.

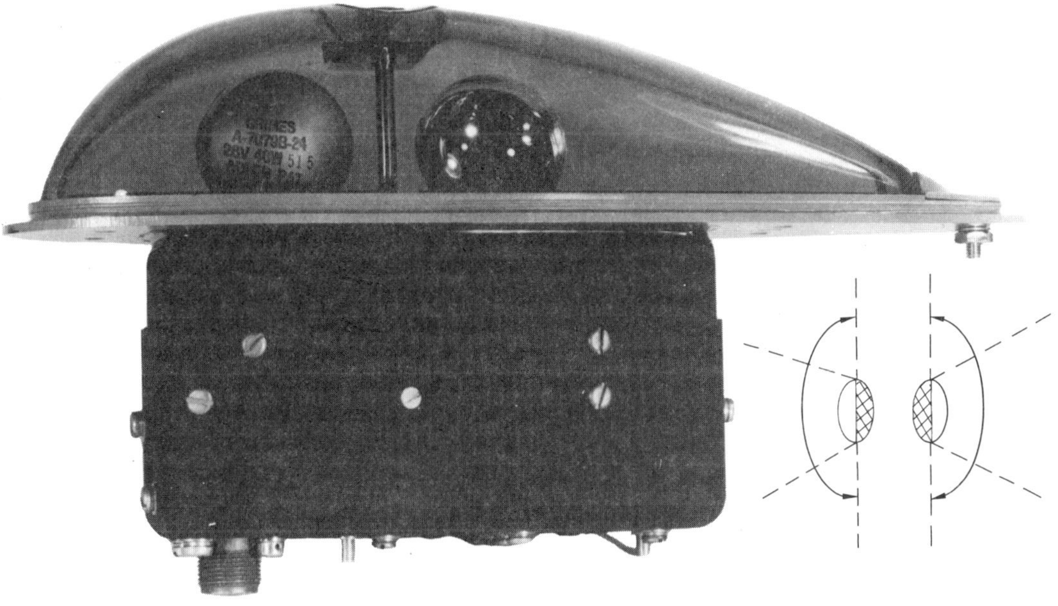

Fig. 10.13.– Baliza de lámpara giratoria.

Una mitad del reflector es plana y emite un haz estrecho de gran intensidad cercano a la horizontal, en tanto que la otra mitad es curva para aumentar la dispersión hacia arriba y hacia abajo del haz emitido hasta 30° por encima y por debajo de la horizontal, lo que al mismo tiempo reduce la intensidad luminosa.

La fig. 10.13 corresponde a una baliza que emplea dos lámparas de filamento montadas en tándem y que giran alrededor de sus ejes. La mitad de cada lámpara forma un reflector, y el arrastre del motor se efectúa de tal forma que las lámparas oscilan en 180º de tal manera que, como se aprecia en el dibujo incluido en la figura, los haces luminosos están siempre separados 180º. La alimentación necesaria para su funcionamiento es de c.a.

Luces estroboscópicas. Este tipo de alumbrado se basa en el principio de los tubos de descarga regulados por condensador. Según el tamaño del avión, las luces estroboscópicas pueden instalarse en los extremos de las alas para suplementar las balizas habituales rojas, o usarse en solitario como balizas, a modo de sistema de iluminación anticolisión de gran intensidad.

La unidad luminosa tiene forma de tubo de vidrio o cuarzo, relleno con gas xenón y conectado a una unidad de alimentación constituida en esencia por un condensador y que convierte la energía continua de 28 V de entrada o alterna de 115 V, según el caso, en una salida continua de gran tensión, por lo general 450 V. El condensador se carga con esta tensión y periódicamente se descarga entre dos electrodos incluidos en el tubo de xenón. La energía de la descarga produce un destello de gran luminosidad, de un color característico blanco-azulado. Una frecuencia típica de estos destellos es de 70 por minuto.

La unidad de la fig. 10.14 está proyectada para su montaje en el extremo de las alas y consta de un recipiente que contiene el circuito de alimentación, el tubo, el reflector y la lente de vidrio. Usada como luz suplementaria o como sistema completo de luz anticolisión, se utilizan tres unidades, instaladas en lugares posteriores de los extremos de las alas, y todas las luces se controlan en un orden de encendido por medio de unidades de tiempo de destello y controladores.

Fig. 10.14.– Unidad típica de luz estroboscópica.

LAMPARAS DE ATERRIZAJE Y DE CIRCULACION

Como indican sus nombres, estas lámparas proporcionan iluminación esencial para el aterrizaje del avión y para su circulación por las pistas hasta las zonas terminales y desde ellas durante la noche o en condiciones de mala visibilidad. Las lámparas de aterrizaje están dispuestas de manera que iluminen la pista inmediatamente delante del avión desde lugares tales como los bordes anteriores de las alas, secciones del fuselaje y la estructura de aterrizaje del morro. Las lámparas son del tipo de haz hermético y en algunos aviones van montadas para enfocar los haces luminosos con ángulos fijos y determinados de antemano. En otros tipos de aviones las lámparas pueden ampliarse a ángulos predeterminados, y recogerse, mediante un motor eléctrico y un engranaje, o con un actuador lineal. En el circuito del motor se incluyen microinterruptores de límite de recorrido, con el fin de interrumpir el funcionamiento del motor cuando la lámpara llega al final de su posición.

Una potencia típica de estas lámparas es 600 W, y según el diseño de la fuente de alimentación necesaria para su funcionamiento puede ser de c.a. o c.c., de 28 V, extrayéndose la primera de la fuente de alimentación de 115 V por intermedio de un transformador reductor. En las lámparas del tipo retráctil que necesitan c.a. para su funcionamiento, el motor está accionado directamente por los 115 V de la alimentación. Las alimentaciones de lámparas y motores se controlan con interruptores separados colocados en el panel de control apropiado de la cabina de mandos. La construcción de un tipo retráctil de lámpara se da en la fig. 10.15.

Fig. 10.15.– Lámpara de aterrizaje.

Las lámparas de circulación son también del tipo hermético y van alojadas en el morro del fuselaje, la mayoría de las veces en el conjunto de aterrizaje del morro. La potencia nominal de estas lámparas suele ser menor que las de aterrizaje (250 W es un valor típico) y su tensión de alimentación puede ser alterna o continua, de 28 V.

En algunos casos la función de las luces de circulación se combina con las de aterrizaje. Por ejemplo, en la unidad ilustrada en la fig. 10.15 la lámpara tiene dos filamentos, uno de 600 W y otro de 400 W. Los dos proporcionan iluminación para el aterrizaje, en tanto que para la circulación sólo se emplea el filamento de 400 W.

Además de las lámparas de circulación, algunos de los tipos mayores de aviones de transporte van equipados con lámparas que dirigen haces luminosos a los lados de las pistas (véase la fig. 10.11). Estas lámparas se llaman de giro, ya que su función principal es la de iluminar los puntos en que el avión tiene que girar para salir de la pista de aterrizaje.

LAMPARAS DE INSPECCION DE HIELO

Las lámparas de exploración de las alas o de inspección del hielo se han incorporado ya en la mayor parte de los aviones de transporte para detectar la formación de hielo en los bordes de ataque de las alas y en las tomas de aire de las turbinas. Estas lámparas son también del tipo hermético, de c.c. o c.a., y con potencias que varían entre 60 y 250 W, según la intensidad luminosa necesaria en cada tipo particular de avión. Van empotradas en los costados del fuselaje y enfocadas directamente con el ángulo necesario. En algunos aviones que tienen los motores detrás hay también lámparas empotradas en secciones del borde posterior de las alas.

Alumbrado interior

El alumbrado interior de los aviones puede dividirse *groso modo* en tres categorías: el de la cabina de mando o alumbrado operacional, el de la cabina de pasajeros y el de servicio, que incluye pasillos, lavabos, compartimentos de carga y entrepaños de equipo.

ALUMBRADO DE LA CABINA DE MANDO

Las condiciones más importantes que ha de cumplir el alumbrado de la cabina de mando son las necesarias para asegurar una iluminación adecuada de todos los instrumentos, conmutadores, controles, etc., así como de los paneles en que van incluidos. Los métodos adoptados para cumplir estas exigencias son de tres tipos principales:

(a) alumbrado integral, en el que las fuentes de luz están en cada instrumento;

(b) alumbrado de columna y puente, en el que hay varias luces colocadas en paneles para iluminar zonas pequeñas adyacentes y proporcionar una iluminación intensa de los instrumentos individuales;

(c) reflectores, con las lámpara dispuestas alrededor de la cabina para iluminar, enfocándolos, todo un panel o una zona. En algunos casos también se usan paneles iluminados por transparencia para permitir la lectura y observación de las descripciones grabadas de varios controles, advertencias e instrucciones, incluso de noche. En la fig. 10.16 se representa el alumbrado de la cabina de mando de un Boeing 747 durante la noche.

Color del alumbrado de la cabina de mando. La elección del color del alumbrado que ha de emplearse en la cabina de mando de un avión ha sido siempre tema de numerosas pruebas y estudios, y por cuanto se refiere a las contribuciones al funcionamiento y manejo seguro y eficaz de una aeronave durante la noche la elección se encuentra entre el rojo y el blanco. El alumbrado rojo se introdujo durante la Segunda Guerra Mundial, con un objeto doble: primero, mantener un alto grado de sensibilidad cromática y la suficiente luz (es decir, adaptación a la oscuridad) para permitir a los pilotos poder ver fuera

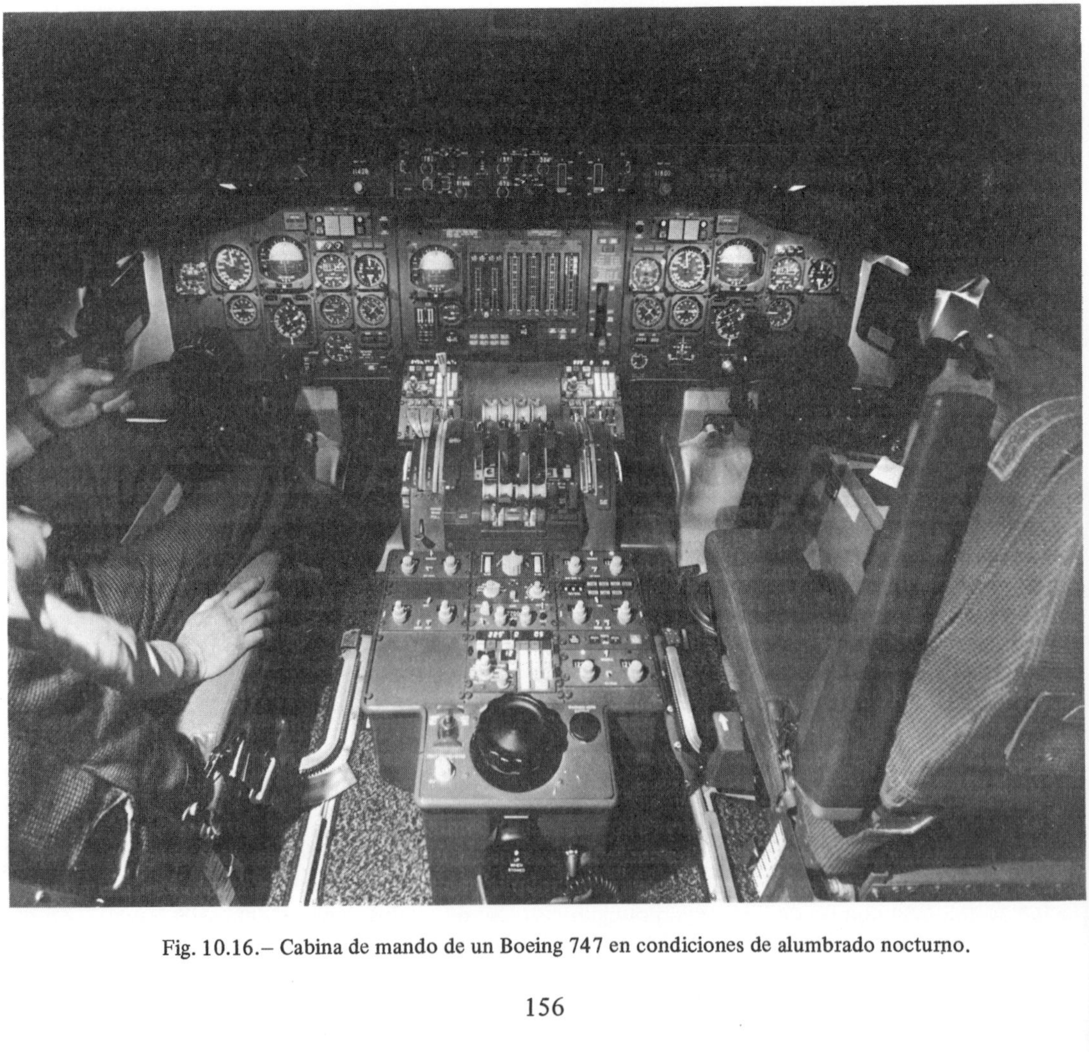

Fig. 10.16.– Cabina de mando de un Boeing 747 en condiciones de alumbrado nocturno.

de sus aparatos objetivos tenues tales como aviones enemigos y terrenos durante las operaciones nocturnas; en segundo lugar, evitar la detección de las luces desde el exterior y por el piloto de un avión enemigo.

La aplicación del alumbrado rojo se pasó después a los aviones civiles y se adoptó de un modo universal como esquema general de iluminación, complementada con cierta cantidad de alumbrado blanco. Pero de pruebas y estudios llevados a cabo de un modo continuado acerca de los méritos comparativos de los alumbrados rojo y blanco se ha llegado a la conclusión general que la sensibilidad máxima a la cantidad de luz blanca no era una exigencia imprescindible, que en los niveles de brillo adoptados el uso de luz blanca de baja intensidad se traducía sólo en una adaptación ligeramente menor a la oscuridad y que las ventajas de la luz blanca eran significativas. La luz blanca es superior a la roja por varias razones, que se pueden enumerar como sigue:

(1) La cantidad de energía eléctrica necesaria se reduce, ya que se eliminan los filtros rojos, que absorbían casi el 80% de la luz emitida.

(2) Se reducen los problemas de la disipación térmica.

(3) La luz blanca permite el empleo de señales coloreadas según un código, el uso de banderas rojas de precaución y otras indicaciones similares.

(4) Queda mejorado el contraste entre los presentadores y esferas de los instrumentos, así como su legibilidad.

(5) Disminuye la fatiga ocular.

(6) Se obtiene una mejor iluminación en situaciones de tormenta.

Claro está que también tiene unos cuantos inconvenientes, pero quedan tan disminuidos ante estas ventajas que la luz blanca ha pasado a ser la norma reconocida para el alumbrado de paneles e instrumentos, y así se aplica en muchos tipos de aviones en uso hoy en día.

ALUMBRADO INTEGRAL

La forma principal de alumbrado integral para instrumentos es la que se conoce con el nombre de iluminación frontal o lateral, debido a la forma de las dos porciones que en conjunto constituyen el vidrio de la cubierta del instrumento. Su funcionamiento se basa en la ley física de que el ángulo de reflexión de un haz incidente en una superficie es igual al de incidencia. Las dos cuñas están montadas en oposición mutua, con un fino espacio de aire interpuesto, según puede verse en la fig. 10.17. La luz se aplica a la cuña "A" con dos lámparas de 6 V colocadas en una concavidad que la cuña lleva en su extremo ancho.

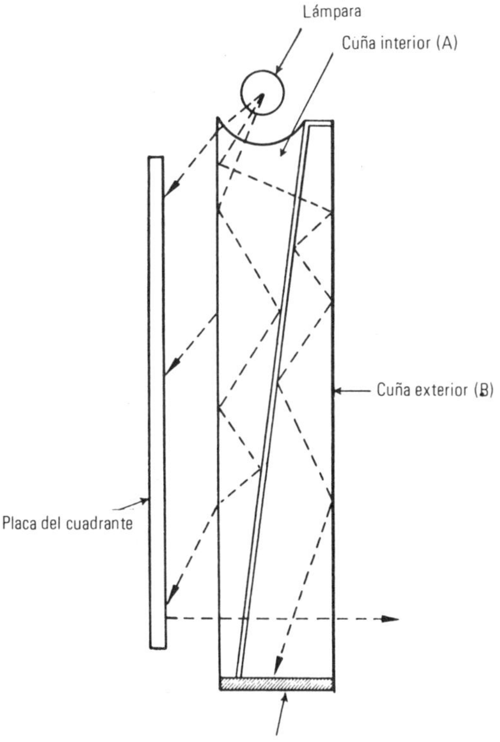

Fig. 10.17.– Iluminación del tipo de cuña.

Una cierta cantidad de luz pasa directamente, atravesando la cuña, hasta la tapa del cuadrante así iluminado, mientras el resto se refleja en las superficies pulidas de la cuña. El ángulo con que los rayos luminosos chocan contra las superficies de la cuña gobierna la cantidad de luz reflejada: cuanto menor es el ángulo, mayor es la luz reflejada.

La doble cuña cambia mecánicamente el ángulo con que los rayos luminosos inciden en una de las superficies reflectoras de cada cuña, repartiendo así uniformemente la luz por todo el cuadrante y limitando al mismo tiempo la cantidad de luz emitida por el instrumento. Como la fuente de luz es radial, el ángulo inicial de algunos rayos luminosos con respecto a las superficies pulidas de la cuña "A" es menor que el de otros. Los rayos luminosos de pequeño ángulo avanzan por la cuña antes de salir de ella para incidir en el cuadrante e iluminarlo. La luz que pasa a la cuña "B" se encuentra con ángulos cada vez menores, lo que tiene por efecto atraparla en ella y llevarla hasta su parte ancha. La absorción de la luz reflejada en este borde queda asegurada pintándolo de negro.

la fig. 10.18 (a), consta de una lámpara miniatura de filamento, con contacto central, incluida en un alojamiento que es un pulsador encajado en el cuerpo del conjunto. El cuerpo va atornillado al panel y lleva un orificio en toda su longitud por el que pasa el cable que conecta la fuente de alimentación al contacto central. El circuito de la lámpara se completa mediante una solapa de masa, conectada al cable negativo.

La luz se distribuye por un filtro y una ranura practicada en el alojamiento de la lámpara. La forma de esta ranura hace que la luz se emita en un sector que abarca un arco de unos 90° hasta una distancia aproximada de menos de 50 cm del punto de montaje.

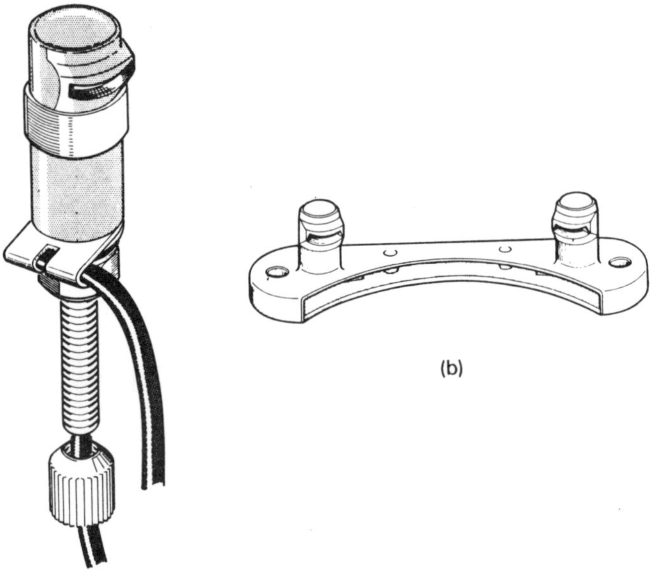

(a) (b)

Fig. 10.18.– Iluminación de columna y puente.

ALUMBRADO DE COLUMNA Y PUENTE

El alumbrado de columna, llamado así por el método de construcción y montaje de la lámpara, proporciona iluminación para instrumentos individuales y controles de diversos paneles de la cabina de mando. Un conjunto típico, mostrado en

El alumbrado del tipo de puente (fig. 10.18 (b)) es una ampliación del de columna que acabamos de describir, y consta de dos o cuatro lámparas montadas en una estructura en forma de puente, destinada a su colocación en una gran variedad de cajas normalizadas de instrumentos. El puente se compone de dos piezas de aleación ligera unidas por remaches y separadores, y provistas de los conjuntos de contacto central necesarios, en los que se encajan los alojamientos de las lámparas. El conexionado se hace de modo que se tengan dos alimentaciones separadas para las lámparas, con lo que se asegura que no se pierda la iluminación si se produce una avería en uno de los circuitos.

PANELES DE ILUMINACION TRANSVERSAL

El principio de la iluminación transversal se indica en la fig. 10.19 y se basa en el sistema "Plasteck" de Thorn. Una plancha relativamente gruesa de plástico acrílico está recubierta en sus dos caras por una hoja fina de plástico blanco traslúcido. Sobre ésta se pone otra hoja, también de poco espesor, de plastico opaco negro o gris, y el

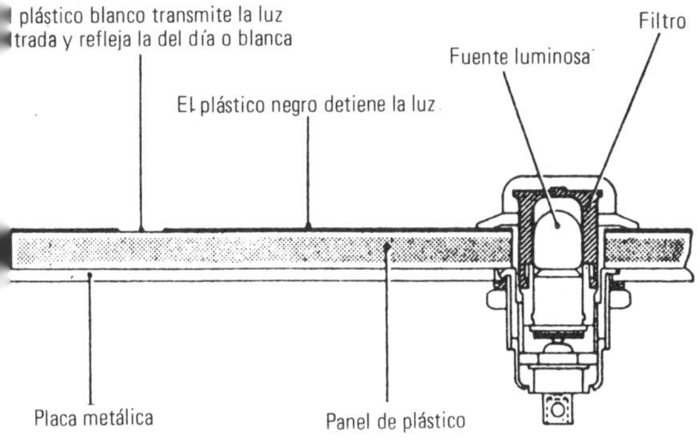

Fig. 10.19.– Panel de iluminación transversal.

conjunto se prensa para constituir un panel homogéneo. En los lugares correspondientes a los instrumentos que se han de montar en el panel se practican cortes en el plástico, que se coloca superpuesto. Además, en el panel plástico se añaden directamente datos de funcionamiento, instrucciones, identificaciones de interruptores y conmutadores, etc., mediante grabado de la capa exterior, sin atravesar la blanca.

En el panel se empotran lámparas miniatura (lámparas de "guisante") en los lugares necesarios, las cuales transmiten la luz por el panel, transversalmente, hasta los bordes internos de los cortes, difundiendo así la luz uniformemente por los cuadrantes de los instrumentos, al mismo tiempo que se iluminan por detrás los datos de funcionamiento, instrucciones, etc.

REFLECTORES

La iluminación con reflectores se emplea para proporcionar alumbrado general de los instrumentos, paneles de control, pedestales, consolas laterales y zonas del piso de la cabina de mando. Las luces suelen ser unidades de lámparas incandescentes y de tubos fluorescentes, según el tipo de avión, aunque también puede usarse las dos en combinación.

ALUMBRADO ELECTROLUMINISCENTE

Esta forma de alumbrado se emplea en varios aviones, en las señales informativas para los pasajeros y, en algunos casos para la iluminación de cuadrantes de instrumentos y posiciones selectivas de válvulas o conmutadores. Una luz electroluminiscente consta de una estructura fina laminada en la que se ha colocado una capa de fósforo emparedada entre dos electrodos, uno de los cuales es transparente.

El panel necesita c.a. para su funcionamiento, y al aplicarse ésta a los electrodos las partículas de fósforo emiten luminiscencia, con lo que se produce luz visible a través del electrodo transparente. La intensidad de la luminiscencia depende de la tensión y la frecuencia de la alimentación. El área de la capa de fósforo que se hace electroluminiscente al aplicársele la corriente es la que se encuentra entre los electrodos. Como consecuencia, si el electrodo posterior tiene forma de letra o cifra, la imagen luminosa emitida a través del electrodo transparente es una reproducción del electrodo posterior.

ALUMBRADO DE LA CABINA DE PASAJEROS

El alumbrado de la cabina de pasajeros depende de su tamaño, así como de la decoración interior adoptada en el avión de que se trate. Por eso, varía entre algunas armaduras de lámparas incandescentes montadas en el techo y una gran cantidad de armaduras fluorescentes de techo y bastidores de cabeza, con el fin de proporcionar efectos de iluminación agradables y funcionales.

Las fuentes de alimentación necesarias son de c.c. o c.a., según el caso, y en todos los aviones comerciales de pasajeros las luces se mandan desde paneles instalados en lugares auxiliares de la cabina. Además del alumbrado principal de la cabina de pasajeros se incluyen luces para paneles de servicio de los pasajeros, con el fin de proporcionar información: "Apriétense los cinturones", "Regresen a la cabina", etc. Las luces de estas señales pueden ser del tipo incandescente o del electroluminiscente que acabamos de mencionar, y se controlan mediante interruptores instalados en el panel de techo de la cabina de mando.

ALUMBRADO DE EMERGENCIA

Una condición esencial del alumbrado es que tiene que haber una iluminación adecuada de la cabina de mando y de las diversas secciones importantes de la de pasajeros (salidas, escotillas de socorro, etc.) en casos de emergencia, tales como un aterrizaje forzoso durante la noche. Esta iluminación suele ser de un nivel inferior que la proporcionada por el sistema normal de alumbrado, ya que las unidades de emergencia se alimentan directamente de las baterías de socorro o de la propia del avión en algunos casos. Estas baterías son por lo común del tipo de níquel-cadmio, aunque en algunos aviones se usan las de plata-cinc.

En condiciones normales de funcionamiento del avión, la batería de emergencia se mantiene completamente cargada mediante un sistema de carga conectado a las barras colectoras principales.

El control primario de las luces se lleva a cabo con un interruptor instalado en un panel de techo de la cabina de mando, pero en ciertos tipos de aviones se adopta también un control secundario con interruptores de inercia.

Cuestionario

1. Definan las características que regulan la aplicación de un motor de c.c. a una función particular.
2. ¿Cuáles son las características principales de un motor shunt y de uno serie?
3. Cuando aumenta la velocidad de giro de un motor shunt, la corriente por él consumida:
   (a) disminuye;
   (b) sigue siendo la misma;
   (c) aumenta.
4. Dibujen un esquema del motor que hay que aplicar a un sistema en el que se necesiten un alto par de arranque y un funcionamiento uniforme sin carga.
5. ¿Qué se entiende por "limitación de shunt"?
6. Con ayuda de un esquema expliquen el funcionamiento de un motor que se necesita para funciones sencillas de inversión.
7. Los motores de los actuadores se impide que sobrepasen sus límites de recorrido mediante:
   (a) interruptores accionados a mano;
   (b) frenos electromagnéticos;
   (c) interruptores de final de recorrido accionados por levas.
8. Describan cómo se puede mantener constante. la velocidad de un indicador de giro y empuje accionado con c.c.
9. (a) Expliquen cómo se forma un campo magnético giratorio trifásico en un motor de inducción.
   (b) ¿Por qué gira el rotor con una velocidad ligeramente inferior a la del campo rotativo?
10. En un motor de c.a. la diferencia entre la velocidad síncrona y la del rotor se llama:
    (a) pérdida de velocidad del motor;
    (b) velocidad de frenada;
    (c) velocidad de deslizamiento.
11. ¿Cuál es la fórmula que determina la velocidad síncrona de un motor de inducción?
12. En función de la rotación de campo correspondiente a un ciclo de la fuente de alimentación, ¿qué diferencias hay entre los motores bipolares, tetrapolares y hexapolares?
13. Expliquen cómo se produce un campo magnético giratorio en un motor de inducción monofásico.
14. Describan el funcionamiento de un motor de histéresis y mencionen una de sus aplicaciones.
15. Una frecuencia típica de rotación del haz luminoso anticolisión es:
    (a) 40 a 45 ciclos por minuto;

(b) 80 a 90 ciclos por segundo;
(c) 80 a 90 ciclos por minuto.

16. ¿Por qué las dos superficies de un reflector en V son diferentes?
17. ¿Cuáles son las funciones principales de un sistema de luz estroboscópica?
18. Describan el funcionamiento básico de un sistema de luz estroboscópica.
19. Describan uno de los métodos de alumbrado de los cuadrantes de instrumentos.

Capítulo 11

Utilización de la energía. Sistemas

Sistemas de puesta en marcha de los motores

Siguiendo el desarrollo de los motores de aviación se han usado diversos métodos para ponerlos en marcha, habiendo variado desde el mecánico de mover la hélice a mano hasta los motores eléctricos y el control electrónico de las complicadas unidades de arranque por turbina. Aúnque hay aún uno o dos tipos de aviones ligeros en servicio que necesitan la técnica de la ayuda manual, el método más comúnmente adoptado de arranque utiliza motores eléctricos, en tanto que en el caso de las grandes turbinas de gas pueden recurrir a la ayuda de motores eléctricos o unidades de arranque por turbina para su puesta en marcha inicial.

SISTEMAS CON MOTOR DE ARRANQUE ELECTRONICO

En su forma básica, estos sistemas consisten en un motor, un engranaje de acoplo, un relé y un interruptor de puesta en marcha. En algunos sistemas hay también un embrague incorporado al mecanismo de engranaje de acoplo. Los motores utilizados pueden ser del tipo de campo en serie simple o compuesto con una gran base en serie.

En la fig. 11.1 se indica la interconexión de los principales componentes eléctricos típicos necesarios para la puesta en marcha de motores de pistón de los instalados en muchos tipos de aviones ligeros. Al cerrar el interruptor de puesta en marcha, la corriente continua procedente de la

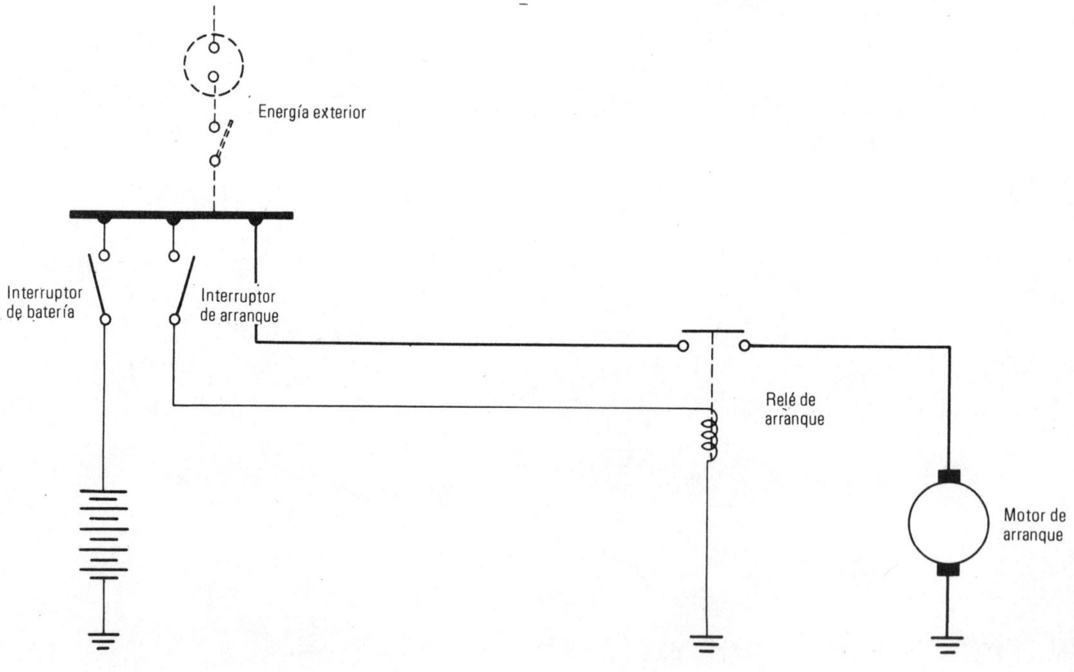

Fig. 11.1.– Sistema sencillo de arranque de un motor.

batería y la barra colectora activa el relé de arranque, cuyos contactos cerrados conectan el motor a la batería. Los contactos del relé son de gran capacidad para poder llevar la gran corriente absorbida por el motor durante el período de arrastre inicial del motor de explosión.

El método seguido para acoplar el motor de arranque con el del avión varía con el diseño de este último. En la mayoría de los tipos ligeros de motores de aviación hay un piñón que engrana con una corona unida al cigüeñal, de modo similar a lo que se hace en los motores de coche. En cuanto arranca el motor del avión, vence al piñón, que se suelta de la corona. En otras versiones, usadas para motores más potentes, una mandíbula encaja en otra similar del motor de explosión y el movimiento se transmite por intermedio de un embrague, un tren reductor del motor de arranque y una caja de engranajes del motor de explosión.

La razón de reducción entre el motor de arranque y el que se trata de poner en marcha es tal que le proporciona a este último una baja velocidad de giro del cigüeñal: una reducción típica es la de 100:1. La velocidad del cigüeñal no es crítica, dadas las provisiones de combustible que se tienen en los primeros intentos y porque hay una buena corriente de chispa en los electrodos de las bujías para el momento de la explosión. Por eso, una vez que el motor ha arrancado y se mantiene en marcha por sus propios medios deja de hacer falta la ayuda del motor de arranque. Aunque el momento de inercia de las partes móviles de un motor de explosión es relativamente bajo durante el arranque, el motor de puesta en marcha tiene que vencer ciertas fuerzas de fricción considerables, tales como las de los pistones y los cojinetes, así como las debidas a la compresión en los cilindros.

ARRANQUE DE UN MOTOR DE TURBINA

Comparado con el de un motor de pistones, el arranque de uno de turbina representa un trabajo relativamente duro para el motor de puesta en marcha. Esto se debe sobre todo al principio en el que se basa el arranque, así como a la construcción del conjunto giratorio, es decir, si el compresor y la turbina están en el mismo eje (máquina de un solo carrete) o si se emplean conjuntos de turbina compresora de alta presión y conjuntos de turbina compresora de baja presión en ejes separados (máquina de dos carretes). Otro factor implicado es el que el conjunto de compresor y turbina esté proyectado para mover una hélice. En general, los motores de turbina tienen un bajo momento de inercia, y como es una condición el que el arranque se efectúe lo más rápidamente posible, se necesitan grandes razones de reducción en los engranajes y velocidades altas de arrastre.

El proceso de puesta en marcha de un motor de turbina implica la aportación de un volumen de aire considerable y continuo al sistema de combustión, la atomización eficaz del combustible en los quemadores de ese sistema y la iniciación de la combustión en las cámaras correspondientes.

Para proporcionar el volumen de aire necesario el motor de arranque ha de poder suministrar una potencia suficiente para acelerar con suavidad el compresor partiendo de la situación estacionaria, hasta alcanzar una velocidad relativamente alta. En un momento determinado del accionamiento del motor se inyecta combustible en el sistema de combustión y la mezcla aire-combustible se inflama, es decir, el motor arranca o se enciende, como se dice más corrientemente tratándose de motores de turbina. Pero de modo contrario a lo que sucede en los motores de pistón, el motor de arranque no se desengancha en ese instante, sino que, ayudado por la turbina, continúa acelerándola hasta alcanzar una velocidad en la cual ésta es capaz por sí sola de mantener el giro. Esta velocidad se llama de automantenimiento. Llega un momento en que ya no hace falta la acción del motor de arranque, y su par y la corriente consumida empiezan a disminuir rápidamente. Su velocidad tiende a crecer, pero está limitada por el par retardador creado por el campo shunt cuando deja de haber carga en el motor. Según el sistema de arranque empleado, la alimentación del motor de arranque se corta automáticamente, bien porque la reducción de la corriente haga que se relaje el relé de arranque, bien porque se abran los contactos de una unidad provista de interruptor de tiempo.

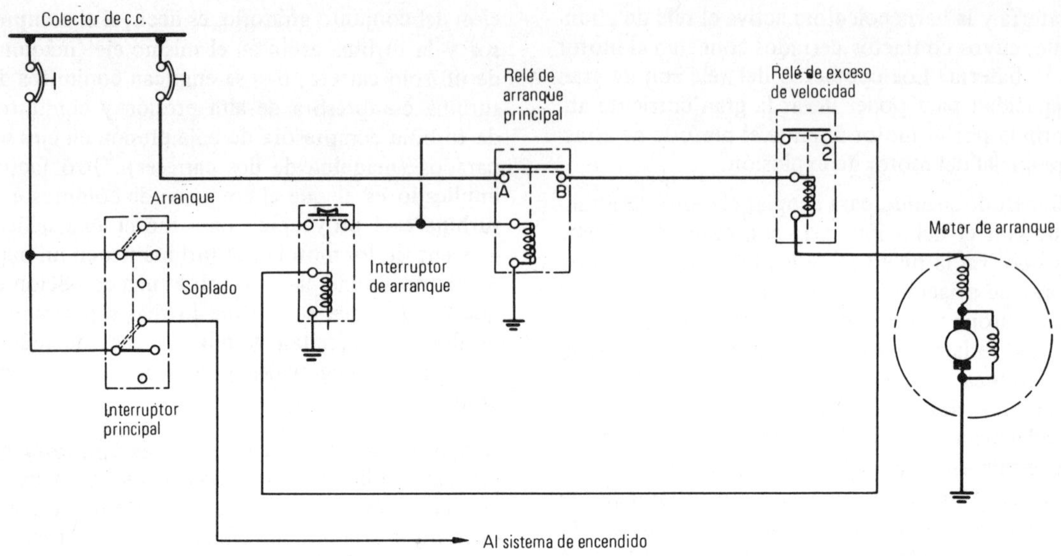

Fig. 11.2.– Circuito básico de un sistema de arranque de un motor de turborreactor.

En la fig. 11.2 se da el esquema de un sistema basado en el utilizado en un tipo corriente de avión de dos turbohélices para el arranque de sus motores. El motor de puesta en marcha es compuesto tetrapolar de 28 V, c.c., con un par de salida de 22,37 N/m (newton/metro) en una velocidad de 3800 r.p.m. y un tiempo de 90 segundos. El arrastre de la turbina se efectúa con embrague, mecanismo de trinquete y engranaje de reducción. El embrague se mantiene en la posición de arrastre hasta que la máquina se ha acelerado por encima de la velocidad del motor de arranque y la fuerza centrífuga que actúa sobre el mecanismo de trinquete es lo bastante alta para soltarlo. El motor de arranque queda desenganchado por la acción de un relé de exceso de velocidad.

Cuando se pone el interruptor principal en la posición de arranque y se aprieta el botón de puesta en marcha, la corriente continua pasa por la bobina del relé principal de arranque, activándolo. Al mismo tiempo, circula también corriente por el contacto 1 del relé de exceso de velocidad. El cierre de los contactos de gran capacidad "A" y "B" del relé de arranque completa un circuito desde la barra colectora principal hasta el motor de puesta en marcha, por la bobina del relé de exceso de velocidad, que al activarse permite el paso de corriente por sus contactos a la bobina del pulsador de arranque, con lo que el botón de éste queda atraído y cerrado. Durante las etapas iniciales del arranque la corriente absorbida por el motor es alta, y como ésta pasa por la bobina del relé de exceso de velocidad queda asegurado el acoplo continuo de la máquina. A medida que ésta se va acelerando, el motor de arranque consume menos corriente hasta que, alcanzado un valor que depende de la velocidad con la que la turbina se automantiene, se relaja el relé de exceso de velocidad, el cual a su vez suelta el botón de arranque y el interruptor principal. Como se comprende, el relé de exceso de velocidad impide que el motor de arranque alcance una velocidad que podría dañarlo, desconectándole la alimentación antes que el arrastre quede suelto de la turbina.

El objeto del circuito de "explosión" correspondiente a esta posición del conmutador de arranque principal es permitir el arrastre de la turbina para quemar el combustible no consumido a consecuencia de un intento fallido de puesta en marcha. Al poner el conmutador en esa posición, el circuito funciona de modo parecido al del arranque normal, excepto en que el interruptor de arranque tiene que llevarse a la posición "desactivado" después que el motor haya estado funcionando 30 segundos. La razón de esto es que como el sistema de encendido está aislado, el motor de arranque se encuentra aún muy cargado, y como consecuencia la corriente que pasa por el relé de exceso de velocidad es muy grande para que el relé se relaje por sus propios medios.

SISTEMAS DE ARRANQUE POR TURBINA

Con el desarrollo de motores de turbina más potentes cada vez se necesita una mayor potencia de salida de los sistemas de puesta en marcha si se quiere conseguir una acción eficaz de éstos. Por cuanto se refiere a los métodos eléctricos de arranque, esto presentaba problemas cada vez más difíciles, relativos sobre todo a las exigencias de corrientes muy altas, lo que de rechazo imponía el aumento del tamaño y peso de motores y cables. Estos problemas llevaron al abandono de los motores eléctricos en los sistemas de puesta en marcha de las turbinas de gran potencia, y sus funciones fueron absorbidas por los sistemas de arranque con turbina, que necesitan un circuito de control más sencillo que sólo consume unos cuantos amperios.

Hay tres tipos principales de arranque por turbina: de aire, de cartucho y de monocombustible, cada uno de los cuales tiene sus aplicaciones, que dependen mucho de que el avión sea civil o militar. El principio básico es el mismo en todos los sistemas: se hace incidir un gas en los álabes del rotor de una turbina incluida en la unidad de puesta en marcha, con lo que se produce la energía necesaria para hacer girar el eje de la turbina del motor principal por intermedio de un acoplo apropiado.

El gas puede ser: (I) aire comprimido de una unidad de alimentación exterior, una interior del avión o el compresor de un motor en marcha; (II) la descarga de cordita de un cartucho disparado eléctricamente; (III) el resultado de quemar un monocombustible, es decir, un combustible que arde libremente, sin necesidad de oxidante alguno como el aire. Un combustible típico de esta clase es el nitrato de isopropilo.

El circuito de control eléctrico suele necesitar c.c. para su funcionamiento, y su función es la de accionar las válvulas de control de aire, movidas por solenoide, encender las unidades de cartucho y activar un motor de bomba de combustible y los sistemas de encendido apropiados al tipo de unidad de arranque por turbina de que se trate.

SISTEMAS DE ARRANQUE-GENERADOR

Algunos tipos de aviones de turbina van equipados con sistemas de arranque que utilizan un motor primario que tiene la doble función de poner en marcha el motor del avión y suministrar energía al sistema eléctrico del aparato. Las unidades de arranque-generador suelen ser básicamente máquinas compuestas, con devanados de compensación e interpolos, y están acopladas permanentemente al motor correspondiente por intermedio de un eje de arrastre y un tren de engranajes.

Para el arranque la unidad funciona como motor completamente compuesto, estando alimentado el devanado shunt con corriente a través de un relé de conmutación. Cuando el motor del avión alcanza su velocidad de automantenimiento y el circuito del motor de arranque queda aislado de la fuente de alimentación, el relé de conmutación se relaja automáticamente y sus contactos conectan el devanado shunt de campo a un regulador de tensión. Al mismo tiempo, los contactos del relé permiten que la c.c. pase por el devanado shunt para proporcionar la excitación inicial del campo. De este modo, la máquina funciona como generador normal de c.c., con su salida conectada a la barra colectora en cuanto alcanza el nivel regulado.

Sistemas de encendido

Todos los tipos de motores de aviación dependen de los sistemas eléctricos de encendido. En los de pistones, la carga de vapor de combustible y aire que se introduce y comprime en los cilindros se inflama por medio de las chispas producidas por descargas eléctricas que tienen lugar entre los electrodos de una bujía que hay en cada cilindro. Para que se efectúe todo esto hay que disponer de una serie continua de impulsos eléctricos de alta tensión, separados por intervalos que dependen de la velocidad del motor, que se llevan ordenadamente a cada bujía mientras el motor está en marcha. Un sistema de encendido eléctrico básicamente igual es el que se emplea para iniciar la combustión de la mezcla aire-combustible en las cámaras de combustión de las turbinas de gas, aunque es mucho más sencillo, dado que los intervalos de los impulsos no están relacionados con la velocidad del motor y que la combustión es continua una vez alcanzado el encendido, empleándose únicamente el sistema de encendido durante el período de arranque.

Los sistemas de encendido de los motores de pistones se encuadran en una de dos categorías principales: encendido por bobina y encendido por magneto. El primero toma su energía de una fuente exterior (la fuente de alimentación principal), en tanto que el segundo es una unidad autónoma movida por la turbina y que toma energía de su propio generador. En las aplicaciones de la aviación, el encendido por magneto es el sistema más utilizado.

SISTEMAS DE ENCENDIDO POR MAGNETO

Estos sistemas, que funcionan con el principio de la inducción electromagnética, se clasifican en alta o baja tensión y constan de los componentes principales indicados esquemáticamente en la fig. 11.3. La mayoría de esos componentes están incluidos dentro de la magneto, que es en esencia una combinación de generador de c.a. de imán permanente y autotransformador.

El sistema de alta tensión es uno de los más usados, y los flujos y tensiones alternos necesarios se inducen haciendo girar los devanados del transformador entre los polos de un imán permanente, haciendo girar el imán entre los devanados fijos del transformador o haciendo girar barras inductoras de hierro dulce entre el imán permanente y los devanados del transformador, ambos fijos. Estos dispositivos permiten otra clasificación de las magnetos:

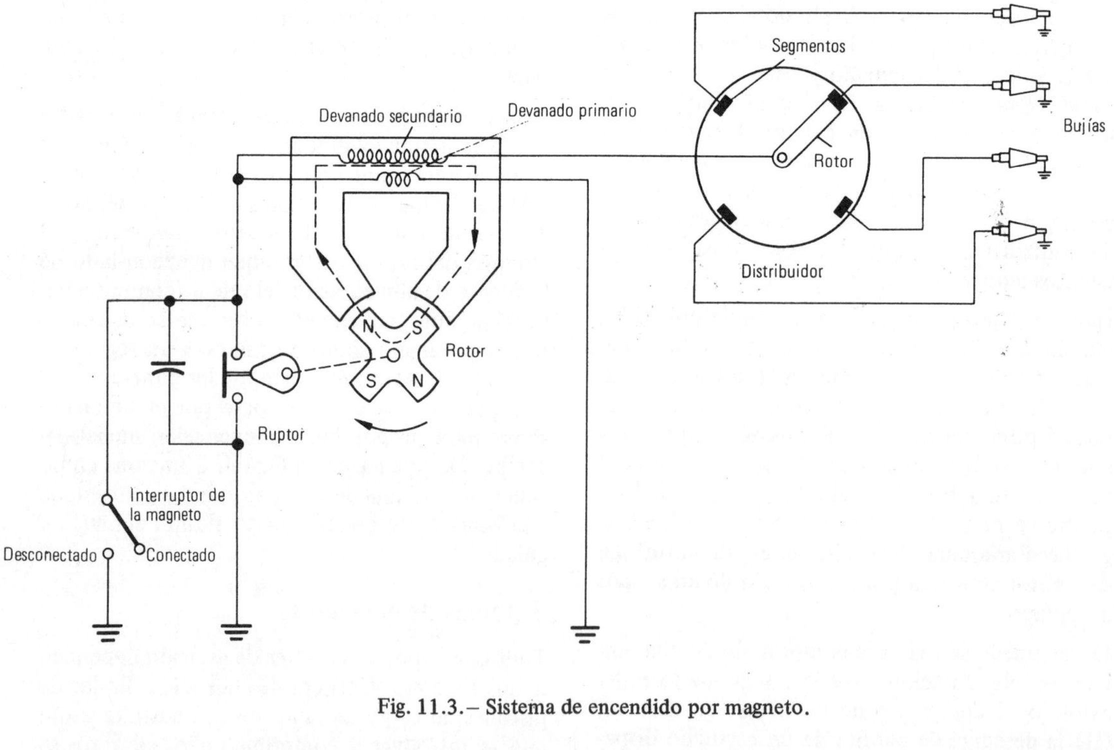

Fig. 11.3.– Sistema de encendido por magneto.

(a) de armadura giratoria;
(b) de imán giratorio;
(c) de inductor polar.

La parte giratoria de una magneto la mueve el propio motor del avión, por intermedio de un acoplo y un eje con engranajes de reducción. A medida que los devanados van siendo cortados por el flujo magnético alterno de la fuente adecuada, se induce una baja tensión en el devanado primario, que produce una corriente y un flujo de intensidad directamente proporcional a la velocidad con que se corta el flujo principal. Llegado este punto, el circuito primario se interrumpe por medio del ruptor, al abrirse los contactos o platinos de éste por la acción de una leva arrastrada por el conjunto giratorio. El flujo primario, al cortarse, hace aparecer en el secundario una alta tensión de salida. De todos modos, esta salida no es suficiente para producir la descarga que se necesita en las bujías, y hay que acelerar la velocidad con que se interrumpe el flujo. Esto se consigue conectando un condensador entre los platinos, con lo que aquel queda en corto al cerrarse éstos y se carga con la corriente del devanado primario al abrirse. Cuando la diferencia de potencial en el condensador alcanza el punto en el que éste se descarga, la alta corriente correspondiente pasa por el devanado primario en sentido inverso y con ello suprime rápidamente el flujo primario, para producir la elevada tensión de salida que se necesita. Además de esta función, el condensador impide la formación de arcos entre los platinos al abrirse éstos, con lo que se impide su desgaste rápido.

La salida del devanado secundario se aplica al distribuidor, que tiene por objeto asegurar que los impulsos de tensión lleguen a las bujías de acuerdo con el orden en que ha de efectuarse la ignición en cada uno de los cilindros, es decir, el "orden de encendido" del motor. Un distribuidor consta de dos partes principales: un rotor de material aislante con una pieza conductora, y un bloque de material aislante que tiene segmentos conductores que corresponden en cantidad al número de cilindros del motor. Esos segmentos conductores van dispuestos en la periferia del bloque del distribuidor, en el orden de encendido, de modo que conforme va girando el rotor se va completando el circuito de una bujía cada vez que se produce la alineación del rotor con cada segmento.

Los distribuidores suelen formar parte de las magnetos, y los rotores giran con la velocidad apropiada mediante un juego de engranajes arrastrados por el eje principal de la magneto. Pero en algunos casos los distribuidores pueden ser unidades separadas, movidas por un tren de engranajes y un eje del motor. Para evitar la ionización y reducir la formación de descargas, la caja del distribuidor se ventila directamente a la atmósfera, y en muchos tipos se incluye una pantalla de tela metálica antillama que impide la combustión de los vapores inflamables que pueda haber en las inmediaciones del motor.

VELOCIDADES DE LA MAGNETO Y EL DISTRIBUIDOR

El encendido de la mezcla combustible tiene que realizarse en cada cilindro una vez en cada dos revoluciones del cigüeñal, y como consecuencia tiene que haber una relación determinada entre factores tales como la cantidad de chispas producidas por la magneto y las velocidades de magneto, distribuidor y motor. La velocidad de la magneto puede calcularse con la fórmula:

$$\frac{\text{N}^{\text{o}} \text{ de cilindros}}{2 \text{ x chispas de magnato por rev.}}$$

Una magneto de armadura giratoria, que es la usada normalmente en los motores hasta seis cilindros, produce dos chispas por revolución. Por consiguiente, suponiendo que se ha montado una en un motor de cuatro cilindros, tendrá que girar con la misma velocidad que el motor. Una magneto de imán giratorio o de inductor polar produce cuatro chispas por revolución y se emplea normalmente en los motores de más de seis cilindros. Así en un motor de doce cilindros la magneto tendrá que girar con una velocidad vez y media la del motor. Los rotores de los distribuidores giran con una velocidad mitad que el motor, con independencia de la velocidad de giro de la magneto.

DISPOSITIVOS AUXILIARES DE ARRANQUE

Como ya se ha dicho, durante el arranque el motor de pistones es arrastrado con velocidades muy bajas, y como resultado sus magnetos giran con una lentitud excesiva para que la f.e.m. inducida en el primario produzca una chispa de energía suficiente en el instante de abrirse los platinos del ruptor. Por eso hay que incluir los medios necesarios para reforzar la salida de la magneto durante el período de arranque, en el que conviene tener la chispa retardada en cierto grado. Dos métodos muy empleados son los arrancadores de impulso y las bobinas reforzadoras, que se describen en los apartados siguientes. El retardo de la chispa se efectúa con una escobilla secundaria colocada en el dedo del distribuidor y que va retrasada respecto a él.

ACOPLOS DE IMPULSOS

Los acoplos de impulsos, o arranques por impulsos como se les llama a veces, se usan en algunos sistemas de encendido de motores pequeños de pistón y se incluyen entre el eje de la magneto y el de arrastre. La unidad produce una chispa grande dándole a la armadura de la magneto o al imán una breve aceleración en el momento de producirse la chispa.

En un tipo de unidad el acoplo entre el motor y la magneto es un dispositivo de embrague con muelles que le da un impulso a la armadura o al imán al llegar a las posiciones en las que normalmente se produce una chispa, aumentando así momentáneamente la velocidad de rotación y la tensión producida. Una vez puesto en marcha el motor y alcanzada por la magneto la velocidad en la que proporciona una salida suficiente, los contrapesos de inercia colocados en el acoplo se abren a causa de la fuerza centrífuga y vencen la fuerza de los muelles, con lo que el acoplo actúa como un eje sólido de arrastre y la magneto continúa funcionando del modo habitual.

BOBINAS DE REFUERZO

Estas bobinas, que pueden ser del tipo de impulsos de alta tensión o de baja tensión, extraen su energía del sistema de alimentación del avión (batería) o del equipo de tierra. La aportación de energía se controla con una bobina separada de refuerzo o con el interruptor de puesta en marcha del motor. Las bobinas reforzadoras de alta tensión proporcionan un tren de impulsos a la escobilla retrasada del distribuidor, en tanto que en los sistemas de baja tensión se les aplica el tren de impulsos a los devanados primarios de la magneto, bien para aumentar la tensión inducida por el flujo magnético, bien para sustituirla. En algunos sistemas de baja tensión la alimentación de los devanados primarios se efectúa a través de un segundo ruptor, retardado respecto al principal pero conectado en paralelo con él. Con esta disposición se induce corriente intermitente de alta tensión en el devanado secundario de la magneto.

INTERRUPTORES DE ENCENDIDO

Los sistemas de encendido están controlados por interruptores "activo-desactivado" ("cerrado"-"abierto") incluidos en el circuito de la magneto, pero de modo distinto a lo que sucede en los dispositivos básicos y normales de conmutación, el interruptor del sistema de encendido completa el circuito cerrando sus contactos en la posición "desactivado". El circuito en este caso se encuentra entre el devanado primario de la magneto y tierra, y como el ruptor está cortocircuitado, en el caso de que la magneto gire no puede haber interrupción brusca del flujo primario y, por tanto, no aparecerán chispas de alta tensión entre los electrodos de las bujías.

En los sistemas dobles de encendido cada magneto puede estar controlada por un interruptor de palanca separado o, como es más corriente, por un conmutador giratorio de cuatro posiciones que controla las dos magnetos. Estas cuatro posiciones son: "desactivado", "izquierda", "derecha" y "ambas". Las posiciones izquierda y derecha permiten dejar fuera de servicio un sistema de cada vez para efectuar comprobaciones de la caída de tensión de la magneto con el motor en marcha y en tierra.

SISTEMAS DE MAGNETO DE BAJA TENSION

Estos sistemas se desarrollaron para su empleo con motores de gran cantidad de cilindros, diseñados para su funcionamiento a grandes altitudes. En ellas se soslayan ciertos problemas que pueden aparecer en los sistemas de alta tensión, tales como la perforación del aislamiento de la magneto como consecuencia de la reducción de la presión atmosférica y las fugas eléctricas, sobre todo cuando los conductores de encendido van encerrados en conductos metálicos. Además, la cantidad de cable que transporta altas tensiones queda considerablemente reducida. La magneto es similar al tipo de inductor polar, pero sin bobina secundaria. Los impulsos de baja tensión del primario de la magneto se llevan directamente al distribuidor, que también difiere de los tipos usados normalmente en que los impulsos de baja tensión se reciben y distribuyen por una serie de escobillas y pistas segmentadas.

La salida del distribuidor se aplica a transformadores que se corresponden en número con las bujías y van cerca de éstas. De este modo, la alta tensión sólo aparece en trayectos muy cortos de cable blindado. Las magnetos de baja tensión se ponen en funcionamiento y se dejan fuera de servicio lo mismo que las de alta tensión.

BUJIAS

La función de las bujías es transportar los impulsos de alta tensión de la magneto y proporcionar un espacio en el que esos impulsos puedan producir una chispa que encienda la mezcla combustible-aire dentro del cilindro.

Los tipos de bujías utilizados varían en cuanto a su gama térmica, paso de rosca u otras características, de acuerdo con las necesidades de los distintos motores, pero en general constan de tres componentes principales: cuerpo exterior, electrodo central y aislamiento. El cuerpo, roscado para poder ser atornillado en el cilindro, suele ser de acero de gran resistencia a la tracción y a menudo está galvanizado para evitar la corrosión debida a los gases del motor y, con ella, el desgaste de la rosca. Las roscas son de muy pequeña tolerancia, y junto con una arandela de cobre impiden que los gases, de muy alta presión, escapen del cilindro. La presión que podría escaparse a través de la bujía queda frenada por sellados internos de ésta entre el cuerpo, el aislamiento y el conjunto de electrodo central.

Los materiales usados en los aislamientos varían entre las bujías, según su diseño y el destino a motores determinados. Los más empleados son la mica, la porcelana y la cerámica de óxido de aluminio, siendo esta última la específicamente desarrollada para cumplir exigencias más estrictas mecánicas, térmicas y eléctricas. El aislamiento se prolonga también hasta un tubo de apantallamiento fijo al cuerpo y que proporciona conexión para el cable de encendido, con el fin de asegurar la supresión de interferencias de radiofrecuencia.

El electrodo central lleva la alta tensión del distribuidor y está dispuesto de manera que la chispa salte entre él y otro electrodo negativo o de masa unido al cuerpo de la bujía. Los electrodos tienen que trabajar en condiciones ambientales muy severas, y los materiales de que están hechos suelen ser níquel, platino e iridio.

ENCENDIDO DOBLE

Casi todos los motores de pistón emplean dos sistemas de encendido completamente independientes. Por eso, cada cilindro tiene dos bujías, cada una de las cuales se alimenta con una magneto distinta. El objeto del encendido doble es: por un lado, reducir la posibilidad de fallos en el motor como consecuencia de una avería; por otro, reducir el tiempo necesario para que se queme el combustible aportado a los cilindros, permitiendo alcanzar el pico de presión del gas e incrementando como consecuencia la potencia del motor. Las dos magnetos suelen accionarse mediante un conmutador giratorio, como ya se ha explicado.

SISTEMAS DE ENCENDIDO DE LAS TURBINAS

El sistema de encendido de una turbina es mucho más sencillo que el de un motor de pistones, debido a que se necesitan menos componentes y que el encendido de la mezcla aire-combustible sólo hace falta al ponerla en marcha. Otra diferencia es que la energía eléctrica desarrollada por el sistema es mucho mayor, con el fin de asegurar el encendido del combustible atomizado en condiciones atmosféricas variables y de flujo de masa de aire, así como para resolver los problemas del reencendido de un motor en el aire.

Los componentes principales de uno de estos sistemas son una unidad de encendido de gran energía y una bujía ignitora interconectada como se indica en la fig. 11.4. Por lo común, en cada motor van dos de estos sistemas, con las bujías ignitoras situadas en cámaras de combustión diametralmente opuestas, para asegurar un encendido positivo y equilibrado durante el arranque. La corriente continua de la barra colectora principal del avión se aplica a una bobina de inducción o a un generador de alta tensión transistorizado de la unidad de encendido en unión del sistema de arranque, y también de forma independiente mediante el circuito de reencendido. La bobina, o el generador, según el caso, carga repetidamente un condensador de almacenamiento hasta que su tensión –por lo general del orden de los 2.000 V– es suficiente para vencer el espacio de descarga. Este está formado por dos electrodos de volframio dentro de una cámara en la que se ha hecho el vacío y rellena de un gas inerte, hermética para impedir la oxidación que se produciría de otro modo, dadas las grandes corrientes implicadas.

La descarga se efectúa a través de un choque, que la prolonga, y por un cable de alta tensión, que la lleva a la bujía ignitora (fig. 11.5), donde se suelta. Una pastilla situada en el extremo de encendido de la bujía tiene una superficie semiconductora, y durante el funcionamiento permite un escape eléctrico mínimo desde el electrodo central hasta el cuerpo, con lo que se calienta la superficie. Debido a la característica negativa temperatura/resistencia de la pastilla se tiene un camino de baja resistencia para la energía, que se descarga por la superficie como relámpago de gran intensidad, en oposición a las bujías ordinarias, en las que la chispa tiene que saltar un espacio de aire. El condensador se recarga y vuelve a iniciarse el ciclo, que se repite una vez por segundo aproximadamente.

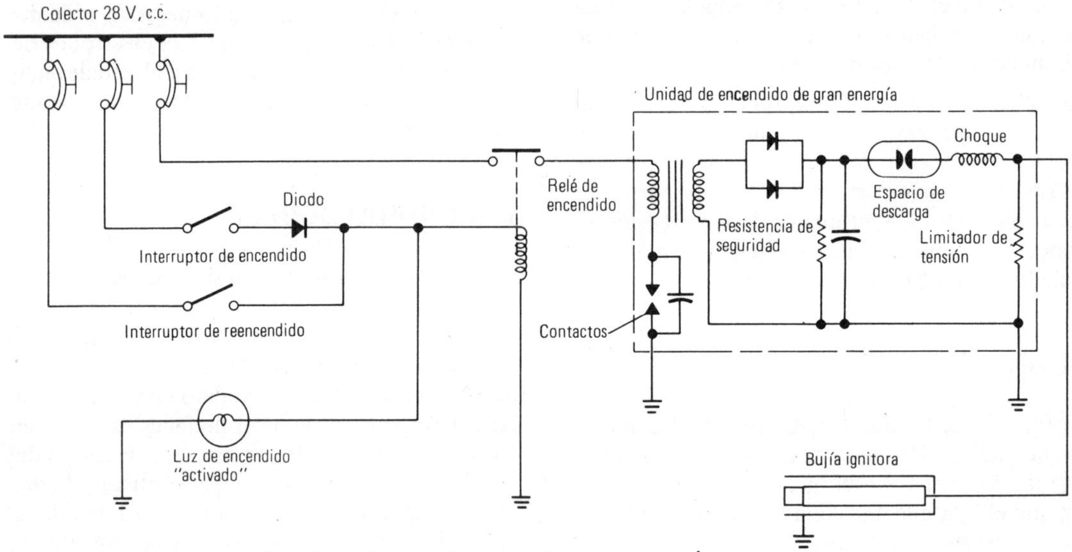

Fig. 11.4.– Sistema de encendido de gran energía.

Una vez encendida la mezcla combustible-aire, la llama se propaga rápidamente por tubos de equilibrio, que unen entre sí todas las cámaras de combustión. De este modo, la combustión se automantiene y puede desconectarse ya el sistema de ignición. La energía almacenada en los condensadores es potencialmente mortal, y para asegurar su descarga cuando se desconecta la c.c. la salida se pone a tierra por intermedio de una resistencia protectora.

La energía eléctrica proporcionada por la unidad de encendido se mide en julios y, con independencia de los sistemas de encendido, consta nor-

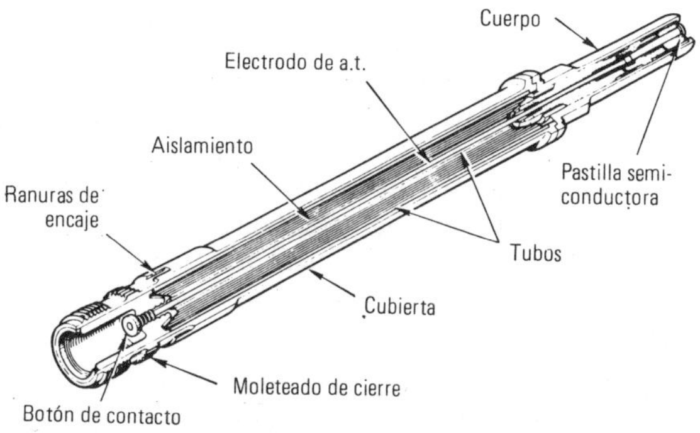

Fig. 11.5.– Bujía ignitora de gran energía.

malmente de dos unidades de 12 julios cada una.

En el caso de que, debido a condiciones adversas de vuelo, se extinguiese la llama, la turbina se reenciende conmutando el sistema de encendido hasta que la turbina vuelva a funcionar normalmente. Durante este reencendido no hace falta usar el motor de arranque, ya que la turbina sigue girando por la acción de "molino de viento". En algunos casos el reencendido es automático dejando una de las dos unidades con una corriente reducida (normalmente, 3 J) y manteniéndola en funcionamiento continuo. Cuando no resulta deseable este método se suele incluir una bujía de incandescencia en la cámara de combustión, donde se calienta mediante el proceso de combustión que en ella tiene lugar y que se mantiene incandescente un lapso de tiempo suficiente para asegurar el reencendido automático.

Detección de incendios y sistemas de extinción

El fuego es, como se comprende, uno de los más peligrosos accidentes que pueden producirse en un avión, y por ello hay que tomar las precauciones necesarias para reducir el riesgo, no ya únicamente mediante la elección apropiada de los materiales y la situación de equipo en zonas potenciales de incendio, sino con la provisión de sistemas adecuados de detección y extinción de fuegos. Estos sistemas pueden clasificarse *grosso modo* en: (1) fijos, algunos ejemplos de los cuales se usan principalmente para la protección de los motores contra el fuego, y la detección de humo en los compartimentos de equipajes, o (2) portátiles, para su empleo en el caso de incendios en la cabina.

Los dos sistemas se emplean en todos los aviones, excepto en el caso de ciertos tipos pequeños de motores de pistón de poca potencia que, habiendo sido certificados como de escaso riesgo de incendio, necesitan a lo sumo un extintor portátil en la cabina. La detección y la extinción por sistemas fijos necesitan energía eléctrica para su funcionamiento, y en los apartados siguientes se describen algunos ejemplos típicos.

DETECCION DE INCENDIOS

Un sistema de detección de incendios se instala principalmente en los compartimientos de los motores y consta en esencia de elementos especiales detectores distribuidos estratégicamente en varias zonas de fuego diseñadas por el propio fabricante. Los elementos, que pueden ser del tipo "unidad" o "local" o del de hilo "continuo", van conectados a luces o timbres de alarma; cada tipo puede emplearse por separado o juntos en un sistema combinado de aviso de fuego y sobrecalentamiento del motor.

Los detectores del tipo de unidad van situados en los puntos que más probablemente pueden verse afectados por el fuego, como son los colectores de salida del motor, y uno de los más utilizados en los compartimientos de motores es del tipo de interruptor diferencial de expansión como el de la fig. 8.12, por ejemplo. Estos detectores pueden aprovecharse asimismo para determinar una situación de sobrecalentamiento en zonas de la estructura adyacentes a conductos que lleven aire caliente para los sistemas de aire acondicionado o deshielo.

Con el fin de conseguir una cobertura máxima de la zona de fuego de un motor y eliminar el uso de una cantidad considerable de detectores unitarios, suele utilizarse un sistema detector del tipo de hilo continuo. Los elementos de uno de tales sistemas tienen forma de diferentes longitudes de hilo embutido en un material termosensible, dentro de un tubo de acero inoxidable o Iconel de orificio pequeño, conectados mediante unidades especiales de acoplo para formar un bucle que recorra la zona de fuego. El hilo y el tubo constituyen respectivamente los electrodos central y exterior y están conectados a la fuente de alimentación del avión mediante una unidad de control. Las exigencias energéticas son de 28 V, c.c., y 115 V, c.a., o, en algunos sistemas, sólo 28 V, c.c. Según el tipo de unidad de control, el método de funcionamiento puede basarse en variaciones de la resistencia o de la capacidad, siguiendo las de temperatura del material de relleno del elemento.

La interconexión eléctrica de los componentes que suele comprender un sistema es la mostrada en la fig. 11.6. La unidad de control en este caso es del tipo empleado en los sistemas de resistencia variable. La alimentación alterna se aplica a un transformador reductor, en tanto que la continua se lleva al circuito de aviso por medio de los contactos de un relé de aviso cuya bobina puede activarse con la salida rectificada del secundario del transformador. Con el conmutador de prueba colocado en la posición normal, los extremos del electrodo central de hilo del elemento quedan conectados en paralelo con el rectificador y un extremo del devanado secundario del transformador. El otro extremo del devanado se une al tubo exterior o electrodo, con lo que el camino de la corriente se cierra siempre a través del material de relleno, cuya resistencia eléctrica regulará la intensidad de corriente rectificada que ha de circular por la bobina del relé. Con esta disposición la función de aviso no queda afectada en modo alguno en el caso de que se produzca una interrupción en el bucle.

En condiciones normales de temperatura ambiente la resistencia del material de relleno es tal que sólo pasa a su través una corriente quiescente pequeña. Como consecuencia, la intensidad que circula por la bobina del relé es insuficiente para activarlo. En el caso de que se produzca un aumento de la temperatura, la resistencia del material de relleno disminuirá, habida cuenta de su característica inversa, con lo que la corriente de la bobina del relé aumentará, y cuando la temperatura de la zona de fuego haya alcanzado un valor tal que la corriente del relé llegue a un nivel determinado, se activará el relé completándose entonces el circuito de la lámpara o timbre de alarma.

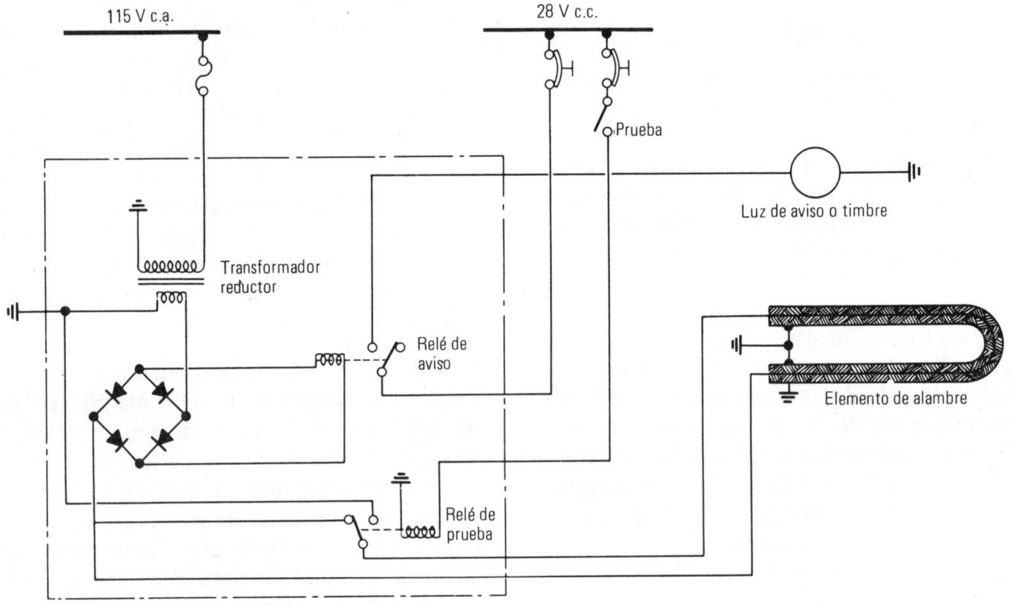

Fig. 11.6.– Sistema de detección de incendios.

Al descender la temperatura la corriente baja, y, alcanzado un valor previsto, desactiva el relé, con lo que el sistema se repone automáticamente.

En un sistema capacitativo el elemento detector es de construcción similar al descrito, pero además de tener un tipo distinto de unidad de control funciona como sistema de capacidad, aumentando la del elemento con la temperatura. El elemento detector se polariza aplicándole una c.a. rectificada en media onda procedente de la unidad de control, que almacena y descarga después como corriente de realimentación a la puerta de un rectificador controlado de silicio (s.c.r.) de la unidad de control durante los semiciclos en que no se produce carga. Al aumentar la temperatura de la zona de fuego, la corriente de realimentación lo hace también hasta alcanzar un nivel predeterminado, en el que el s.c.r. se dispara activando una luz de aviso o un timbre, por medio de un relé. Una gran ventaja de este sistema es que el cortocircuito a masa del elemento o del cableado no se traduce en una falsa alarma.

Cuando el conmutador de prueba se coloca en la posición "Prueba", el relé correspondiente se activa y sus contactos se desconectan de la fuente de alimentación, con lo que la corriente pasa directamente por el electrodo central. De este modo, si no hay ninguna interrupción en el bucle la resistencia es mínima y el circuito del relé de aviso se activa, simulando una alarma de incendio e indicando con ello continuidad.

DETECTORES DE HUMO

En muchos de los tipos grandes de aviones de transporte, las bodegas de carga, los compartimientos de equipaje y los departamentos de equipo suelen ir provistos de elementos destinados a la detección de humo. Los equipos de detección varían en su construcción, pero en la mayoría de los casos el funcionamiento se basa en el principio de tomar muestras del aire, que cuando tiene humo ocasiona una alteración de la corriente eléctrica del circuito detector, la cual a su vez pone en acción el sistema de alarma.

Como ilustración del principio de funcionamiento podemos considerar el detector indicado en la fig. 11.7, que es de un tipo muy usado. El circuito detector está compuesto por dos células fo-

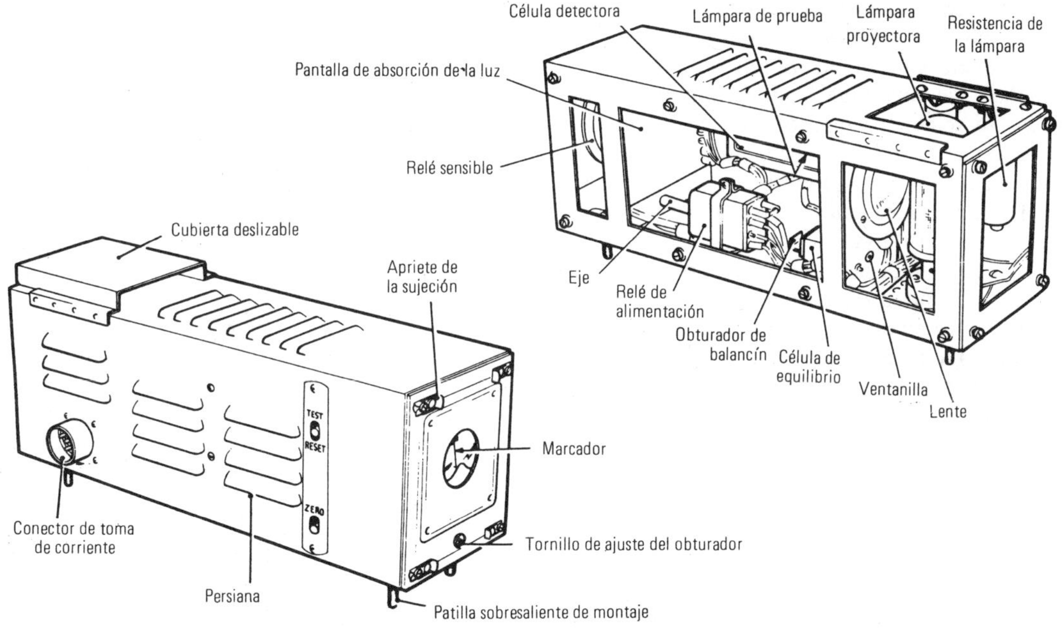

Fig. 11.7.– Detector de humo.

toeléctricas situadas en compartimientos separados y que se ven afectadas por la luz de una sola lámpara de proyección. Las células forman parte de un circuito puente, que en condiciones normales está equilibrado, por lo que no pasa corriente alguna. En el caso de haber presente humo, éste atravesará sólo uno de los compartimientos del detector, aumentando con ello la dispersión de la luz y produciendo el desequilibrio del circuito puente. La corriente resultante de este desequilibrio activa relés que cierran el circuito de alimentación del sistema de aviso correspondiente. Los sistemas detectores funcionan normalmente con 28 V, c.c.

EXTINCION DE INCENDIOS

Los sistemas de extinción de incendios se emplean sobre todo para la protección de las instalaciones de los motores, unidades auxiliares de alimentación, compartimientos de los trenes de aterrizaje y bodegas de equipajes, y están proyectados para diluir en la atmósfera de los compartimientos correspondientes un agente inerte que no apoye la combustión. Entre los agentes típicos extintores se encuentran el bromuro de metilo y el bromoclorodifluorometano o freón, los cuales se encuentran en cilindros metálicos o "botellas" de una capacidad determinada. Los agentes se someten a presión con un gas inerte, por lo general nitrógeno seco, variando las presiones entre los tipos de extintores (250 lbf/in^2 para 12 libras de bromuro de metilo, 600 lbf/in^2 para 4 libras de freón). Las unidades de cartucho explosivo, que se disparan eléctricamente, van conectadas a los tubos distribuidores y anillos rociadores situados en las zonas propensas al riesgo de incendios. La energía eléctrica necesaria para el funcionamiento de la unidad de cartucho es de 28 V, c.c., y se toma de una barra colectora de servicios esenciales. Los circuitos se controlan por interruptores situados en la cabina de mando y, en algunas instalaciones de motor de aviación, por interruptores de estallido.

Al disponer la unidad de cartucho se rompe un diafragma y el agente extintor apropiado se descarga por intermedio de los tubos distribuidores y los anillos rociadores.

En los sistemas de extinción de incendios de algunos tipos de avión se incluyen indicadores eléctricos que muestran cuándo se ha disparado un extintor. El indicador consiste en un tipo especial de fusible y portafusible conectados en el circuito de la unidad de cartucho extintor. El fusible tiene forma de carga del tipo de cabeza de cerilla cubierta por un polvo rojo y encerrada herméticamente en el cuerpo del fusible mediante un disco. Una tapa transparente cierra la parte superior del cuerpo del fusible y es visible a través de otra tapa roscada al portafusible.

El fusible va sujeto al portafusible por un dispositivo de bayoneta, y la conexión eléctrica a la carga se hace por medio de los terminales del portafusible, el contacto de la base del fusible y el disco metálico.

Al pasar corriente por un circuito de cartucho extintor, se dispara la carga fusible apropiada, lo que desplaza el disco e interrumpe el circuito. Al mismo tiempo, el polvo rojo se dispersa por el interior de la tapa, dando con ello una indicación visual positiva del disparo del cartucho extintor.

Sistemas de deshielo y antihielo

El hielo en los aviones se forma principalmente por la presencia en la atmósfera de gotas de agua muy frías, a una temperatura inferior a la que normalmente hace que se hiele. Para helarse, el agua tiene que ceder calor a lo que la rodea y por eso al chocar, por ejemplo, con el ala de un avión, la toma de aire de una turbina o el borde de una hélice, se encuentra con metal que elimina su calor latente, y el agua se hiela instantáneamente.

La formación de hielo subsiguiente puede alterar totalmente la forma aerodinámica del avión, ocasionando situaciones tan peligrosas como la pérdida de sustentación, modificaciones del equilibrio debidas a los cambios de peso, pérdida de potencia de los motores y daños a los álabes de las turbinas. Además, puede producirse una pérdida de visibilidad a causa de la formación de hielo en el parabrisas, y en las protuberancias tales como una cabeza de presión, la obstrucción de los orificios de presión puede traducirse en lecturas erróneas de la velocidad y la altitud. Por esa razón, en los aviones previstos para que vuelen en condiciones en que sea posible la formación de hielo hay que incluir sistemas de protección que aseguren el vuelo y la integridad del avión y sus pasajeros do, aire caliente y calefacción por combustión las exigencias son muy sencillas, ya que por lo general sólo hace falta accionar una bomba eléctrica, válvulas de control de aire y sistemas sensibles a la temperatura, según el caso. Las necesidades de los sistemas neumáticos son asimismo bastante sencillos, aunque la cantidad de válvulas de control del aire aumenta proporcionalmente con el número de secciones de bote necesarias y se emplea también un temporizador electrónico.

Tabla 11.1

Método	*Aplicación*	*Principio*
FLUIDO	Alas, cola, hélices, parabrisas	Sustancia química que deshace la unión entre el hielo y agua y se puede espacir por la superficie (parabrisas) o bombearla siguiendo paneles porosos a lo largo de la superficie de ataque (alas).
BOTE NEUMATICO	Alas, cola	Secciones de bote de goma a lo largo de los bordes de ataque, que se inflan y desinflan rompiendo el hielo y, con ayuda de la corriente de aire, deshaciéndose de él.
TERMICO		
(a) Aire caliente	Alas, cola, entradas de aire de turbinas	El aire caliente de los compresores de las turbinas se hace pasar por la estructura del borde de ataque.
(b) Calor de combustión	Alas, cola	Aire caliente procedente de un quemador separado o de un cambiador de calor asociado a un sistema de salida de gas de una turbina.
(c) Calor eléctrico	Alas, cola, entrada de aire del motor, hélices, aspas giratorias de helicóptero parabrisas.	Efecto de calentamiento de una corriente eléctrica que pasa por un hilo, tira plana o elementos de tipo peculiar.

Hay tres métodos adoptados en los sistemas de uso común, los cuales, junto con sus aplicaciones y principios fundamentales de funcionamiento, se han reunido en la Tabla 11.1. Todos ellos se basan en dos técnicas, llamadas respectivamente *deshielo* y *antihielo*. *En el primero de ellos se deja* que se forme el hielo mientras no afecte gravemente a la forma aerodinámica y después se elimina poniendo el sistema en funcionamiento. Este ciclo se repite de modo continuo, por lo común con un dispositivo de temporización. El sistema *antihielo* está en funcionamiento continuamente, por lo que no deja que se forme hielo.

Para los sistemas relacionados en la Tabla 11.1 se necesitan algunos componentes eléctricos y energía de esta misma clase. En los sistemas de flui-

En lo que podríamos denominar "sistemas de calefacción puramente eléctricos", la aplicación de energía eléctrica y componentes es mucho más amplia, y como consecuencia los propios sistemas resultan de una naturaleza bastante más complicada. Como se comprende, no es objeto de este libro adentrarse en los detalles constructivos y operacionales de un sistema específico, pero los detalles que siguen, aunque de naturaleza general, se pueden considerar típicos a pesar de todo.

Un sistema consta de tres secciones principales: los elementos de caldeo, el control, la protección y la indicación. Las alimentaciones suelen exigir de 115 V a 200 V alternos para el caldeo (aunque las hélices de algunos tipos de aviones ligeros y ciertos parabrisas trabajan con 28 V, c.c.), 115 V, c.a., y 29 V, c.c., para el control y las demás secciones del sistema. De acuerdo con la aplicación, la corriente de caldeo se puede controlar para permitir el deshielo, el antihielo o las dos cosas a voluntad.

Los elementos de caldeo varían en diseño y construcción, según la aplicación a la que se destinen. Para las hélices son de un tipo de hilo muy fino emparedado en materiales aislantes y protectores, que forman revestimientos seleccionados para conseguir una resistencia máxima a las condiciones ambientales y se unen a los bordes de ataque de la hélice. Para las tomas de aire de las turbinas, bordes de ataque de las alas, cola y aspas giratorias de helicóptero los elementos son del tipo de "hoja cortada", es decir, recortada de hojas finas de material metálico muy resistente a las longitudes y anchuras específicas, y con tolerancias muy estrictas. Los valores finales de resistencia de los elementos, que se eligen de metales por el estilo de níquel, cobre-níquel y níquel-cromo, suelen ajustarse por corrosión química. Los elementos se colocan también emparedados entre capas aislantes y protectoras, formando revestimientos o mantas.

En la fig. 11.8 se ilustra un sistema típico de deshielo de hélice y toma de aire. La energía eléctrica, de 200 V y frecuencia variable, se les aplica a las aspas de la hélice y al rotor por medio de escobillas y anillos deslizantes y un conmutador cíclico de tiempo, de manera que durante la parte del ciclo destinada al deshielo se aplique calor simultáneamente a las cuatro aspas. Es innecesario deshelar todo el cuerpo de cada aspa, porque el caldeo cinético, junto con la fuerza centrífuga, suelen mantener libre de hielo las mitades exteriores.

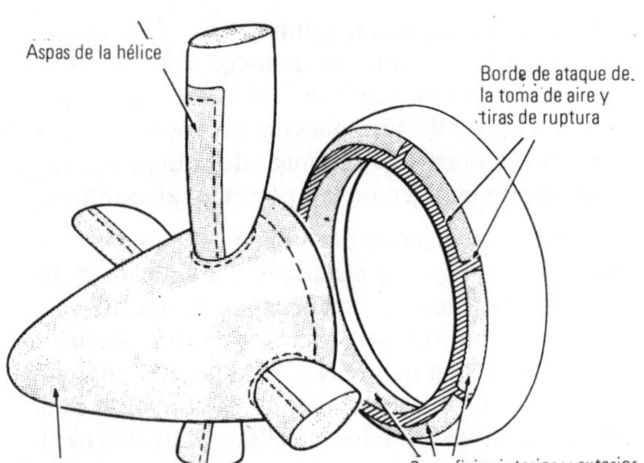

Fig. 11.8. Sistema de deshielo de la hélice y la toma de aire.

Los elementos de toma de aire están dispuestos de manera que los situados en los bordes de ataque se encuentran calentados continuamente, es decir, efectúan una función antihielo, mientras que los de las superficies interior y exterior se alimentan por intermedio del conmutador temporizado y, por tanto, realizan una función de deshielo. Para que el hielo pueda desprenderse en trozos de un tamaño razonable, los elementos calefactores del borde de ataque se prolongan a intervalos, de modo que forma tiras de ruptura. La resistencia de los elementos se gradúa para conseguir las distintas intensidades de caldeo que hacen falta en las diferentes partes de la toma de aire.

Las otras dos formas de elemento metálico proyectadas para la protección de unidades de cola de los aviones, tomas de aire y zonas en las que se tenga un patrón complejo de forma o calor son los elementos de circuito impreso y los pulverizados. Los primeros se fabrican de chapa metálica fina (por lo general, níquel puro) recubierta de resina epoxy por una de sus caras; a continuación se imprime por la otra con una tinta resistente a los ácidos y se sumerge la hoja en un baño de ácido, con lo que se eliminan las partes metálicas no cubiertas por la tinta, dejando el elemento en sus debidas dimensiones. Después se quita la tinta y tras un tratamiento final de limpieza y de inmersión para obtener la resistencia necesaria se elimina la resina epoxy, con lo que el elemento queda listo para su montaje en el lugar oportuno.

La otra forma de elemento se aplica directamente al componente que se trata de proteger, el cual se lija un poco para conseguir una superficie de buena adherencia y a continuación se rocía con finas capas de araldite de fraguado en caliente. Cada una de estas capas se deja que fragüe individualmente, y una vez alcanzado el espesor previsto el elemento de caldeo se coloca en la superficie correspondiente, aplicándosele aluminio en un proceso de pulverización. La resistencia se mide con exactitud durante el proceso y se ajusta quitando o añadiendo metal. El elemento se termina aplicándole otras capas de araldite.

En los parabrisas u otros paneles de necesaria visibilidad de la cabina de mando se emplea un tipo de elemento que consiste en una película metálica transparente, de óxido estánnico u oro. Los paneles son de construcción laminada, y para conseguir una transferencia rápida del calor la película metálica se deposita por electrólisis en la capa interna del vidrio exterior. Así queda protegida de daños y completamente aislada por otras capas de butiral polivinílico, vidrio o acrílico. La corriente de caldeo, procedente por lo general de una fuente de c.a., se aplica a la película mediante barras colectoras situadas en bordes opuestos de la capa de vidrio. La energía necesaria en las condiciones de hielo más adversas es del orden de 5 a 6 W/in^2 del área del parabrisas.

Los sistemas de parabrisas son esencialmente del tipo antihielo, porque, además de su función protectora, la temperatura de los paneles tiene que ser superior a la ambiental durante el despegue, el vuelo a bajas altitudes y el aterrizaje, con el fin de darle flexibilidad y mejorar con ello su resistencia a los impactos, habida cuenta de la posibilidad de colisión con aves.

METODOS DE CONTROL DE TEMPERATURA

En vista de la gran cantidad de energía necesaria para los métodos de caldeo eléctrico descritos, es esencial la inclusión en cada sistema de los dispositivos apropiados de control. Aunque hay muchas diferencias entre los sistemas y diseños adoptados por los distintos fabricantes, desde el punto de vista de las funciones primarias son aproximadamente iguales: conectar la energía automáticamente de un modo cíclico, detectar las sobrecargas que se produzcan y aislar las fuentes de alimentación en condiciones específicas. Por eso nos basaremos en la fig. 11.9 como circuito típico, extraído del sistema de motor y hélice ya descrito.

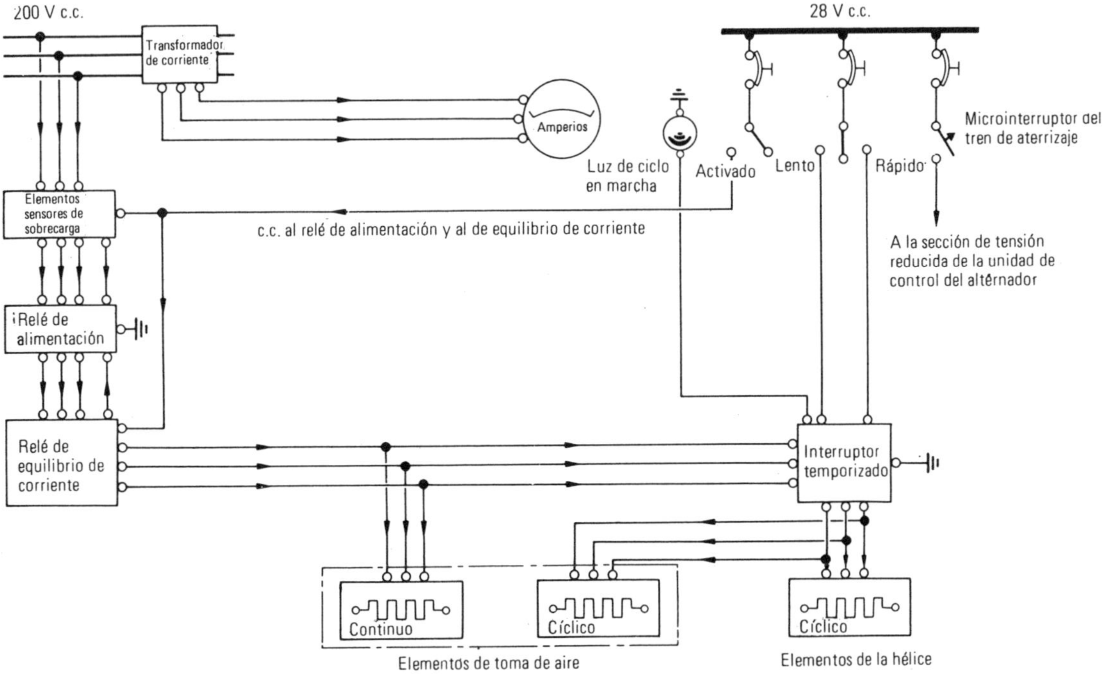

Fig. 11.9.– Sistema eléctrico de deshielo y antihielo.

Al poner en marcha el sistema, la corriente continua activa el relé de alimentación a través de los contactos cerrados del dispositivo sensor de sobrecarga, dejando así que la corriente alterna de 200 V pase directamente a los elementos caldeados de modo continuo y al conmutador temporizado. Esta unidad se activa para que funcione "rápido" o "lento" con un selector, estando gobernadas sus posiciones por la temperatura exterior del aire y la gravedad de la formación de hielo. En este caso se ha elegido la posición "rápido" en temperaturas entre 10 y -6 °C, y la duración de los períodos "conectado" y "desconectado" de los elementos calentados cíclicamente es breve, en comparación con los de la posición "lento", que se elige con temperaturas inferiores a los -6 °C. El ciclo de funcionamiento suele estar controlado por microinterruptores accionados mediante levas. La indicación del funcionamiento del conmutador de tiempos está dada por una luz intermitente del panel de control, azul o verde, en tanto que la energía correcta aplicada al sistema queda indicada por un amperímetro conectado a un transformador de corriente unido a las barras colectoras del generador.

En el caso de una sobrecarga de c.a. los elementos calefactores quedan protegidos por el dispositivo sensor, que actúa de tal modo que interrumpe la alimentación de c.c. al relé de alimentación de energía, el cual a su vez corta el suministro de corriente de caldeo. El relé de equilibrio de corriente tiene una función similar y se activa cada vez que se produce un desequilibrio entre las fases que exceda una cantidad determinada.

Para el funcionamiento en el suelo es usual reducir la tensión aplicada, con el fin de impedir sobrecalentamientos. Esto se lleva a cabo mediante el cierre automático de un microinterruptor unido a una riostra de choque del tren de aterrizaje, el cual hace que la corriente continua pase a una sección de control de tensión reducida, incluida en el regulador de tensión del generador.

Los métodos de control adoptados en los sistemas antihielo de los parabrisas son termostáticos por lo común. Uno de ellos (fig. 11.10) consta de un elemento sensor de temperatura y una unidad de control. El elemento va empotrado en el panel de modo que quede aislado eléctricamente de la película calefactora, a pesar de lo cual puede res-

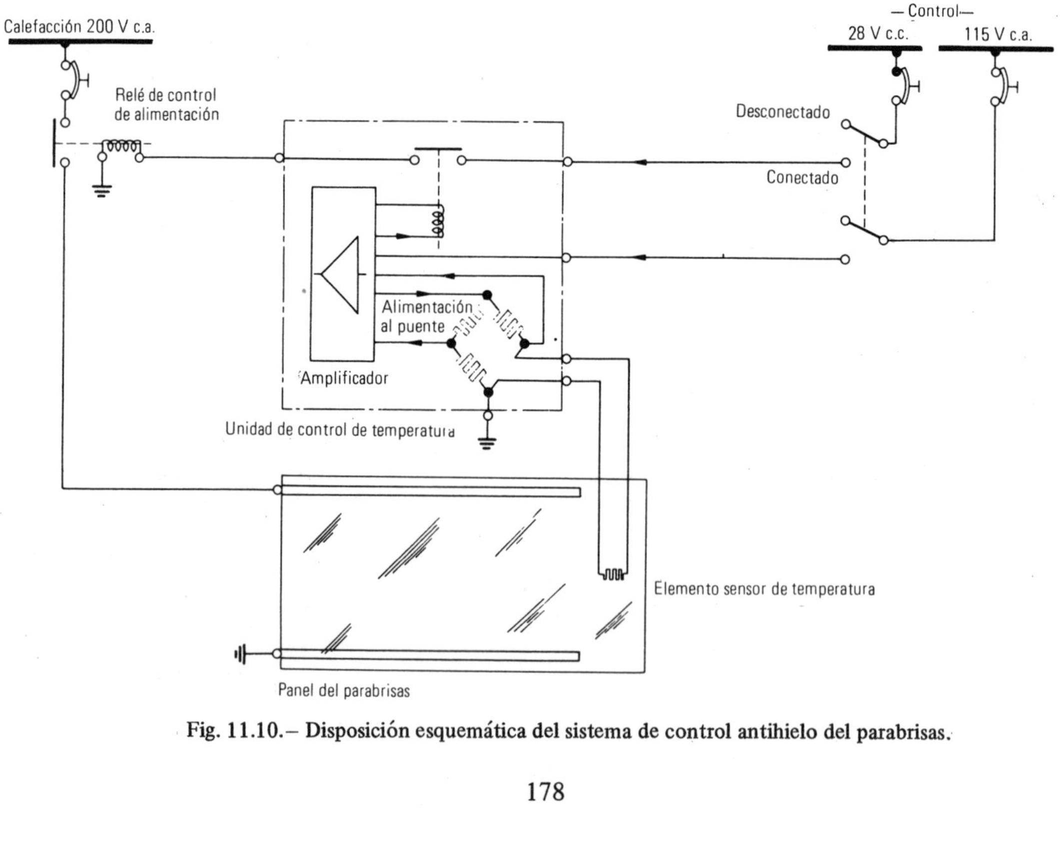

Fig. 11.10.– Disposición esquemática del sistema de control antihielo del parabrisas.

ponder a sus cambios de temperatura sin retraso grave. Una unidad de control comprende casi siempre un circuito puente, del que forma parte el elemento sensor, un amplificador y un relé. Al aplicar toda la energía necesaria al principio, el relé de la unidad de control se activa a consecuencia de una señal producida por el puente desequilibrado, y el relé de control de potencia se activa, con lo que alimenta el panel del parabrisas.

Según empieza a crecer la temperatura de éste, lo hace también la resistencia del elemento sensor, hasta que en una temperatura de control determinada (un valor típico es el de 40°C) la corriente que pasa por el elemento sensor equilibra el circuito puente y el relé de alimentación se relaja, interrumpiendo así la corriente de caldeo. Al irse enfriando la temperatura, la resistencia del elemento sensor disminuye, desequilibrando con ello el puente y restableciendo la corriente de alimentación.

En algunos tipos de aviones, los parabrisas van equipados cada uno con un elemento sensor adicional de sobrecalentamiento, que en el caso de que falle el normal asume su función y controla una temperatura algo mayor: por lo común, 55 °C.

A pesar de los controles exactos que se llevan a cabo durante la fabricación, pueden ocurrir ligeras variaciones de la resistencia de la película calefactora y, como consecuencia, de la temperatura del vidrio. Por eso en cada panel se empotran elementos sensores individuales en los puntos más calientes pero que no afecten a la visibilidad.

DETECTORES DE HIELO

Estos elementos consisten en esencia en una sonda colocada en un punto estratégico de la aeronave (normalmente, la sección frontal del fuselaje) y una luz de aviso, destinada a poner en guardia a la tripulación con el tiempo suficiente para que se pongan en funcionamiento los sistemas de protección contra el hielo. Los detectores se construyen de una gran variedad de formas, y en los más corrientemente usados la actuación del circuito de aviso se debe a la acumulación de hielo en la sonda. En uno de los sistemas, esta acumulación de hielo ocasiona una caída de presión, que la sonda detecta, y un diafragma accionado por la presión cierra un circuito en el que están incluidos la luz de aviso y un calefactor de la propia sonda.

Al fundirse el hielo, la luz de aviso y el calefactor interrumpen su circuito y el sistema queda listo para detectar otra nueva formación de hielo.

Otro tipo de sistema proporciona el aviso y al mismo tiempo activa automáticamente los sistemas de deshielo de la estructura y los motores. Consta dicho sistema de un rotor que gira, accionado por un motor de c.a., muy cerca de una cuchilla, una unidad de retardo de tiempo y una lámpara de aviso. Al formarse hielo en el rotor se cierra el espacio que hay entre él y la cuchilla, lo que se traduce en un aumento considerable del par de carga del motor detector, que entonces gira más despacio y dispara un microinterruptor incluido en el detector. Al cerrarse éste se completa el circuito de la lámpara de aviso y la unidad de retardo de tiempo, que inicia el funcionamiento de los sistemas de deshielo. Estas condiciones se mantienen hasta que el hielo haya descendido a un punto tal que la cuchilla deje de "afeitar" hielo, momento en el cual el microinterruptor vuelve a su posición de abierto. La unidad detectora está prevista para proporcionar un intervalo de dos minutos entre el cese de la señal de aviso de formación de hielo y la parada del sistema de deshielo, con el fin de impedir la interrupción continua del sistema en condiciones de formación de hielo intermitentes.

En un tercer tipo de sistemas, la sonda vibra ultrasónicamente mediante un circuito oscilador, con una frecuencia de resonancia de unos 40 kHz. Al formarse hielo en la sonda la frecuencia se reduce, lo que se detecta en un comparador al que también se lleva la frecuencia del oscilador. Alcanzado un determinado cambio de frecuencia se accionan un circuito de retardo de tiempo y un interruptor, con lo que se enciende una lámpara de aviso. Al mismo tiempo se conecta un calefactor incluido en la sonda, para eliminar el hielo de ésta, que vuelve a aumentar su frecuencia. Transcurridos unos 60 segundos, que es el retardo de tiempo, se apaga la luz de aviso y el sistema regresa a su posición de funcionamiento como detector, repitiéndose el ciclo si vuelve a aparecer hielo.

Servicios de la cabina de pasajeros

En los aviones de pasajeros se necesita energía eléctrica en la cabina de pasajeros, para el servicio y comodidad de éstos. La cantidad de energía precisa depende, como es lógico, del tamaño del avión y de la cantidad de pasajeros que esté destinado a transportar. Además del alumbrado de la cabina, que ya se mencionó en el Capítulo 10, hay que prever servicios adicionales tales como iluminación para lectura individual en cada plaza, un sistema de llamada, otro de sonorización y un fogón para la preparación y servicio de cualquier cosa que vaya de un ligero refresco a varias comidas. El pase de películas en vuelo también exige el uso de energía eléctrica en muchos tipos de aviones.

Las luces de lectura pueden ser del tipo incandescente o fluorescente y van instaladas en los paneles de servicio de los pasajeros, en la parte inferior de los armarios de sombrero o en el reposacabezas de cada asiento, y se controlan individualmente. Los sistemas de llamada para el servicio de la cabina son del tipo interconectado, que incluye conmutadores en cada panel de servicio de pasajero, conectados a una luz indicadora con timbre situada en la estación o camarote del personal de servicio. Los conmutadores del panel de servicio son del tipo iluminado, para indicar visualmente al personal cuál es el pasajero que ha llamado. Además, el sistema incluye una interconexión entre el camarote de la tripulación y el del personal de servicio.

Se ha previsto asimismo un sistema de sonorización para darle a los pasajeros información e instrucciones en ruta, el cual suele consistir en una unidad amplificadora central y una cierta cantidad de altavoces empotrados en varios puntos de la cabina y en los compartimientos de aseo. La información la da, según el caso, el capitán de la aeronave o la azafata por medio de cascos del tipo telefónico. También puede emitirse musica grabada en cinta durante el embarque y desembarque de los pasajeros.

El equipo de la cocina tiene una gran influencia técnica en el diseño del sistema eléctrico de un avión, ya que constituye un elevado porcentaje del consumo total de energía, y una vez instalado suele ser una de las secciones de más uso en la aeronave. El tipo de equipo y las cargas que impone a la red de distribución dependen de factores tales como las distancias de vuelo que han de cubrirse, la cantidad de pasajeros transportados y la clase de que se trate ("económica", "primera" o "mixta"). En aviones de las categorías "jumbo" y "de cuerpo ancho", las exigencias de la cocina son, como puede imaginarse, bastante amplias. En el Boeing 747, por ejemplo, se han instalado tres cocinas complejas en la cabina, utilizándose en ellas alimentaciones de 28 V, c.c., y 115 V, c.a., con una potencia total de 140 kVA. Como consecuencia, suponiendo que el generador tenga una salida de factor de potencia unidad, la c.c. equivalente es de 140 kW, o, dicho en caballos, 187. La unidad de cocina del Lockheed "Tristar", de cuerpo ancho, es también una unidad central debajo del piso. En ella se emplean asimismo c.c. y c.a., no sólo con fines de calentamiento, sino también para el accionamiento de los elevadores que transportan los servicios hasta el nivel del piso de la cabina.

El equipo varía: algunas unidades típicas son recipientes y vasos calientes para calentar bebidas, armarios calientes para platos precocinados y hornos para el calentamiento de alimentos precocinados y enfriados, de los cuales puede haber que servir varios, como sucede en los vuelos a gran distancia. Otros instrumentos necesarios son los calentadores de agua para el lavado en la cocina y en los lavabos, así como los frigoríficos. En la mayoría de los casos el equipo va montado en una cocina autónoma, que se puede instalar en el lugar del avión que se desee.

Es normal que la energía eléctrica se suministre desde los sistemas de distribución principal, a través de un dispositivo de protección y unas barras colectoras subsidiarias, y que algunos de los equipos de cocina queden desconectados en caso de avería del sistema generador. El circuito de desconexión de cargas entra en funcionamiento automáticamente y cualquier sistema que se descargue del suministro queda bajo el control del piloto. En algunos aviones la desconexión de las cargas está controlada también por un microinterruptor de choque incluido en el tren de aterrizaje, con el fin de ahorrar energía en tierra. El panel de control, o los paneles, que pueden ir montados en la unidad de cocina o junto a ella, incorpora los conmutadores de control, luces indicadoras y cortacircuitos correspondientes a cada elemento del equipo de cocina, así como las luces indicadoras del sistema de llamada de los ayudantes de cabina.

Aviónica

El término aviónica define la aplicación de los principios de la electrónica al equipo usado en aeronáutica, y puede considerarse formado a modo de acrónimo de *avi*ación y electr*ónica*. Por su parte, por "electrónica" podemos entender equipo que incluye tubos electrónicos, transistores, diodos y demás elementos, y que realiza funciones por el estilo de amplificación de señal, discri-

gira para mantener la rotación de una máquina;
   (b) que el motor necesita para mantener la rotación por sus propios medios;
   (c) velocidad en que se interrumpe la corriente del motor.
4. ¿Qué tipo de motor se emplea en el arranque?
5. ¿Cuál es la función de un relé de exceso de velocidad que llevan algunos sistemas de puesta en marcha de turbinas? Expliquen cómo efectúan esta función.
6. El objeto de un ciclo de "soplado" es:
   (a) eliminar el exceso de aire del motor durante el arranque;

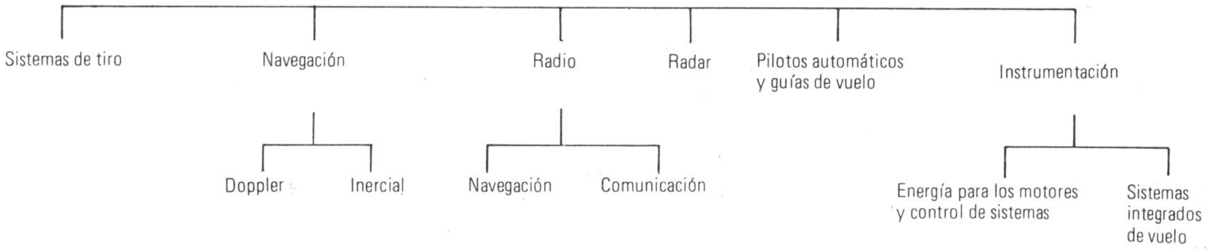

Fig. 11.11.– Aplicaciones típicas de la aviónica.

minación de fase y computación de los datos de vuelo.

La aplicación de la aviónica cubre un amplio campo, cada una de cuyas partes llena una función especializada.

La descripción de estas funciones queda fuera del alcance de este libro, pero algunas de ellas se incluyen en la fig. 11.11. Hasta qué punto se necesitan el equipo asociado y la energía eléctrica dependerá del tipo y tamaño del avión.

Cuestionario

1. Indiquen mediante un esquema la interconexión de los componentes de un sistema sencillo de arranque.
2. En función de la velocidad del cigüeñal, ¿cuáles son las diferencias entre las exigencias de un motor de arranque para los motores de pistones y las turbinas?
3. La velocidad de automantenimiento es la:
   (a) máxima en la que el motor de arranque

   (b) soplar aire de refrigeración al motor de arranque después de la puesta en marcha;
   (c) suprimir el combustible que no se ha quemado en el motor, en el caso de que no se haya puesto en marcha.
7. En los sistemas que cuentan con dispositivo de "soplado", ¿por qué hay que limitar el tiempo de funcionamiento del motor de arranque?
8. Describan el funcionamiento de un sistema típico arranque-generador.
9. El ruptor de una magneto está conectado:
   (a) al circuito primario;
   (b) al circuito secundario;
   (c) al circuito entre el distribuidor y las bujías.
10. Expliquen cómo se incrementa la velocidad de corte del flujo del devanado primario.
11. ¿Cuál es la fórmula con la cual se calcula la velocidad de una magneto?
12. Una magneto de armadura giratoria que ha de ir conectada a un motor de 6 cilindros tiene que girar:
   (a) con la misma velocidad que el motor;

(b) con una velocidad mitad que el motor;

(c) con una velocidad que es vez y media la del motor.

13. ¿Por qué hay que reforzar la salida de una magneto durante el arranque? Describan un método para conseguirlo.
14. ¿En qué difiere un interruptor de encendido de otro normal?
15. ¿Para qué se han construido los sistemas de magneto de baja tensión. y cuáles son las diferencias esenciales entre ellos y los sistemas de alta tensión?
16. ¿Cuáles son los materiales usados por lo general en los aislamientos y en los electrodos de las bujías?
17. ¿Cuáles son las diferencias esenciales entre un sistema de encendido de turbina y el que se usa con los motores de pistón?
18. Con ayuda de un esquema, expliquen el funcionamiento de una unidad de encendido de alta energía. (S.I..A.E.T.)
19. ¿Qué objeto tiene el circuito de "reencendido" y qué métodos se adoptan en él?
20. Con ayuda de un esquema, describan el funcionamiento de un sistema de detección de encendidos para aviones e incluyan un circuito de prueba adecuado. Indiquen algunas ventajas y los inconvenientes del sistema descrito. (S.L.A.E.T.)
21. Describan el funcionamiento de un extintor de incendios accionado eléctricamente.
22. Describan las dos técnicas de deshielo y antihielo.
23. ¿Qué tipos de elementos calefactores se emplean en los distintos sistemas eléctricos de deshielo y antihielo?
24. Describan el funcionamiento de un método de control adoptado en un sistema típico de antihielo de parabrisas.

Indice Alfabético